高等院校数字艺术精品课程系列教材

短视频

策划 + 拍摄 + 制作 + 运营

全彩慕课版

姜自立 王琳 主编 / 杜茜 李奕霏 副主编

人民邮电出版社
北京

图书在版编目（CIP）数据

短视频 ： 策划+拍摄+制作+运营 ： 全彩慕课版 / 姜自立，王琳主编. -- 北京 ： 人民邮电出版社，2022.1（2023.7重印）
高等院校数字艺术精品课程系列教材
ISBN 978-7-115-56278-4

Ⅰ. ①短… Ⅱ. ①姜… ②王… Ⅲ. ①视频制作一高等学校一教材 Ⅳ. ①TN948.4

中国版本图书馆CIP数据核字(2021)第056819号

内 容 提 要

本书从短视频内容创作者的角度出发，以短视频的设计和制作流程为主线，全面介绍短视频设计与制作的相关知识和操作技能。全书共8章，主要内容包括认识短视频、短视频的内容策划、短视频拍摄、移动端短视频剪辑、PC端短视频剪辑、短视频的发布与推广，以及两个综合项目实战——拍摄与制作抖音短视频、拍摄与制作淘宝短视频。本书每个章节的内容讲解、项目实训和思考与练习都能有效锻炼并提高读者的设计思维和实际动手能力，帮助读者理解和掌握短视频设计与制作的关键知识。

本书适合作为高等院校职业院校短视频设计与制作相关课程的教材，也可作为从事短视频编导、拍摄、剪辑和制作等相关工作人员的参考书，还可以作为从事宣传、推广、商品营销和市场运营等工作的人员以及希望进入短视频领域的新手的学习用书。

◆ 主　　编　姜自立　王　琳
副 主 编　杜　茜　李奕霏
责任编辑　桑　珊
责任印制　彭志环

◆ 人民邮电出版社出版发行　　北京市丰台区成寿寺路 11 号
邮编　100164　　电子邮件　315@ptpress.com.cn
网址　https://www.ptpress.com.cn
临西县阅读时光印刷有限公司印刷

◆ 开本：787×1092　1/16
印张：14　　　　　　　　2022 年 1 月第 1 版
字数：330 千字　　　　　2023 年 7 月河北第 6 次印刷

定价：69.80 元

读者服务热线：(010)81055256　印装质量热线：(010)81055316
反盗版热线：(010)81055315
广告经营许可证：京东市监广登字 20170147 号

前言

Preface

本书全面贯彻党的二十大精神，以社会主义核心价值观为引领，传承中华优秀传统文化，坚定文化自信，使内容更好体现时代性、把握规律性、富于创造性。

在快速发展的网络媒体中，优质的内容才是真正吸引用户的源动力。短视频作为移动互联网时代新的传播载体，逐渐获得优质原创内容的支持，并发展成为一种以创造性、自主性、多样性为核心信息内容的集合。各大短视频平台也鼓励用户进行内容的创新。为了创作出优质的短视频内容，已经进入短视频行业和希望进入短视频行业的用户都需要系统地学习短视频设计与制作的专业知识。

本书读者定位于想要学习和掌握短视频设计与制作的相关人员，教学案例新颖、深度适当、内容全面。在形式上完全按照现代教学需要编写，适合实际教学；在内容上按照短视频设计与制作的流程逐步推进，从基础理论出发，进行内容策划和视频素材拍摄，再按照策划好的脚本框架对拍摄的视频素材进行剪辑，最终将制作好的短视频发布到网络中，并进行多个平台的推广，让读者能够掌握使用移动端或个人计算机（Personal Computer，PC）端的不同软件设计与制作短视频的相关操作，从而实现设计与理论的结合，具有较强的实用性。

P r e f a c e

同时，为了帮助读者快速了解短视频，并掌握不同短视频内容的设计方法，编者在理论阐述的同时，结合了典型案例进行分析。这些案例均来自实际设计工作和典型行业应用，具有很强的参考性和指导性，可以帮助读者更好地梳理设计知识和掌握设计方法。

本书第1章对短视频的相关基础知识进行讲解。第2～6章对短视频的内容策划、拍摄，在移动端和PC端剪辑短视频，以及发布与推广短视频等内容进行讲解。第7～8章则利用两个综合项目实战——分别拍摄与制作抖音短视频和淘宝短视频，来系统地回顾前6章所学知识，并熟悉短视频拍摄和制作的相关操作。

从体例结构上看，本书采用“知识讲解+实战案例+项目实训+思考与练习”的讲解结构，在“知识讲解”中穿插大量“实战案例”，让读者边学边做，快速上手。讲解中还有“知识补充”等小栏目，可以拓展读者的知识面和提升应用技巧。“项目实训”板块中的每个项目都给出了明确的操作思路与步骤，以理论与实践结合的方式开展教学。最后辅以“思考与练习”中的练习题，帮助读者提升对知识的实操掌握程度。

全书慕课视频，登录人邮学院网站（www.rymooc.com）或扫描封底的二维码，使用手机号码完成注册，在首页右上角单击“学习卡”选项，输入封底刮刮卡中的激活码，即可在线观看视频。也可以使用手机扫描书中的二维码观看视频。

另外，本书配套了丰富的资源，需要的读者可以访问人邮教育社区网站（www.ryjiaoyu.com），搜索本书书名进行下载。具体的资源如下。

（1）素材和效果文件：提供了本书正文讲解、项目实训和思考与练习题中所有案例设计的相关素材和效果文件。

（2）PPT等教学资源：提供与教材内容对应的精美PPT、教学教案、教学大纲和教学题库软件等配套资源，以方便老师更好地开展教学活动。

本书由姜自立、王琳任主编，杜茜、李奕霏任副主编。感谢成都金字文化传播有限公司为本书提供了丰富的实践案例。由于编者水平有限，书中难免存在不足，欢迎广大读者、专家给予批评指正。

编者

2023年5月

目录

发布了作品
雨窗
0 浏览

第4章 移动端短视频剪辑

第5章 PC端短视频剪辑

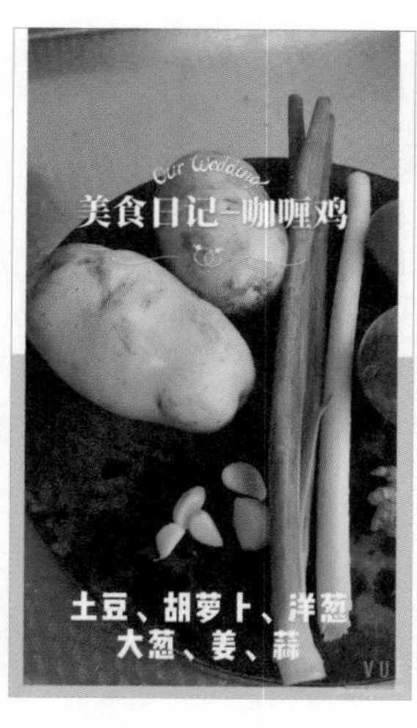

第6章 短视频的发布与推广

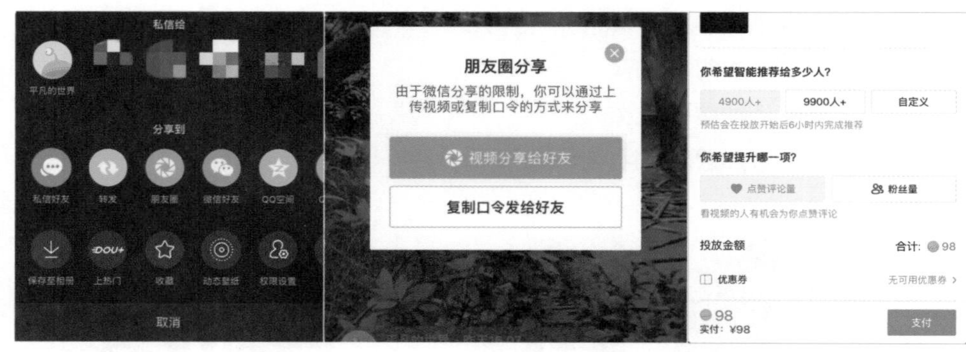

第7章 综合项目实战——拍摄与制作抖音短视频

第8章 综合项目实战——拍摄与制作淘宝短视频

Chapter 1

第1章 认识短视频

什么是短视频？
短视频有哪些常见类型？
短视频的赢利模式是什么？
短视频的常见平台有哪些？

学习引导

	知识目标	能力目标	素质目标
学习目标	1. 了解短视频的基本概念、发展历程、特征和优势 2. 认识短视频的常见类型 3. 了解短视频的各种赢利模式 4. 认识短视频的常见平台	1. 能够理解短视频的相关概念 2. 能够区分短视频的类型 3. 能够根据短视频内容设计和选择赢利模式	1. 培养对短视频的学习兴趣 2. 培养自主学习的能力
实训项目	安装、注册和设置抖音短视频		

近几年，抖音短视频、快手等短视频平台强势崛起，用户数量飞速增长，成为规模庞大的流量洼地。中国互联网络信息中心2020年4月发布的《第45次中国互联网络发展状况统计报告》中指出，各种短视频App（Application，应用程序）已成为手机用户较常访问的一类应用，在各类手机应用中的使用时长占比位居第三。与此同时，越来越多的商家和企业都通过短视频进行营销，并且取得了可观的效果。大量名人入驻短视频平台也使得短视频的营销价值飞速增长，各大公司纷纷将短视频平台纳入产业布局。由此可见，短视频已经成为互联网发展新的风口。

什么是短视频？短视频的发展历程如何？短视频有哪些特点和优势？短视频的类型有哪些？短视频如何赢利？短视频的平台有哪些？对于这些问题，大多数人都不甚了解，下面就来学习这些短视频的基础知识。

 1.1 短视频概述

慕课视频

短视频概述

短视频的飞速发展是建立在我国经济发展、科学技术进步、社会环境变化和政策保障加强的基础之上的，这也是影响短视频发展的重要背景因素。

- 经济发展因素。近年来，我国经济发展速度不断提升，综合国力的提高也极大改善了人民的生活水平，这使得手机等智能终端设备成为日常生活用品。截止到2022年10月，我国互联网上网人数达十亿三千万人。人民群众获得感、幸福感、安全感更加充实、更有保障、更可持续，共同富裕取得新成效。经济发展推动网络速率的提升，据中华人民共和国工业和信息化部数据显示，2019年移动宽带和固定宽带的平均下载速率较5年前提升了6倍，且固定网络和手机流量网络费用均有超过90%的降幅，在为用户提供了快捷的短视频观看环境的同时，也降低了观看短视频的资费。
- 科学技术进步因素。4G（The 4th generation of mobile phone mobile communication，第四代移动通信技术）大大提升了图像的传输速度、传输质量和清晰度，也使得短视频

的播放更加快捷、流畅。大数据技术的发展和应用也为短视频的发展提供了重要的技术支持，基于大数据的个性化推荐成为当下短视频平台的重要技术基础。另外，随着算法技术的发展，各种短视频App还添加了各类视频拍摄特效，如滤镜、美颜等功能，这对用户拍摄和制作短视频产生了很强的吸引力。

- 社会环境变化因素。随着互联网的普及和成熟，传统的图文阅读模式已难以满足用户的娱乐需求。生活中大量碎片化时间的存在，使得播放时间较短的短视频逐渐受到用户的喜爱。短视频的信息承载量更大，所传播的内容较图文更加全面、生动，能够更准确、立体地展现用户个性化心理；互动形式更加多样，能够激发用户的社交欲望，满足社交需求；播放时间较短，可以有效填满用户的各种碎片化时间。
- 政策保障加强因素。在短视频发展初期暴露出的一些问题不仅干扰了短视频行业的正常发展，也给社会风气带来了不良影响。因此，政府出台了相关法规来规范短视频行业的发展。另外，政府部门还通过对一些短视频平台进行行政处罚、约谈整改，甚至强制下架等措施，加强对短视频行业的监管。健全网络综合治理体系，推动形成良好网络生态。

在以上几种背景因素的综合作用下，短视频在近几年飞速发展，逐渐成为人们生活和工作中不可缺少的一部分。下面通过短视频的概念、发展历程、特征和优势4个方面来进一步了解短视频。

1.1.1 短视频的概念

短视频通常被认为是一种在互联网中进行内容传播的形式，其传播时长因不同平台的要求而不同，从几秒钟到几分钟不等，一般不超过5分钟。要了解短视频的具体概念，需要从以下几个方面进行。

1. 什么是内容

广义的内容泛指人类社会传播的一切信息，而互联网的内容则属于信息的一种新类型。互联网的内容限定了信息传播的媒介和途径，具体是指通过计算机网络传递的信息，包括文字、图形、影像、声音、数据和表格，以及能被计算机和人类认知的符号系统，也称为网络信息内容。

2. 互联网内容的形式

互联网内容包罗万象，没有统一的组织管理机构，也没有统一的目录，但通常可以根据信息的类型划分为文字、图片、音频和视频这4种主要的形式。

- 文字。文字形式的内容通过文字的不同组合来表达信息，通常会出现在出版物、实物和网络等多种平台中。互联网中以文字内容为主的网络平台包括今日头条、知乎和腾讯网等，图1-1所示为今日头条平台界面。
- 图片。图片形式的内容是指以数字形式表示的、存在于现实生活中的各种物体的位置和形状等，按其几何特征可以抽象地分为点、线、面、体4种类型。通俗地说，图片就是各种物体的静态表现形式，互联网中以图片内容为主的网络平台包括小红书、新浪微博和360图片等，图1-2所示为新浪微博平台界面。

图1-1 以文字内容为主的今日头条

图1-2 以图片内容为主的新浪微博

- 音频。音频形式的内容是指自然界中各种音源发出的可闻声和由计算机通过专门设备合成的语音或音乐等。互联网中以音频内容为主的网络平台包括酷狗音乐、网易云音乐和QQ音乐等，图1-3所示为QQ音乐平台界面。
- 视频。视频形式的内容是指活动或连续的图像信息，它由一系列连续呈现的图像画面组成，每幅画面称为一帧，帧是构成视频信息的基本单元。互联网中以视频内容为主的网络平台包括爱奇艺、虎牙直播和抖音短视频等，图1-4所示为爱奇艺平台界面。

图1-3 以音频内容为主的QQ音乐

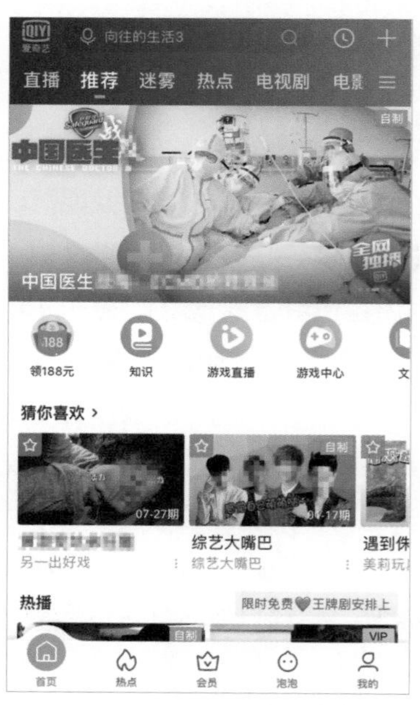

图1-4 以视频内容为主的爱奇艺

3. 视频内容的呈现类型

《第45次中国互联网络发展状况统计报告》指出，截至2020年3月，我国网络视频（含短视频）用户规模达8.50亿，占网民整体的94.1%，这也意味着视频已经成为网络用户接收和传播信息的主要内容形式。根据视频内容的呈现形式不同，又分为以下3种主要类型。

- 长视频。长视频通常以影视剧、综艺节目为主。长视频主要由专业公司制作。以长视频内容为主的网络平台包括爱奇艺、腾讯视频、芒果TV和搜狐视频等。
- 短视频。短视频是与长视频相对应的视频内容，时长通常不超过5分钟，以短剧、日常生活视频为主，主要由用户自己拍摄完成。以短视频内容为主的网络平台包括抖音短视频、快手和腾讯微视等，图1-5所示为抖音短视频平台界面。
- 即时视频。即时视频也称为直播，也是目前主要的视频内容呈现方式之一。直播又分为很多类型，如游戏直播、体育直播、美食直播、娱乐直播和商业直播等。以即时视频内容为主的网络平台包括斗鱼直播、虎牙直播和花椒直播等，图1-6所示为虎牙直播平台界面。

图1-5　抖音短视频

图1-6　虎牙直播

> **知识补充**
>
> 《第45次中国互联网络发展状况统计报告》指出，截至2020年3月，我国的短视频用户规模为7.73亿，占网民整体的85.6%；网络直播用户规模达5.60亿，占网民整体的62.0%。

4. 短视频的定义

上海艾瑞市场咨询有限公司在2018年发布的《2017年中国短视频行业研究报告》中指出，短视频是播放时长在5分钟以下的、基于PC端和移动端进行传播的视频内容形式，明确划定了短视频的时长界限。这一定义后来逐渐被学界和行业所接受，在后来关于短视频的研究分析报告中，多采用此定义。

综上所述，可以将短视频定义为借助传统互联网和移动互联网进行传播的音、视频内容，其时长一般不超过5分钟，既可单独成片，也可制作成系列作品，多在专业的短视频平台或者社交媒体平台中发布，供用户利用碎片化时间观看。

1.1.2 短视频的发展历程

短视频的发展历程可以分为萌芽时期、探索时期、分水岭时期、发展时期和成熟时期5个阶段，下面分别进行介绍。

1. 萌芽时期

短视频的萌芽时期通常被认为是2013年以前，特别是2011~2012年，这一时期最具代表性的短视频平台就是快手，图1-7所示为快手Logo（标志）。快手诞生于2011年3月，最初的名称是“GIF快手”，是一款用于制作和分享GIF图片的手机应用。2012年11月，快手转型为短视频平台，用户可以在平台上记录和分享日常生活。

图1-7　快手Logo

短视频的萌芽时期也是长视频网站的发展时期，大部分网络用户还是更喜欢观看影视剧等长视频。这一时期的短视频内容主要由网络用户自己创作，而且短视频内容题材也比较有限，主要以根据影视剧进行二次加工再创作和从影视综艺类节目中截取优秀片段为主。例如，曾经风靡整个网络的短视频《一个馒头引发的血案》就是对一部非常热门的电影进行了加工和剪辑，通过增加素材和再次配音，并辅以其他视频资料，制作出一个时长仅有20分钟的幽默类短视频，以其诙谐的风格获得了用户的大量播放、转载和模仿，很多类似的短视频被发布到网络中。

除了内容题材有限以外，短视频的萌芽时期还具备以下几个特征。

- 思想萌芽。短视频的出现使网络用户意识到可以凭自己个人的力量制作出一个能获得大家喜欢的视频，而且短视频也可以成为普通用户表达和分享自己思想的一种新渠道。
- 技术发展。2013年以前虽然使用的是3G（The 3th generation of mobile phone mobile communication，第三代移动通信技术）移动通信网络，但网络速度和信息传输的质量已经获得了巨大的提升。随着智能手机的不断普及，移动互联网的使用场景和用户的行为习惯都有了很大的开发空间，这也为短视频的发展提供了技术基础。
- 平台初创。以快手为代表的短视频平台还停留在拍摄和制作短视频的工具型软件阶段，大多数用户在短视频平台中只是进行视频剪辑和编辑等操作。

总之，短视频萌芽时期实质上是大众思想的启蒙期，在该时期，人们开始意识到网络的分享特质和视频生产门槛的降低，这为日后短视频的发展奠定了基础。

2. 探索时期

短视频的探索时期从2013年开始，一直延续到2015年，以美拍、腾讯微视、秒拍和小咖秀为代表的短视频平台逐渐进入公众的视野，并被广大网络用户接受。图1-8所示为这些平台的Logo，从左到右依次是美拍、腾讯微视、秒拍和小咖秀。这些短视频平台通常与一些著名的社交平台相结合，通过视觉上的特效对短视频进行美化包装，并通过社交平台分享给好友，受到了一定数量网络用户的喜爱。例如，秒拍就被内嵌至新浪微博，上传至新浪微博的所有短视频都将通过秒拍平台进行播放。由于新浪微博具备巨大的用户流量，秒拍也附带吸引了大量用户的关注和使用，同时也产生了大量的创作型短视频内容。

图1-8　探索时期有代表性的短视频平台Logo

探索时期短视频发展的重要特征就是4G的商业应用，这使得移动网络传输速率实现了质的飞跃，让使用手机和平板电脑等客户端轻松观看和编辑短视频成为可能，并为短视频的应用和发展在技术上提供了支持。同时，在内容创作方面，一大批专业影视制作者加入短视频内容创作者的行列，从而提升了短视频内容的质量和专业性，创作出一批质量较高且传播较广的短视频。

在短视频的探索时期，在技术、硬件和内容创作者的支持下，短视频这种形式已经被广大网络用户所认可，并表现出极强的社交性和移动性，其中一些优秀的内容甚至提高了短视频在互联网各种内容形式中的地位。

3. 分水岭时期

短视频的分水岭时期是2016年，根据易观智库的《中国短视频市场专题研究报告2016》中的数据统计，截至2016年3月，中国短视频市场活跃用户已达3119万人，人均单日使用各种短视频App的时长超30分钟，人均单日启动各种短视频App的次数达到6.2次。在这一时期，短视频行业中的应用平台和内容创作者都快速增长，一大批优秀的短视频App都在这一时期上线，例如抖音短视频、西瓜视频、火山小视频等，图1-9所示分别为其Logo。

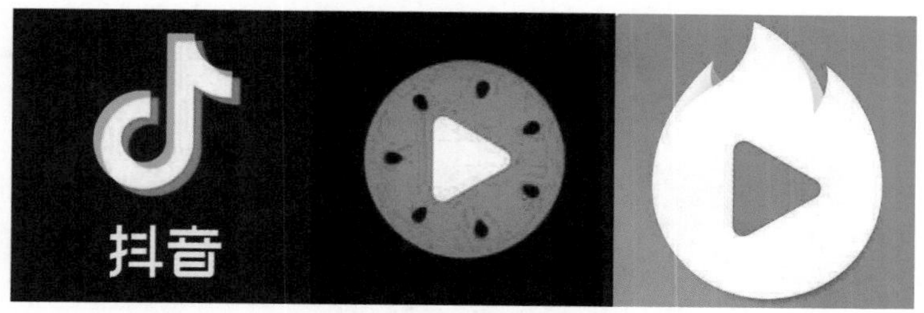

图1-9　分水岭时期有代表性的短视频App Logo

随着短视频平台的不断增加，短视频内容创作者获得了更多的舞台和机会，他们可以充分展示自己和分享生活，很多短视频内容创作者甚至凭借一个短视频就红遍网络、一夜成名。例如，美拍平台的用户“dodolook”就在2016年收获近80万粉丝，其制作的短视频当年的播放量就达到2.9亿次，其发起的话题几乎都能吸引数万网络用户的参与。

一个又一个短视频内容创作者的成名让广大网络用户见到了短视频强大的内容表达能力和吸引用户流量的能力。短视频平台也投入大量的资金对内容创作者进行补贴，从内容源头上激发了短视频内容创作者的创作热情，也带动了更多的网络用户参与到内容创作的过程中。

相比2016年之前“不温不火”的状态，短视频行业在2016年迎来了一个“爆炸式”的增长，海量网络用户涌入短视频平台，各短视频App的用户量呈几何级攀升。用户在传播和分享短视频的同时，也创作出大量的、各种类型的短视频，这种良性循环也使得短视频行业更加被人看好。

4. 发展时期

在经历了2016年“爆发式”的增长之后，短视频在2017年进入了发展时期，呈现出百花齐放的发展趋势。以百度、阿里巴巴和腾讯为首的众多互联网巨头受到短视频市场巨大的发展空间和红利的吸引，通过收购、创建和合并等商业手段，加速其在短视频领域的布局，甚至连电视、报纸等传统媒体都纷纷开始在短视频领域中竞逐争夺，大量资金的不断涌入也为短视频行业的未来发展奠定了坚实的经济基础。

- 百度。百度不仅推出了知识短视频栏目，还邀请专业领域的人才加入创作团队，创作专业的短视频内容。百度旗下还拥有好看视频和全民小视频两款短视频聚合类App。
- 阿里巴巴。阿里巴巴收购土豆网后，在2017年3月将土豆网全面转型为短视频平台，并为土豆视频提供了更多的资源，从内容生产、用户触达和商业化3个方面进一步拓展短视频市场。
- 腾讯。腾讯在2017年8月上线了腾讯微视新版本，用户不仅可以在该平台上浏览各种短视频，同时还可以创作短视频来分享自己的所见所闻。腾讯依托旗下的微信和QQ等社交平台资源，为腾讯微视的内容分享提供支持。另外，腾讯旗下的花椒和映刻等直播平台也纷纷上线短视频业务。

图1-10所示分别为发展时期有代表性的好看视频、土豆视频和腾讯微视3个短视频App的曾用Logo。

图1-10　发展时期有代表性的短视频App曾用Logo

由于资本的不断涌入，2017年短视频行业的发展始终处于非常火爆的状态，短视频App的用户量继续大幅攀升，短视频行业也成为最具投资价值的热门行业之一。

知识补充

前瞻产业研究院在《2019年中国短视频行业研究报告》中指出，2016～2018年是短视频行业投融资金额和数量最多的3年，融资数量超过300起，融资金额达到650亿元。

5. 成熟时期

2018年至今是短视频的成熟时期，这一时期的各种短视频内容不断涌现，产生了很多内容垂直细分领域。许多短视频平台都对短视频内容进行了垂直领域的划分，例如搞笑、音乐、舞蹈、萌宠、美食、时尚和游戏等，旨在通过不同内容的特点，吸引不同的用户。

另外，短视频平台领域的竞争格局逐渐明朗，成熟时期的短视频行业发展呈现“两超多强”（抖音短视频、快手两大短视频平台占据大部分市场份额，西瓜视频、美拍、秒拍等多个短视频平台占据少量市场份额）的态势。中国专业的移动互联网商业智能服务平台QuestMobile发布的《QuestMobile 2019年短视频行业半年度洞察报告》的调查数据显示，截至2019年6月，抖音短视频去重月活跃用户达4.86亿，快手为3.41亿，抖音短视频和快手App的新安装用户的行业占比均超过33%。

在短视频的成熟期，短视频平台也在一直积极探索商业赢利模式，目前来看，短视频赢利模式主要集中于广告变现、内容付费、电商导流和平台分成4个方面。

总之，短视频行业从2018年以后开始逐渐冷静并成熟起来，这一时期的短视频内容细分化趋势明显，商业变现模式趋于成熟，在各种政策和法规的规范下，短视频已经开始步入正规发展的行业化道路。

1.1.3 短视频的特征

短视频是一种崭新的网络内容表现形式，具有自己独特的个性化特点，而这些特点是其区别于其他内容形式（特别是长视频）的主要不同之处。概括起来，短视频的特征可以用“短”“低”“快”“强”4个字形容，具体介绍如下。

1. 短

短是指短视频的内容时长短，短视频的内容简洁明了，有助于用户利用碎片化的时间接收其中的信息，并快速进入和离开。短视频简短、精练且相对完整的形式也非常适合新闻报道，有利于社会整体传播效率的提升。这既是目前网络时代的信息移动传播的必然趋势，也是用户的必然选择。

2. 低

短视频的特征表现在“低”上主要有两个方面的含义，一方面是指短视频制作的成本低，另一方面是指短视频制作的门槛低。但这两个方面的“低”都是由以下4个因素决定的。

- 短视频的拍摄和制作通常可以由一个人完成，不需要太多的设备和人工操作，甚至使用一部手机就可以完成短视频拍摄、剪辑和发布等所有工作。
- 短视频时长短，更强调内容创作者与用户之间的互动，而且用户多在手机或平板电脑等移动设备上观看，这就对于短视频的拍摄水平没有太专业的要求。

- 短视频App的设计通常针对普通用户，其中内置了各种特效、拍摄模板和快速剪辑等拍摄和剪辑的专业工具，这些工具非常简单和智能，即便用户是第一次使用，也可以轻松制作出一个特效丰富、剪辑清楚的短视频。
- 短视频的拍摄和观看非常适合网络时代用户碎片化时间多的状态，用户通过手机或平板电脑等移动设备就可以实现随手拍、随时拍、随时看短视频。

3. 快

短视频“快”的特征主要表现在以下两个方面。

- 内容节奏快。短视频的内容时长短，所以一般比较充实和紧凑，其节奏比影视剧等长视频快，以保证能够在极短的时间内向用户完整地展示内容创作者的意图。
- 传播速度快。短视频主要通过网络进行传播，由于具备社交属性，所以用户的社交活动可以通过短视频进行，从而使短视频能迅速在网络用户间进行传播。

4. 强

短视频“强”的特征主要表现在参与性方面，短视频内容创作者和观看者之间没有明确的分界线，内容创作者可以成为其他短视频的观看者，而观看者也可以创作自己的短视频。

1.1.4 短视频的优势

在网络时代，很多人越发急迫和直接地想向其他人展示自我，而短视频正好迎合了这部分人群的需要。与图片和文字相比，短视频的表现方式更直观且具有冲击力，能展现更生动和丰富的内容；与长视频相比，短视频节奏快，满足人们碎片化的信息需求，而且具备极强的互动性和社交属性，已经成为一种人们表现自我的社交方式；与直播相比，短视频具备更强的传播性，能够更长时间地传播和分享，从而影响更多的用户。下面就具体介绍短视频的优势。

1. 满足移动时代碎片化的信息需求

随着媒体和通信技术的发展，人们观看网络中各种内容信息时不再受时间和空间的限制，需要在一些零碎、分散的时间中接收内容信息，例如上下班途中、排队等候的间隙等，这时人们便可以随时随地通过手机或平板电脑等移动设备查看各种内容信息。

短视频时长较短且传递的内容信息简单、直观，人们不需要进行太多的思考便能够理解其含义。短视频不仅符合并能够满足人们对内容信息的碎片化需求，也迎合了当下人们的生活方式和思维变化。

2. 具备极强的互动性

短视频可以直接在使用App拍摄完成后一键发布并分享到朋友圈、微博等各大社交平台，同时依托于其分享的社交平台，可以实现用户和好友之间的交流互动。即便在专门的短视频平台中，人们也能通过该短视频进行单向、双向和多向交流。这种互动性方面的优势使得短视频内容创作者能够通过互动获取用户对短视频内容的反馈，从而有针对性地提升短视频内容的质量。用户则可以通过互动进一步了解短视频内容的深层次含义，进一步加强对短视频发布者和相关品牌的理解，并发表自己的意见和见解。这种互动性有利于短视频内容的传播和营销价值的提升。

3. 具有强大的社交属性

很多人在上网的过程中，需要在网络找到展示个性自我的空间，以及通过网络社交弥补在现实生活中归属感的缺失。短视频强大的社交属性正好可以完美契合以上两种诉求。

- 相比图片和文字等展示方式，短视频的内容信息表达更为生动、直观，满足了人们充分展示个性自我的需求。
- 在许多短视频App中，用户可以选择对他人的短视频进行点赞、评论或跟拍，既进行了交流，又获得了关注。收到赞最多的用户还有机会获得平台的推荐，从而更容易吸引他人关注，也增强了自身对平台的归属感。

短视频强大的社交属性也影响到微博、微信等网络社交平台的功能设计，例如，微博上线的“微博故事”功能和微信推出的“视频动态”功能，如图1-11所示，其实都是在网络社交平台中增加了短视频功能，这充分表明了短视频强大的社交属性。

图1-11　微博和微信上线的短视频功能

4. 具备极强的营销能力

短视频的营销能力强主要是因为用户对短视频内容的依赖不断增强，提高了短视频平台的用户留存率，大量的用户对短视频的需求从单纯的娱乐和社交转向了购物。此外，短视频的营销能力还体现在以下3个方面。

- 短视频的用户人群比较年轻，与电商用户人群存在诸多共性。短视频和电商的用户群体年龄分布十分相近，主流用户年龄都在25~35岁，这一群体也是互联网的主流用户，快速兴起的网络购物和短视频垂直商品销售是这些年轻用户进行消费的日常途径。所以，用户群体的相似性能够大大提高短视频营销信息对目标用户的触达率和转化率，从而使短视频具备极强的营销和推广能力。
- 短视频营销作为一种内容营销方式，比其他营销方式更具有表现力。内容营销是现在市

场营销的主流方式，内容营销的关键是用情感和角色的代入感来打动用户，使其与商品或服务建立情感纽带，这种通过情怀引发共鸣的营销方式会带来远胜传统方式的推广效果。从营销学的角度出发，营销推广方式的更迭始终要以用户为中心，选择短视频营销更符合人类自身的需求。短视频集声音、动作、表情等于一体，比其他内容形式更直观和立体，可以让用户获得更真切的感受，所以，短视频营销是更具表现力的营销方式。

- 人的大脑更喜欢短视频这种内容形式。根据一项研究数据，人的大脑处理可视化内容的速度要比处理纯文字内容快很多倍，也就是说，就生理本能而言，人类更愿意接受短视频这种内容形式。

知识补充

《2020短视频内容营销趋势白皮书》指出，在两大主流的短视频平台中，快手中营销推广的商品以农产品、手工制品等为主，抖音短视频中营销推广的商品以美妆产品、电子产品、书籍等为主。

5. 竖屏模式对用户更友好

用户在使用手机观看短视频的时候，大多采用竖屏模式，而其他主要的网络内容形式，例如图片和长视频则多为横屏模式，图1-12所示为竖屏短视频和横屏短视频的对比。

图1-12　竖屏短视频和横屏短视频的对比

调查报告显示，智能手机用户在使用手机时有94%的时间将手机竖屏持握，而广告数据显示，用户对竖屏视频广告的注意力相对横屏视频广告能提升2倍，竖屏视频广告的完播率比横屏视频广告高出9倍。也就是说，使用竖屏创作的短视频内容更加符合用户的手机使用习惯，且能够带给用户更好的视觉沉浸感。

 1.2 短视频的常见类型

目前网络中的短视频类型众多，其针对的用户不同，所划分类型的依据也不同。下面就按照短视频的流通渠道、短视频内容的生产方式和短视频内容的主题来划分短视频的类型。

慕课视频

短视频的常见类型

1.2.1 根据短视频的流通渠道划分

渠道是指流通的路线，不同的流通渠道通常对应不同性质和类型的网络平台，而在这些不同流通渠道中流通的短视频就可以划分为不同的类型，主要包括以下5种。

- 短视频平台渠道。这种类型的短视频主要通过短视频平台流通，包括抖音短视频、快手、腾讯微视、秒拍、火山小视频等。
- 社交媒体渠道。这种类型的短视频主要通过社交媒体平台流通，包括微博、微信和QQ空间等，图1-13所示为微博中流通的短视频。
- 在线视频渠道。这种类型的短视频主要通过一些视频播放平台流通，包括腾讯视频、爱奇艺和搜狐视频等。
- 新闻资讯渠道。这种类型的短视频主要通过新闻资讯平台流通，包括今日头条、百家号、腾讯新闻和一点资讯等。
- 电商垂直渠道。这种类型的短视频主要通过电商平台流通，包括淘宝网、京东商城、拼多多和蘑菇街等，图1-14所示为淘宝网中流通的短视频。

图1-13　微博中流通的短视频

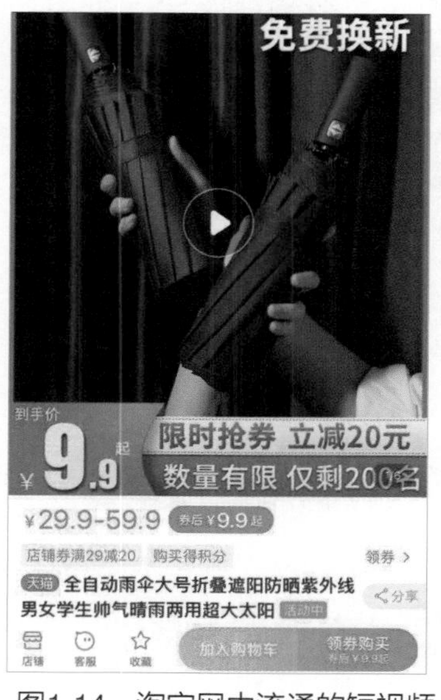

图1-14　淘宝网中流通的短视频

1.2.2 根据短视频内容的生产方式划分

从生产方式的角度进行划分，短视频又分为用户生产内容、专业用户生产内容和专业生产

内容3种类型，下面分别进行介绍。

1. 用户生产内容

用户生产内容（User Generated Content，UGC）类型的短视频通常拍摄和制作比较简单，制作的专业性和成本较低，内容表达涉及生活各方面且碎片化程度较高。这种短视频一般无赢利目的，商业价值较低，但具有很强的社交属性。短视频平台中发布的短视频最初都属于这种类型。

2. 专业用户生产内容

专业用户生产内容（Professional User Generated Content，PUGC）类型的短视频通常是由在某一领域具有专业知识技能的用户或者具有一定粉丝基础的网络达人所创作的，内容多是其自主编排设计，但制作成本较低。这种短视频有较高的商业价值，主要依靠转化粉丝流量来实现商业赢利，兼具社交属性和媒体属性。图1-15所示为PUGC短视频，是一个由汽车领域的专业用户创作的短视频。

3. 专业生产内容

专业生产内容（Professional Generated Content，PGC）类型的短视频通常由专业机构创作并上传，对制作的专业性和技术要求比较高，且制作成本也较高。这种短视频主要是依靠优质内容来提升品牌的赢利效率，因此具有较高的商业价值和很强的媒体属性。图1-16所示为PGC短视频，是一个由知名家电品牌的专业团队创作的短视频。

图1-15　PUGC短视频

图1-16　PGC短视频

1.2.3 根据短视频内容的主题划分

根据短视频的内容主题进行类型划分是最常见的分类方式，通常不同的用户对短视频内容的兴趣不同，所以可以按照用户感兴趣的内容主题进行划分，主要有以下一些类型。

- 演绎类。演绎类短视频内容以短剧、表演或访谈为主，其细分类型包括搞笑短剧、访谈、相声和情感系列剧等。
- 宣传类。宣传类短视频内容以商品和品牌推广、新闻为主，其细分类型包括商品广告、企业宣传、活动展示、新闻播报和政策宣讲等。
- 时尚类。时尚类短视频内容以展示潮流、时尚和美丽为主，其细分类型包括穿搭、美妆、美发和美容等，图1-17所示为时尚类中的穿搭短视频。
- 美食类。美食类短视频内容以美食制作、美食展示和试吃为主，其细分类型包括菜谱、美食制作、烹饪技巧、小吃、饮品、美食试吃等，图1-18所示为美食类中的烹饪技巧短视频。

图1-17　时尚类中的穿搭短视频

图1-18　美食类中的烹饪技巧短视频

- 汽车类。汽车类短视频内容以汽车的选购、维修和使用为主，其细分类型包括汽车选购、汽车体验、维修改装、汽车科普、汽车模型、外观展示和车展等。
- 母婴类。母婴类短视频内容以孕期和育婴的相关知识和应用技巧为主，其细分类型包括母婴自拍和他拍、婴儿用品、孕期知识和育婴知识等。
- 教育类。教育类短视频内容以各种知识的教授为主，其细分类型包括中小学教育、大学教育、艺术培训、语言教育和专业技术教育等。
- 影视混剪类。影视混剪类短视频内容以各种影视、综艺类长视频的精炼剪辑为主，其细分类型包括电影、电视剧、综艺节目和动画等。
- 游戏类。游戏类短视频内容以各种游戏为主，其细分类型包括角色扮演游戏、休闲游戏、射击游戏、体育游戏、棋牌游戏和游戏解说等，图1-19所示为游戏类中的休闲游戏短视频。
- 旅游类。旅游类短视频内容以旅行中的见闻和攻略为主，其细分类型包括风景、人文（历史遗迹、博物馆等）和宾馆酒店等，图1-20所示为旅游类中的风景短视频。

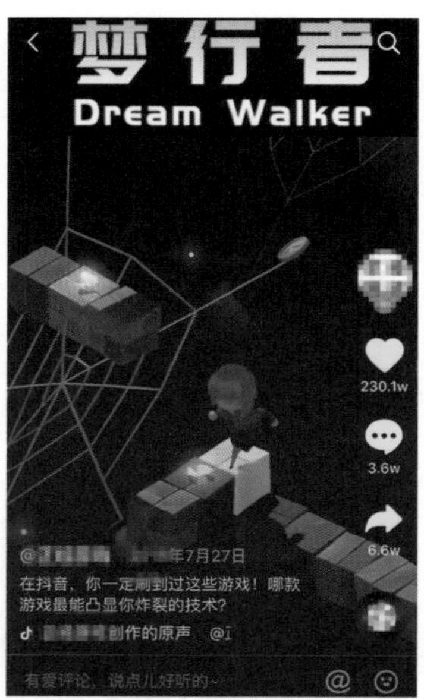

图1-19　游戏类中的休闲游戏短视频

图1-20　旅游类中的风景短视频

- 萌宠类。萌宠类短视频内容以各种动物为主，其细分类型包括狗、猫、家禽、野生动物和动物园等，图1-21所示为萌宠类中的宠物狗短视频。
- 体育运动类。体育运动类短视频内容以体育竞技和休闲健身为主，其细分类型包括竞技运动、球类项目、极限运动、健身等，图1-22所示为体育运动类中的足球短视频。

图1-21　萌宠类中的宠物狗短视频

图1-22　体育运动类中的足球短视频

- 二次元类。二次元类短视频内容以展示二次元文化为主，其细分类型包括动画、漫画、漫画表情和角色扮演等。
- 日常生活类。日常生活类短视频内容以人们的生活日常为主，其细分类型包括生活探店、生活用品、生活小技巧、婚礼相关、交通、民间活动和建筑装修等。

- 创意类。创意类短视频内容以创新事物和新奇意识为主，其细分类型包括手工、贴纸道具、特效、沙画和插花等。

知识补充

视频日志（Video blog 或 Video log，Vlog）也是一种短视频的内容类型，在很多短视频平台和社交平台中比较常见，其主要内容就是对自己的日常生活的记录，如散步时看到的美景、逛街时看到的趣事等。

1.3 短视频的赢利模式

慕课视频

短视频的赢利模式

短视频不仅是一种网络内容的传播方式，由于其能吸引巨大的用户流量，所以被很多互联网公司当成未来发展的目标和方向，而且很多短视频内容创作者也通过创作短视频赚得了自己人生中的“第一桶金”。随着短视频行业进入规范化发展的成熟期，对应的短视频赢利模式也愈发成熟，下面就介绍短视频的几种常见的赢利模式。

1.3.1 广告植入

广告植入是指把商品或服务的具有代表性的视听品牌符号融入短视频，给用户留下深刻的印象，从而达到营销目的。通过广告植入，短视频内容创作者也可以从品牌商家处获得一定的经济回报。由于短视频具有海量的用户流量，且用户年轻化，加上短视频的表现也非常生动，因此短视频已经受到许多广告主的青睐，广告植入也成为很多短视频内容创作者的主要赢利模式。短视频广告又包括植入广告、贴片广告和信息流广告3种。

- 植入广告。植入广告指将广告信息与短视频内容相结合，是短视频中最常见的广告植入形式，通过在短视频内容中进行品牌露出、剧情植入或口播来满足广告主的诉求，图1-23所示为日常生活类短视频中的食品植入广告。
- 贴片广告。贴片广告指在用户观看短视频的必经路径上展示广告视频，实现营销目的。例如，短视频App的开屏广告就能被每位用户在观看短视频前看到。

图1-23　日常生活类短视频中的食品植入广告

- 信息流广告。信息流广告指将广告视频和短视频平台推荐的视频混合在一起，当用户浏览平台推荐的短视频时，就有可能会看到此类广告。

1.3.2 内容付费

内容付费就是把短视频作为商品或服务，让用户通过支付费用的方式观看，从而实现赢利。内容付费又分为用户打赏、平台会员制付费和内容商品付费3种主要的方式。

- 用户打赏。用户打赏是指用户对喜爱的短视频内容通过赏金的方式进行资金支持，通常在直播中比较常见，赏金以虚拟礼物的形式赠送给短视频内容创作者。将虚拟礼物折现后获得的赏金通常由平台与短视频内容创作者按比例分成。
- 平台会员制付费。平台会员制付费是指用户定期向短视频平台支付一定的费用，用于优先获得优质短视频内容的观看权限。平台会员制付费是长视频平台和音频内容平台主流的赢利模式，在短视频行业中还处于探索阶段。
- 内容商品付费。内容商品付费是指用户对单个短视频进行付费观看，常见于知识类的垂直短视频领域。用户为了获取并学习各种价值的内容信息，就需要向短视频内容创作者支付费用，使内容创作者实现赢利。例如，课程培训就是一种典型的内容商品付费的赢利模式，制作这种短视频需要内容创作者在某个学科或领域具备十分专业的知识技能，并能通过短视频进行教学。其专业性非常突出，需要用户支付费用来观看短视频学习相关知识技能，从而实现短视频赢利。课程培训类的短视频更符合用户碎片化的观看习惯，已经和在线教育直播成为网络知识技能培训的两种主要形式，图1-24所示为课程培训类的短视频。

图1-24　课程培训类的短视频

1.3.3 渠道分成

渠道分成是短视频内容创作者在初期最直接、最主要的收入和赢利来源，因为在初期，短视频内容创作者没有足够数量的用户和粉丝，只能通过平台的现金补贴政策获得帮扶。到了后期，短视频内容创作者获得了大量的用户关注，平台就会与短视频内容创作者进行收益分成，在赢利大幅提升的同时，也可以通过其他的赢利模式获取收益。这里的渠道主要包括以下3种。

- 推荐渠道。推荐渠道是指向用户推荐短视频的平台，推荐方法为平台算法，没有太多人为因素，例如今日头条、一点资讯等。
- 视频渠道。短视频在视频渠道中的播放量主要通过搜索和平台推荐来获得，在视频渠道中一旦获得推荐，就容易达到较大的播放量，并实现较好的渠道分成。视频渠道以各种长视频和短视频平台为主。

- 粉丝渠道。粉丝渠道中的粉丝数量对短视频的播放量有很大的影响，会影响到渠道分成，粉丝渠道主要以各种社交媒体平台为主。

1.3.4 电商模式

短视频本身就具备内容信息展示丰富、感官刺激鲜明和方便跳转到其他链接等诸多适合与电商融合的优势特征，因此也可以通过电商模式实现赢利。短视频的电商赢利模式主要是通过短视频将用户导流到电商平台或者网络店铺，通过用户购买商品实现赢利。短视频的电商赢利模式分为PUGC和PGC两种。

- PUGC。PUGC短视频通常是通过个人的影响力将用户引流到自营的网络店铺，获得商品销售收入，图1-25所示为短视频内容创作者在抖音短视频中开设的网络店铺。很多短视频内容创作者在拥有大量的粉丝之后，都会开设自己的网络店铺售卖商品，有些顶级的短视频内容创作者甚至会建立个人品牌，售卖的商品通常都能获得很高的销量。
- PGC。PGC短视频则是将用户引流到某一种电商平台，图1-26所示为PGC短视频，单击其中的“去逛逛”按钮，即可前往电商平台。

图1-25　在抖音短视频中开设的网络店铺

图1-26　PGC短视频

1.3.5 签约独播

签约独播是短视频平台最希望内容创作者采用的一种赢利模式，是指由短视频平台向内容创作者支付一笔费用，与其签订法律合同，该内容创作者的所有短视频都必须在此短视频平台上独家播放。对短视频内容创作者来说，签约独播的优势在于能够直接获得一大笔收益，并在一段时间内有稳定的内容输出渠道；劣势是不能获得更多的平台支持，且单一的流量渠道可能限制短视频的传播，从长期来看甚至有可能减少经济收益。

1.3.6 直播带货

直播带货是目前很常见的短视频赢利模式之一，而且这种赢利模式目前看来会逐渐成为短视频直播市场的主流赢利模式。首先，短视频和直播是两种不同的内容展现形式，短视频直播带货有一个前提条件，就是主播必须具备一定的用户号召力。在现今的短视频行业中，能够进行短视频直播带货的主播通常都是粉丝数量几百万、上千万的短视频达人，或者具备极高知名度的明星或名人。直播带货就是通过直播的形式，在短视频平台中聚集大量的用户和粉丝，通过主播展示的方式给用户带来最真实的商品展示，凭借短视频达人和明星、名人在用户群体中的超高人气和信誉，促成商品交易，带来极其丰厚的收益。

知识补充

无论是哪种短视频赢利模式，都需要以流量为基础。只有获得流量才能实现赢利，而要获得流量，就必须对短视频内容有更高的要求，也就是说，流量和内容才是短视频赢利的根本。

1.4 短视频的常见平台

慕课视频

短视频的常见平台

观看短视频目前已经成为用户最喜爱的娱乐方式之一，国内短视频平台也蓬勃发展，涌现了一批出色的短视频平台。不同的短视频平台有不同的特点，下面介绍一些常见的短视频平台。

1.4.1 短视频平台的常见类型

根据企业的组织隶属关系，可以将我国的短视频平台划分为5种类型，分别是头条系、快手系、腾讯系、百度系和其他，而在这些平台中创作和发布的短视频就可以按照其隶属的关系进行类型划分。

- 头条系。北京字节跳动网络技术有限公司主导，字节跳动的业务以今日头条为核心，故又称为头条系。头条系的短视频平台包括抖音短视频、火山小视频和西瓜视频。
- 快手系。北京快手科技有限公司主导，快手是快手科技旗下的主打产品，也是较早进入短视频行业的平台。目前快手系的短视频平台主要包括快手和快手极速版。
- 腾讯系。深圳市腾讯计算机系统有限公司主导，腾讯系的短视频平台主要包括腾讯微视、yoo视频、下饭视频和腾讯时光。
- 百度系。百度在线网络技术（北京）有限公司主导，百度系的短视频平台主要包括好看视频和全民小视频。

- 其他。网络中也有一些和以上4个企业没有隶属关系的短视频平台，包括美拍、秒拍、小咖秀和梨视频等。

1.4.2 抖音短视频

抖音短视频最初是一款音乐创意短视频社交软件，经过多年的发展，目前已经成为短视频领域的超级平台，也是进行短视频设计和制作的首选平台之一。抖音短视频在用户数量支持、相关平台服务，以及官方补贴、帮助等方面都为短视频内容创作者提供了极大的便利。另外，抖音短视频官方也制作了很多教程和短视频设计模板，使初级短视频内容创作者也能够轻松创作出优质的短视频。抖音短视频平台的一些基本资料如表1-1所示。

表1-1 抖音短视频基本资料

所属系别	Slogan（口号）	直播端口	内容生产方式
头条系	记录美好生活	有	UGC、PUGC、PGC
呈现方式	**用户属性**	**赢利模式**	**平台特色**
竖屏为主，短视频	年轻、时尚的女性，一二线城市的中产用户居多	广告植入、电商、内容付费、渠道分成、直播带货	智能推荐算法，平衡流量、内容、用户、商品之间的关系，提升商业变现和内容生产能力，提升短视频内容创作者的能力

1.4.3 快手

快手与抖音短视频一样，都是目前短视频行业的领头羊。快手是较早的短视频平台，用户群体主要集中在三四线城市。这批用户对移动互联网有更多的探知欲和接受度，所以快手对于短视频内容创作者的支持力度也是相对较高的。快手的基本资料如表1-2所示。

表1-2 快手基本资料

所属系别	Slogan（口号）	直播端口	内容生产方式
快手系	快手，记录世界，记录你	有	UGC、PGC
呈现方式	**用户属性**	**赢利模式**	**平台特色**
竖屏为主，短视频	生活在三四线城市，热爱分享的群体	广告植入、电商、内容付费、直播带货	多元化，依托算法打通推荐和关注的协同关系，更新速度非常快，是好物、生活、趣事的分享平台

1.4.4 腾讯微视

腾讯微视是腾讯旗下的短视频创作与分享平台，可以将拍摄的短视频同步分享到微信群、朋友圈和QQ空间中，且用户以女性为主。腾讯微视还结合了微信和QQ等社交平台，用户可以将微视上的视频分享给好友和社交平台，其基本资料如表1-3所示。

表1-3 腾讯微视基本资料

所属系别	Slogan（口号）	直播端口	内容生产方式
腾讯系	发现更有趣	有	UGC、PGC
呈现方式	**用户属性**	**赢利模式**	**平台特色**
横屏，小视频	以女性为主要群体	广告、电商、平台活动	垂直视频平台，目标人群划分专业，能够轻松与其他流量平台连接引流

1.4.5 好看视频

好看视频是百度旗下一个重要的短视频平台，用户的地域、年龄分布都比较分散，内容以IP类、泛娱乐、泛文化和泛生活为主。在短视频创作方面，好看视频是一个非常优秀的传播渠道平台。作为百度系的产品，其享有百度搜索的支持，因此具有很高的搜索引擎权重，其基本资料如表1-4所示。

表1-4 好看视频基本资料

所属系别	Slogan（口号）	直播端口	内容生产方式
百度系	分享美好，看见世界	有	UGC、PGC
呈现方式	**用户属性**	**赢利模式**	**平台特色**
横屏为主，短视频	三四线城市人群为主，年龄层多样化	电商、渠道分成、直播带货	视频分发无痕化，优化用户的体验感；在视频场景识别方面，已经实现了机器自动分类

1.4.6 美拍

美拍是泛生活类的垂直短视频平台，用户以女性群体为主，非常适合设计和制作美妆、美食、健身和穿搭等类别的短视频，其基本资料如表1-5所示。

表1-5 美拍基本资料

所属系别	Slogan（口号）	直播端口	内容生产方式
其他	在美拍，每天都有新收获	有	UGC、PGC

续表

呈现方式	用户属性	赢利模式	平台特色
竖屏为主，短视频	女性居多，覆盖美妆、美食、服装等泛生活类别	电商、渠道分成	年轻人喜欢的视频社交平台，美妆类垂直领域优势比较大

项目实训——安装、注册和设置抖音短视频

下载安装抖音短视频App

慕课视频

项目实训

慕课视频

下载安装抖音短视频App

所有观看短视频的用户都需要下载和安装短视频App。下面就以在苹果手机中安装抖音短视频App为例进行介绍，具体操作步骤如下。

（1）进入手机主界面，点击“App Store”图标。

（2）进入“App Store”界面，点击右下角的“搜索”按钮，进入“搜索”界面，点击上面的“搜索”文本框，如图1-27所示。

（3）输入“抖音”，点击输入界面中的“搜索”按钮。

（4）在搜索结果中找到抖音短视频App，点击其对应的“获取”按钮，如图1-28所示。

（5）手机开始自动下载并安装抖音短视频App，安装完成后，抖音短视频App的图标将显示在手机主界面中。

图1-27　点击“搜索”文本框

图1-28　点击“获取”按钮

知识补充

如果使用安卓系统的手机下载并安装抖音短视频App，需要在“应用市场”（其功能与苹果手机中的“App Store”类似）中搜索，然后下载并安装即可。

注册抖音短视频账号

慕课视频

注册抖音短视频账号

在安装了抖音短视频App后，还需要进行注册，才能完整使用短视频功能，正确注册抖音短视频账号的具体操作步骤如下。

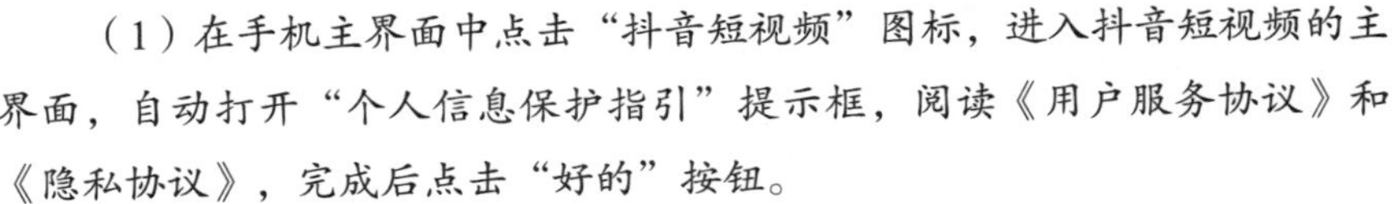

（1）在手机主界面中点击“抖音短视频”图标，进入抖音短视频的主界面，自动打开“个人信息保护指引”提示框，阅读《用户服务协议》和《隐私协议》，完成后点击“好的”按钮。

（2）打开“‘抖音短视频’想给您发送通知”提示框，用户可以自行选择是否发送，然后点击下面对应的按钮。

（3）在抖音短视频的主界面中，点击右下角的“我”按钮。

（4）直接进入注册界面，点击其中的文本框，输入自己的手机号码，然后点击“获取短信验证码”按钮，如图1-29所示。

（5）系统将向输入的手机号码发送验证码短信，在打开的输入验证码界面中点击文本框，输入收到的验证码，再点击选中下面的“我已阅读并同意用户协议和隐私政策……”单选项，点击“登录”按钮，如图1-30所示。

（6）打开完善个人资料的界面，在其中可以设置抖音短视频账号的头像、昵称、生日和性别，然后点击“进入抖音”按钮，如图1-31所示。

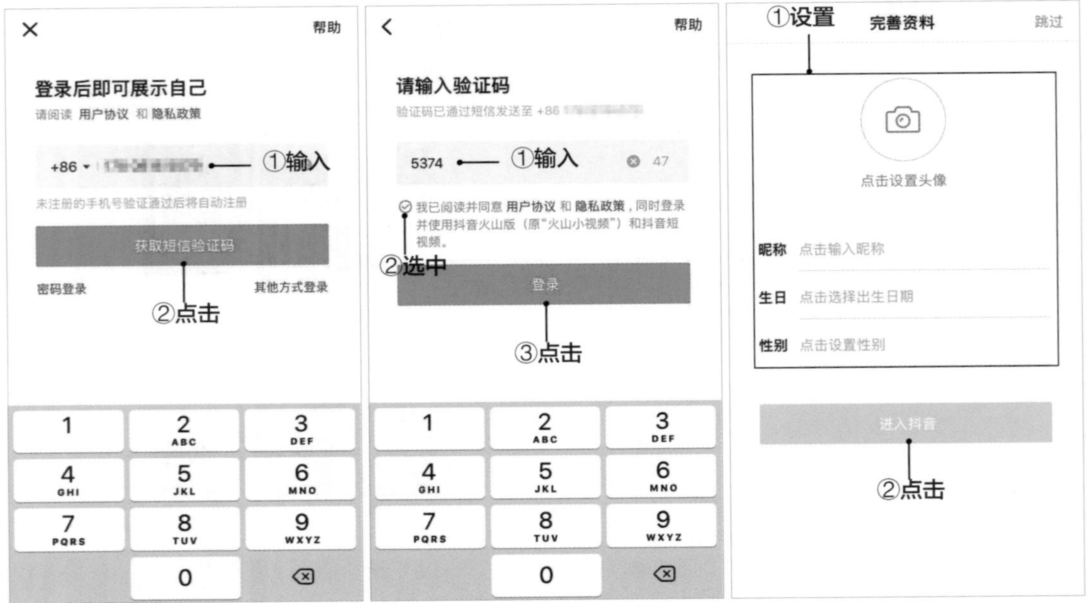

图1-29　输入手机号码　　图1-30　输入验证码　　图1-31　完善个人资料界面

（7）完成抖音短视频账号的注册操作，进入抖音短视频的主界面，就可以观看系统推荐的短视频了。

知识补充

如果点击“密码登录”超链接，可以在打开的界面中通过设置密码的方式注册抖音短视频账号；点击“其他方式登录”超链接，则可以在打开的界面中通过微信、QQ和微博等账号关联登录抖音短视频账号。

设置账号密码

通常注册抖音短视频账号都是使用手机号码，为了保证账号的安全性，用户还可以设置登录密码，具体操作步骤如下。

慕课视频

设置账号密码

（1）在抖音短视频主界面中，点击右下角的“我”按钮，进入个人用户界面，点击右上角的菜单按钮，如图1-32所示。

（2）在打开的下拉菜单中选择“设置”选项，如图1-33所示。

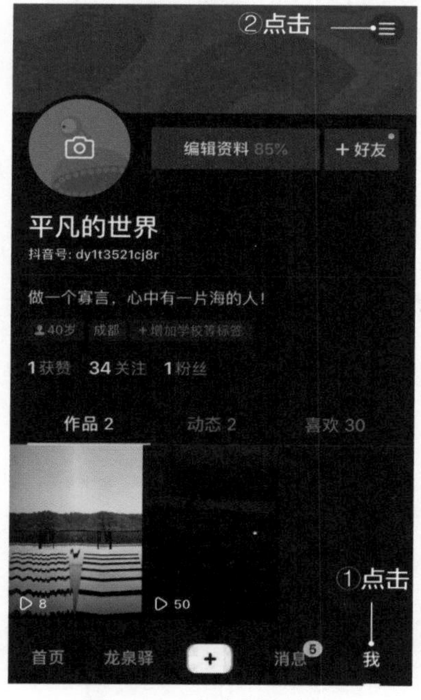

图1-32 点击菜单按钮

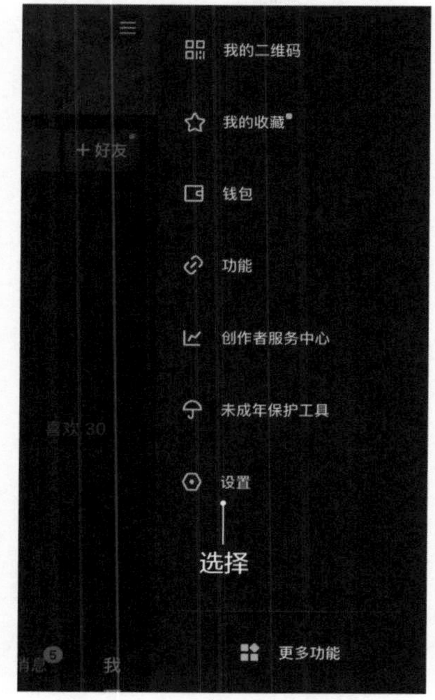

图1-33 选择“设置”选项

（3）在打开的“设置”界面的“账号”栏中选择“账号与安全”选项，如图1-34所示。

（4）在打开的“账号与安全”界面中选择“抖音密码”选项，如图1-35所示。

（5）打开输入登录密码的界面，点击文本框并输入新密码，再点击“获取短信验证码”按钮，如图1-36所示。

（6）打开输入验证码的界面，点击文本框，输入手机收到的短信验证码，如图1-37所示，点击“完成”按钮后系统会自动返回“账号与安全”界面并显示密码设置完成。

图1-34　选择“账号与安全”选项

图1-35　选择“抖音密码”选项

图1-36　输入密码

图1-37　输入验证码

实名认证

在很多短视频平台中，要想获得用户的信任，以及将经济收益提现，通常都必须通过实名认证。实名认证也能提升短视频账号的安全性，在抖音短视频中进行实名认证的具体操作步骤如下。

慕课视频

实名认证

（1）按照与设置账号密码相同的方法，打开App中的“账号与安全”界面，选择“实名认证”选项。

（2）打开“实名认证”界面，分别点击“真实姓名”和“身份证号”文本框并输入自己的真实姓名和身份证号，再点击“同意协议并认证”按钮，如图1-38所示。

（3）打开面部拍照识别的界面，将自己的面部移入识别框中，按手机提示进行操作，如图1-39所示，完成拍照识别。

（4）在打开的界面中将提示认证成功，如图1-40所示，并自动返回“账号与安全”界面。

图1-38　输入实名认证信息　　图1-39　拍照识别　　图1-40　认证成功

企业号认证

现在很多企业都需要在短视频平台中进行品牌或商品营销，如果一个企业要入驻抖音短视频，就需要进行企业号认证，具体操作步骤如下。

（1）按照与设置账号密码相同的方法，打开App中的“账号与安全”界面，选择“申请官方认证”选项。

（2）打开“抖音官方认证”界面，选择“企业认证”选项，如图1-41所示。

（3）打开“企业认证”界面，可以选择“营业执照”和“企业认证公函”选项来查看认证资料的相关信息，然后点击“开始认证”按钮，如图1-42所示。

（4）打开“填写资料”界面，如图1-43所示，在其中设置企业认证的相关内容并填写相关资料，包括主体类型、行业分类、企业营业执照、认证申请公函、其他资质、用户名称、认证信息和运营者的相关信息，在同意并遵守《抖音平台企业认证服务协议》和《抖音企业认证审核标准指引》后，点击“提交”按钮，即可将资料提交给抖音短视频官方进行企业认证资格的审核，审核通过后就可以完成该账号的企业号认证。

图1-41　选择“企业认证”选项　图1-42　点击“开始认证”按钮　图1-43　“填写资料”界面

知识补充

进行企业认证后的抖音短视频账号拥有官方蓝V标识、企业品牌头像和认证名称，这些都可以提高该账号的权威性。企业号还可与今日头条、火山小视频账号关联，实现平台间的身份与权益同步，并享受三大平台的认证标识和专属权益，从而提升该企业的营销和推广效率。

思考与练习

1. 简述短视频的特征和优势。

2. 短视频的分类方法有哪些？包括哪些具体的类型？

3. 按照短视频内容的主题划分，在主流的短视频平台中找到有代表性的各类型短视频账号。

4. 试着在手机中安装一个短视频App，并进行个人认证。

Chapter 2

第2章 短视频的内容策划

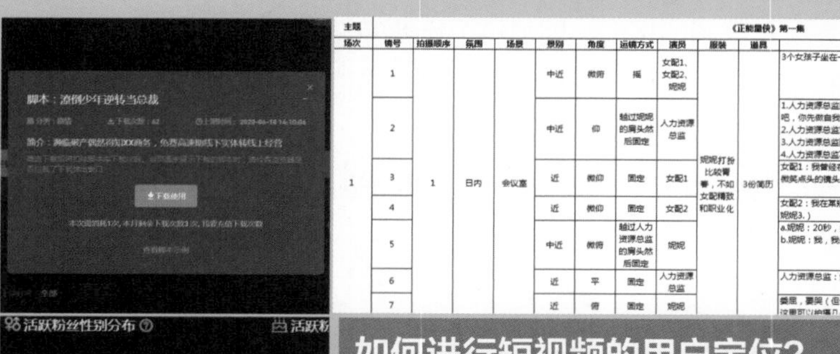

主题	《正能量侠》第一集										
场次	镜号	拍摄顺序	氛围	场景	景别	角度	运镜方式	演员	服装	道具	
1	1	1	日内	会议室	中近	微俯	摇	女配1、女配2、妮妮	妮妮打扮比较青涩，不如女配精致和职业化	3份简历	3个女孩子坐在一排
	2				中近	仰	越过妮妮的肩头然后固定	人力资源总监			1.人力资源总监比较 吧，你先做自我介绍 2.人力资源总监对女 3.人力资源总监面无 4.人力资源总监不耐
	3				近	微仰	固定	女配1			女配1：我曾经在上 微笑点头的镜头2.）
	4				近	微仰	固定	女配2			女配2：我在某短视 妮妮3.）
	5				中近	微俯	越过人力资源总监的肩头然后固定	妮妮			a.妮妮：20秒，我... b.妮妮：我，我是某
	6				近	平	固定	人力资源总监			人力资源总监：好，
	7				近	俯	固定	妮妮			委屈，要哭（但也

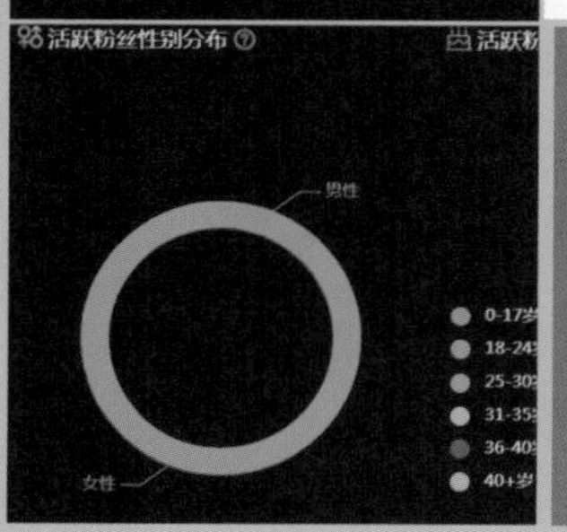

如何进行短视频的用户定位？

如何进行短视频的内容定位？

如何搭建短视频制作团队？

如何设计短视频的脚本？

短视频脚本的设计技巧有哪些？

学习引导			
	知识目标	能力目标	素质目标
学习目标	1. 熟悉用户和内容定位的方法 2. 掌握搭建短视频团队的方法 3. 熟悉如何策划和写作短视频脚本 4. 熟悉一些常用的脚本设计技巧	1. 分析美食类短视频的内容定位 2. 能够为时尚美妆类短视频用户人群画像 3. 能够以某MCN搭建美妆类短视频团队 4. 学会从网上下载短视频脚本	1. 培养团队搭建和协作能力 2. 培养以用户为中心的互联网思维 3. 培养分析问题、解决问题的策划能力
实训项目	策划美食制作类短视频的内容		

利用短视频进行品牌推广和商品营销是目前较为常见的一种营销方式，大到华为、小米这样的大型企业，小到大山深处的某位农人，都会通过短视频平台发布短视频来推销自己的商品。但无论是大型企业还是单个用户，其在进行短视频的制作之前，都需要完成一件非常重要的准备工作——短视频的内容策划。

对很多新手用户来说，短视频内容策划的目的很简单，就是要吸引其他用户的注意力，通过短视频内容打动用户，使其成为自己的粉丝，这样自己制作的短视频也可以得到持久的传播。但短视频的内容策划并不是一件容易的事情，因为每个行业的需求都不一样，所针对的用户也不一样，内容的主题、拍摄的视频风格也不一样，所以搭建的拍摄团队也就不一样，创作的内容脚本、涉及的脚本内容技巧也不一样。

总地来说，短视频的策划通常包括用户定位、内容定位、团队搭建和脚本设计等具体内容，下面就分别进行介绍。

慕课视频

短视频用户定位

2.1 短视频用户定位

短视频得以如此流行的一个重要原因就是短视频内容可以吸引海量的用户，这些用户是短视频内容策划和制作的基础，任何短视频制作的前提就是吸引用户。所以，短视频内容策划需要了解其用户群体，分析用户并对其进行画像，下面分别进行介绍。

2.1.1 短视频用户分析

在进行用户分析时，需要了解整个短视频领域中用户的一些基本数据，然后通过这些数据分析用户的属性，从而实现对短视频用户的定位。

1. 收集用户的基本信息

用户的基本信息是指短视频用户在网络中的整体数据，收集用户的基本信息有助于短视频创作者了解短视频行业的用户规模、日均活跃用户数量和短视频用户的使用频次与时长等。用户的基本信息通常来自各种专业的数据统计机构发布的报告，例如中国互联网络信息中心发布的历年《中国互联网络发展状况统计报告》和中国专业的移动互联网商业智能服务平台QuestMobile发布的数据报告等。

- 用户规模。用户规模是指行业中用户的数量，用户的数量越多，说明该行业的商业赢利能力和发展潜力越大。
- 日均活跃用户数量（Daily Active User，DAU）。日均活跃用户数量通常用于统计一日（统计日）之内，登录或使用了某个App的用户数（去除重复登录的用户）。在短视频领域，日均活跃用户数量能够反映短视频平台的运营情况和用户的黏性，以及使用短视频App的每日活跃用户数量的平均值。例如，QuestMobile的统计数据显示，在2020年1月的移动视频日均活跃用户规模排名中，多个短视频平台名列前茅，其中，抖音短视频的日均活跃用户数量最多，如图2-1所示。

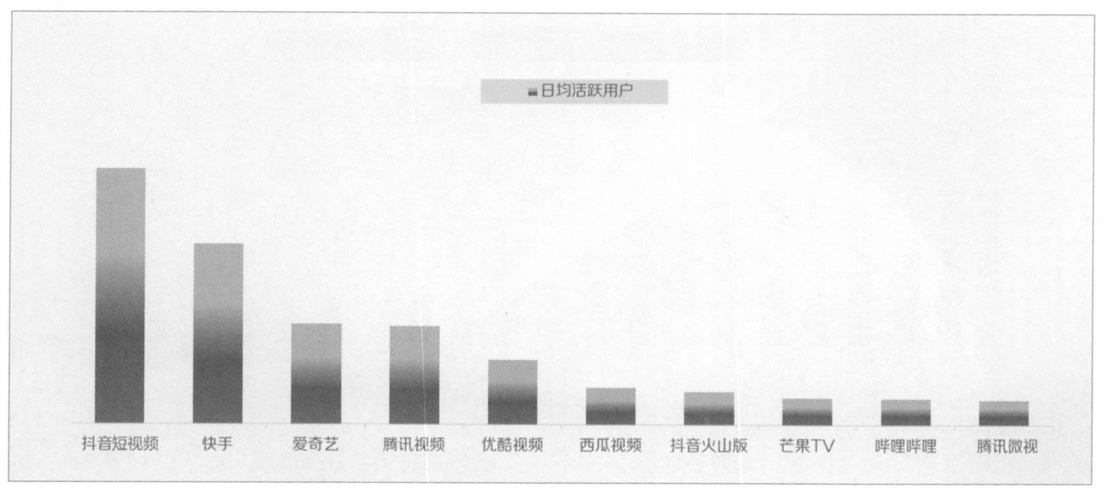

图2-1　2020年1月移动视频日均活跃用户规模排名

- 使用频次。使用频次就是使用短视频App的频率和次数，根据这个数据能够判断出用户对短视频App的喜爱程度和对短视频的关注程度，QuestMobile的统计数据显示，在2020年1月，有21.7%的抖音用户人均日使用频次达到了10~19次。
- 使用时长。使用时长就是指用户使用短视频App的时间，实际使用时长是指该App程序界面处于前台激活状态的时间，通常以日使用时长为主。QuestMobile的统计数据显示，在2020年1月，有38%的抖音用户人均日使用时长达到了30分钟。

2. 分析用户的属性

在了解了用户的基本信息后，还需要对用户的属性进行分析，包括性别分布、年龄分布、地域分布和活跃度分布等，这些信息可以通过一些专业的数据统计报告获取。

- 性别分布。性别分布用于反映不同性别的用户对短视频的关注和喜爱程度，例如，QuestMobile的统计数据显示，2020年1月的抖音用户性别分布为男性52%、女性48%，但这48%的女性对抖音的偏好程度高于男性。
- 年龄分布。年龄分布可以反映用户对短视频内容的偏好和认知程度，由于短视频的用户主要集中在19~35岁，所以通常将短视频用户年龄分为19~24岁、25~30岁、31~35岁、36~40岁、41~45岁和46岁及以上等不同阶段。
- 地域分布。地域分布可以通过不同省、市或地区的用户规模，反映用户的文化程度和经济实力等，图2-2所示为2020年1月QuestMobile统计的抖音短视频用户的省份和城市的前10名分布情况，从中可以看出抖音短视频用户最多的省份和城市。

知识补充

目标群体指数（Target Group Index，TGI）是反映目标群体在特定研究范围内的强势或弱势的指数。图2-2中TGI数值越大，表示该地区的用户群体对抖音短视频的关注度越高。

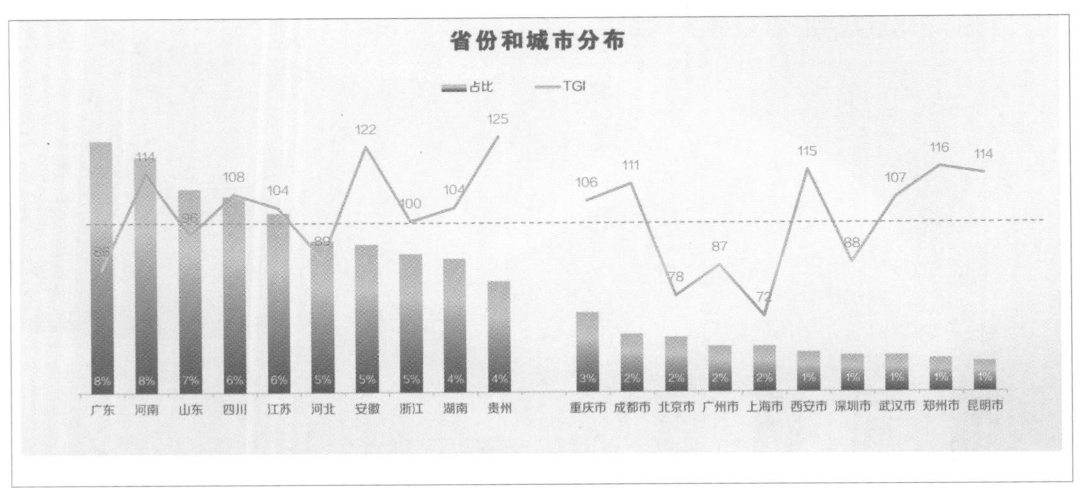

图2-2　抖音短视频用户的省份和城市的前10名分布情况

知识补充

在分析用户属性时，也经常将性别分布、年龄分布和地域分布结合起来分析，这样能够进一步细化用户的属性，更有助于进行用户定位。例如，分别分析不同年龄段的男性、女性用户在不同的城市中的数量占比和偏好程度。

- 活跃度分布。活跃度分布可以反映用户的黏性，分析用户的活跃度可以按一天（24小时）进行数据统计，也可以根据工作时间和节假日的不同时间段进行数据统计，图2-3所示为2020年1月QuestMobile统计的抖音短视频用户在工作日和周末的活跃度分布情况。

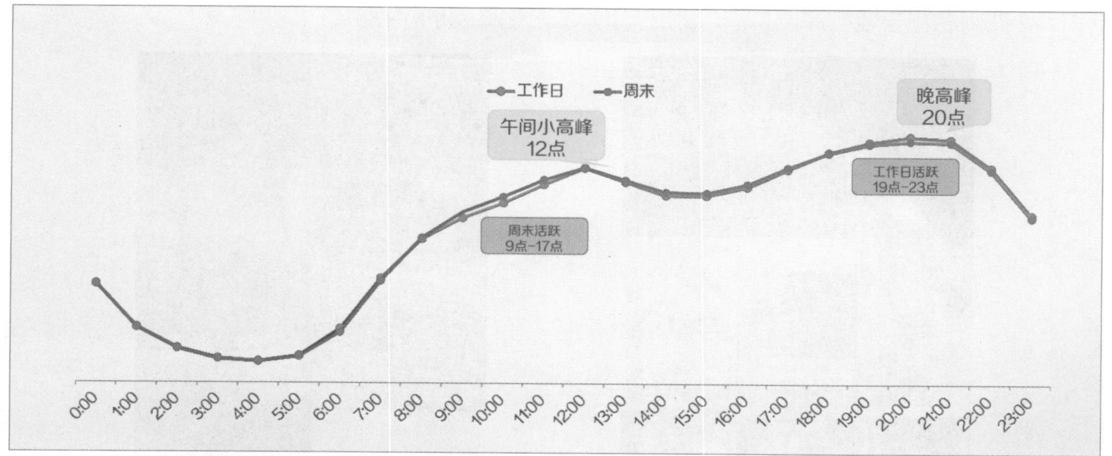

图2-3　抖音短视频用户在工作日和周末的活跃度分布情况

2.1.2 短视频用户画像

在了解了用户的基本信息和属性后，就可以综合这些信息形成短视频的用户画像。这里的用户画像其实就是根据用户的属性、习惯、偏好和行为等信息而抽象描述出来的标签化用户模型。简单来说就是归纳用户的特点，特别是用户对短视频的兴趣爱好和需求，从而为短视频的内容定位提供基础。

1. 推测用户的需求

推测用户的需求可以帮助归纳短视频用户的特点，这样制作出来的短视频才能取得期望的效果。对短视频用户来说，基本的需求主要有以下3种。

- 休闲娱乐。短视频是一种新的大众传播媒介，而娱乐性则是大众传播媒介的重要属性之一，使用短视频获取娱乐资讯、满足精神消遣已成为用户的主要目的之一。大部分短视频App能够在诞生初期就取得较快的发展，主要原因就是利用奇趣精美的视频内容或娱乐明星的带动效应吸引用户的关注，满足了用户的娱乐需求。
- 获取知识和信息。大众传播媒介的一个主要功能就是传播知识和信息，短视频的内容如果能够让用户获取有用的资讯、知识或技巧，就能够满足用户对知识或信息的需求。短视频中的内容信息比传统媒介中的更加生动和丰富，并逐渐使用户的信息阅读习惯从图文浏览过渡到观看视频。在目前各种短视频内容中，知识、信息和资讯类的比重在逐渐增加，图2-4所示为专门介绍生活小技巧的短视频。
- 满足自身渴望，提升自我的归属感。短视频的本质是一种社交媒体，其能够满足用户传递所见所闻，分享生活动态的需要。由于短视频的表达方式更具体直观、生动形象，除了社交需求，还可以满足用户对某种事物或行为的愿望和期望，例如，对美食、美景和小动物的喜爱，对亲情、爱情和友情的渴望等。短视频本身涵盖各方面的内容，发布、

评论、点赞和分享等社交功能，不仅可以满足用户自身的渴望，还可以提升用户的自我认同感和自我归属感，图2-5所示为分享美丽风景的短视频。

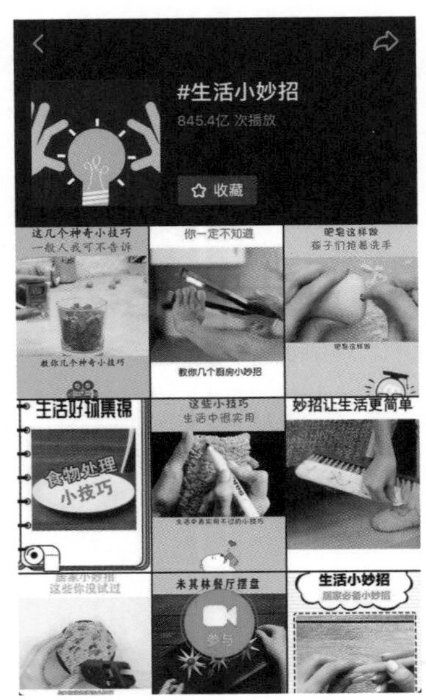

图2-4　专门介绍生活小技巧的短视频

图2-5　分享美丽风景的短视频

2. 查看用户画像

了解用户的需求不能凭空设想，最好通过分析用户的基本数据来获得，这就需要获取相关类型短视频用户的具体数据。在大数据时代，获取用户数据最简单也最常用的方法就是在专业的数据统计网站中查看用户画像，例如抖音短视频的官方数据统计网站巨量星图等。查看用户画像信息可以推导出用户偏好的短视频内容类型，再针对用户偏好的分析进行内容选择，这样在用户增长和内容方面就形成了双向的推动，有助于短视频用户的正确定位。图2-6所示为在巨量星图平台中查到的某剧情搞笑类短视频账号的用户画像，从中可以查看该类型的用户群体地域分布和基本特征，另外还可以查看用户的性别分布、年龄分布、活跃度分布和设备分布等重要数据。

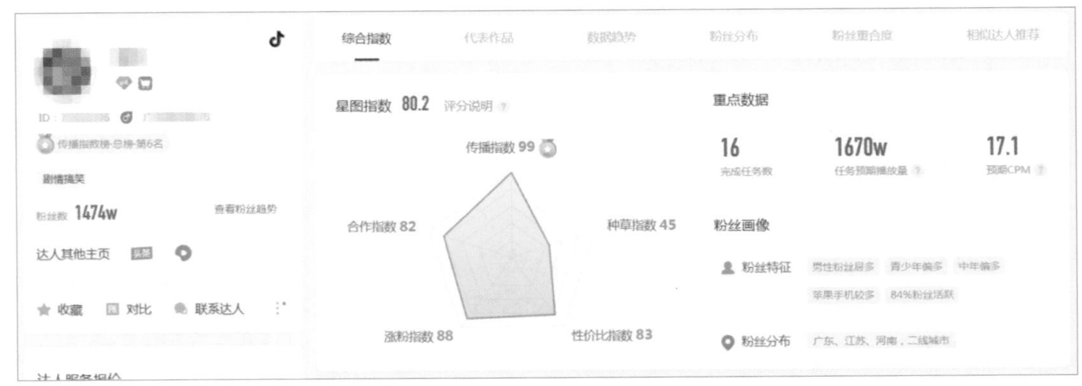

图2-6　某剧情搞笑类短视频账号的用户画像

2.1.3 实战案例：为时尚美妆类短视频用户人群画像

时尚美妆类是短视频内容中用户关注度较高的一类，下面就通过巨量星图平台来为时尚美妆类短视频用户画像。

1. 查看用户属性

首先需要通过数据网站查看时尚美妆类短视频的用户属性，包括用户的性别分布、地域分布和年龄分布等，下面就在抖音短视频官方的巨量星图平台中查看美妆短视频用户的性别分布、年龄分布和省份分布这3个主要的属性，具体操作步骤如下。

（1）打开巨量星图网站，注册并登录。

（2）进入巨量星图的首页，在页面上方单击“达人广场”选项卡，然后在打开的菜单中选择一种短视频达人的类型。

（3）进入选择短视频达人的页面，在“内容类型”栏中选择“美妆”选项，即可在下面列表中查看所有美妆类短视频达人，如图2-7所示。

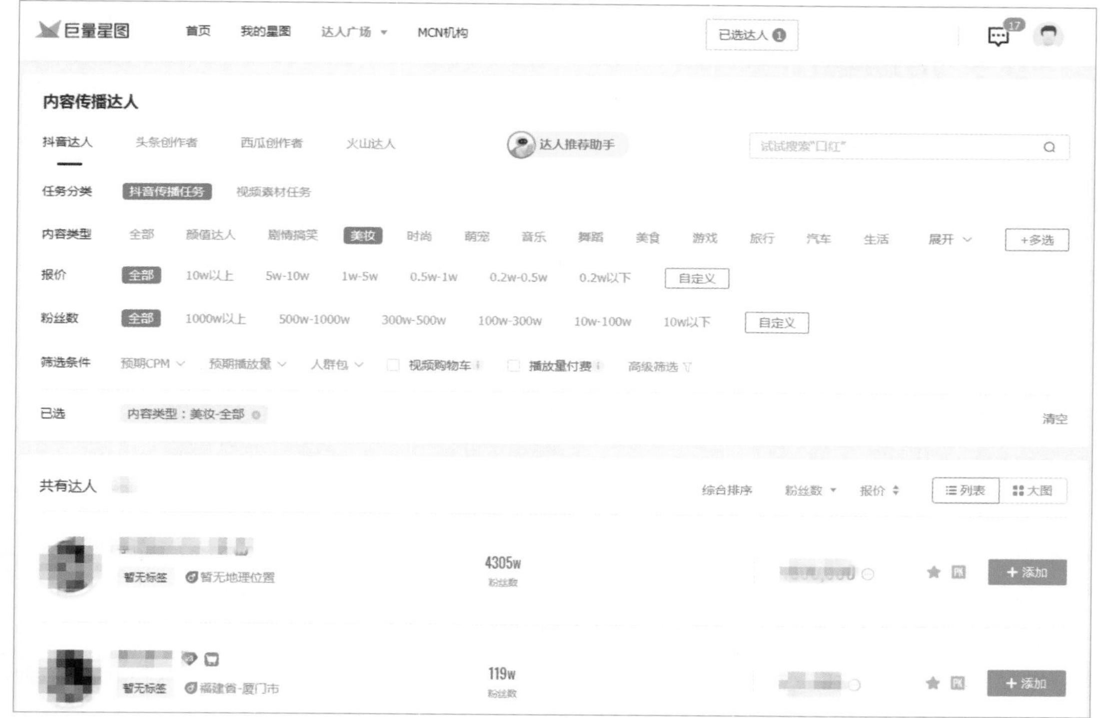

图2-7 查看美妆类短视频达人

（4）选择某位达人对应的选项，即可进入该短视频达人的主页，查看相关的信息资料，包括该短视频达人用户的数量、特征、变动趋势、性别分布、地区分布、活跃度分布等属性，甚至包括与相同类型的短视频达人的用户重合度。

（5）选择3位用户数量最多的美妆类短视频达人，查看其用户属性，并对性别分布、年龄分布和省份分布的相关数据进行记录和统计。

2. 归纳数据形成用户画像

在查看和收集了相关数据后，计算和分析数据，形成用户画像，具体操作如下。

（1）将3个短视频达人的男性用户和女性用户数量进行合计，计算出男性用户和女性用户在美妆类短视频中的性别占比。

（2）用同样的方法合计各年龄段的用户数量，并按照18~19岁、20~24岁、25~29岁、30~39岁、40~49岁和50岁以上，分年龄段计算这些用户在美妆类短视频中的年龄占比。

（3）用同样的方法合计各省份用户的数量，并按照南部省份和北部省份（长江以北为北部省份）计算这些用户在美妆类短视频中的省份占比。

（4）最后，分别将得出的数据制作成圆环图，作为美妆类短视频的用户画像。图2-8所示为性别占比圆环图。

图2-8　性别占比圆环图

 2.2 短视频内容定位

短视频内容定位

在对短视频用户进行定位之后，就需要对短视频的内容进行定位了。内容才是短视频的核心，只有符合用户需求的内容才能吸引足够的用户关注，只有满足用户需求的内容对用户才有价值。短视频内容定位包括选择短视频内容领域、确定短视频内容风格和形式，以及选择短视频发布平台等。

2.2.1 选择短视频内容领域

短视频内容领域其实就是内容的主题，在上一章中已经介绍过了。面对这么多内容领域，我们该如何选择呢？重要的是，不要跟风选择内容关注度最高的领域，而是要精准定位，即什么内容能够帮助短视频账号获得更精准的用户，就制作什么内容的短视频。在内容领域的选择上，最简单有效的方式就是选择内容创作者自己最拿手、最有资源的领域，这样在后期的内容制作上才能更加自如，使短视频在选题和资源上都有保障。

另外，如果能够选择关注度高的内容领域制作短视频，则通常会起到事半功倍的作用，更容易获得很高的播放量和更多用户的关注，图2-9所示为2019年下半年抖音短视频用户偏好的短视频内容领域排行。此外，选择下面一些内容领域制作的短视频通常会获得很高的用户播放量。

- 干货类。干货是指精练的、实用的、可信的内容。这些内容通常从实际经验中来，经过一定的提炼总结；这些内容也可以运用到实际情况中去，有一定的指导性，可以直接或间接适用于当前环境，给出一个有理有据、让人信服的建议。干货类的短视频在各种短视频平台中都有很高的播放量，因为是干货，所以很多用户都想学习，例如，化妆知识、美容技巧、减肥技巧、生活小妙招和健康常识等。

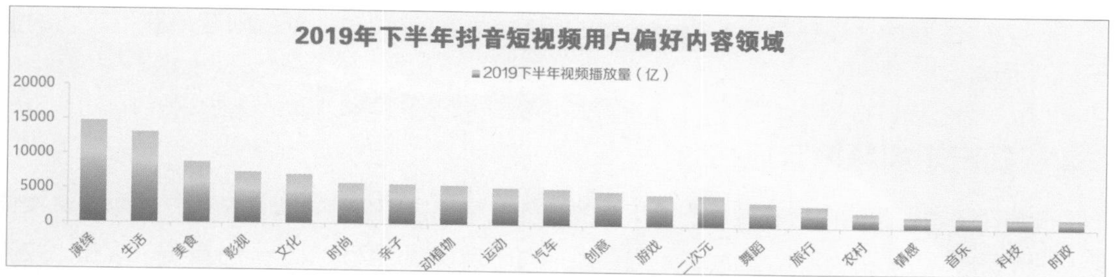

图2-9　2019年下半年抖音短视频用户偏好的短视频内容领域排行

- 情感类。这一类内容能够引起用户心灵震撼、使用户感同身受、引发用户的共鸣，很容易获得高播放量，也很容易引起用户点赞和转发。在情感类短视频内容领域，目前最常见的是一种系列短剧，如图2-10所示，它在情感上给予用户感动和共鸣的同时，还能持续吸引用户关注，从而获得足够多的播放量。
- 正能量。正能量是一种健康乐观、积极向上的动力和情感，是社会生活中积极向上的行为，可以影响周围的人和自己，受正能量影响的人会变得更加积极向上。以正能量为内容的短视频能够唤起用户内心的正义和积极的情感，并在受到感染后点赞和转发。图2-11所示为深圳交警发布的正能量短视频内容，这种弘扬正气、惩治交通违法行为、传递交通安全意识的短视频受到了广大用户的喜爱和传播。

图2-10　情感类的系列短剧

图2-11　深圳交警发布的短视频内容

- 美的事物类。美的事物是指一切能带给用户视觉或听觉享受，并产生愉悦心情的事物，包括美丽的风景和人物、精美的食物、优美的音乐等。只要是美的事物都可以拍摄作为短视频内容，也容易获得用户的喜爱。
- 宠物类。宠物类短视频内容以可爱的宠物为主角，因为宠物本身就很可爱，很多宠物让人心生爱怜，现在有很多喜爱萌宠的用户人群，这种短视频就很容易获得较多的播放量。

2.2.2 确定短视频内容风格

在选择了短视频的内容领域后，接下来的步骤就是确定短视频内容的风格了。不同风格短视频的展现形式也是不同的，因此确定内容风格对于短视频后续的制作十分重要。现在比较流行且受用户喜爱的短视频内容风格主要有以下7种。

- 图文拼接。在很多短视频平台中，有许多以图片和文字为主要内容，并辅以背景音乐的短视频。这些短视频通常是使用平台自带的短视频模板，将自己的照片和文字添加到其中制作而成的，而这种短视频内容风格就叫作图文拼接。图文拼接风格的短视频制作起来较为简单，图2-12所示为图文拼接风格的短视频模板和用此模板制作的短视频内容。

图2-12　图文拼接风格的短视频模板和用此模板制作的短视频内容

- 故事。有新意、有创意的故事风格短视频总是能够吸引用户的关注，特别是内容脚本较好、具备正能量且能够引起用户共鸣的系列短视频。很多短视频为了提高播放量，都将短视频确定为故事风格。
- 反差。现在很多短视频都采用反差风格，例如比较流行的换装类短视频，在视频前半部分展现普通甚至难看的形象，而在视频后半部分则展示时尚、精致的形象，形成强烈的反差以达到吸引用户关注的目的。另外还有一些剧情类的短视频，在视频前半部分展示主角的穷苦、凄惨，而在视频后半部分通过自己的努力实现人生反转，这样的内容风格让用户看了非常“解气”，并产生一种代入感，在当下非常流行。
- 脱口秀。脱口秀是在短视频平台中较为常见的短视频内容风格，这种风格的短视频通常以讲坛形式向用户讲解各种知识或传递正能量，并提供十分有价值的内容，可以吸引用户的关注和转发，提高播放量。图2-13所示为脱口秀风格的短视频。

- 心灵鸡汤。心灵鸡汤是指通过短视频内容对用户进行精神安慰，这种风格的短视频内容具有动机强化（励志）作用。情感类和正能量领域的短视频经常采用这种风格，可以让用户深入其中，引起情感共鸣，从而获得较多的播放量。
- 模仿。模仿风格就是模仿其他流行的短视频制作自己的短视频内容。这种风格的短视频由于不需要自己创作内容脚本，只需照搬或者稍加改进即可制作，所以被很多短视频新手应用。需要注意的是，如果要想获得更多用户的关注，短视频内容要在模仿的基础上突出个人特色，形成自己的独特的风格和人物标签。
- Vlog。记录日常生活的Vlog也是目前非常热门的短视频内容风格，很多用户都开始拍摄自己的Vlog。例如，以Vlog风格的短视频展现在旅游路上的所见所闻或国外的生活等，能够吸引大量想了解不同地方的风土人情和生活方式的用户的关注和播放，如图2-14所示。

图2-13　脱口秀风格的短视频

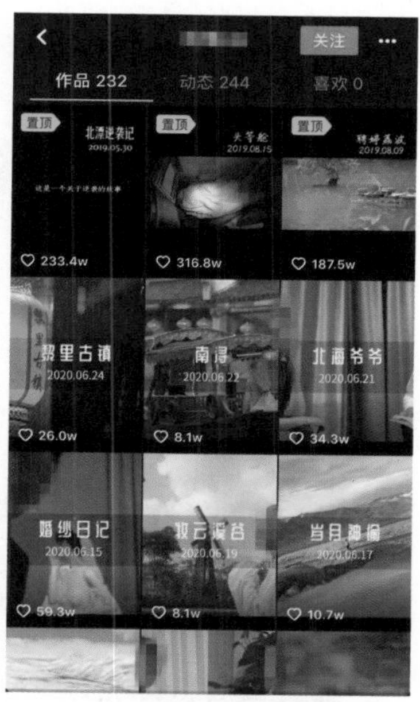

图2-14　Vlog风格的旅游短视频

2.2.3 确定短视频内容形式

在确定了短视频内容的风格后，就需要确定内容的形式，也就是短视频要以哪种形式进行拍摄和制作，并最终呈现在用户面前。短视频的内容创作者可以根据制作方式和出镜主体的不同来对短视频内容形式进行选择。常见的短视频内容形式主要有以下几种。

- 真人为主。真人为主是目前短视频的主流形式，大多数粉丝数量超过千万的短视频账号的内容形式都是以真人为主。以真人为主的短视频内容往往具备更多的拍摄形式和创作空间，并让短视频内容拥有非常深刻的记忆点。真人形式的短视频在获得了较多用户关注之后，主角本人往往也可以获得较大的知名度，并获得一定的影响力和商业价值。

知识补充

真人为主的短视频内容也存在一定的不足，首先，如果要组建团队进行短视频制作，就需要招揽编导、拍摄、后期制作方面的人才，并考虑签约成熟达人还是培养潜力新人等方面的问题。如果由内容创作者自己来担任短视频的主角，并策划拍摄与剪辑，则时间成本花费较大，且对表演、创作和制作能力有一定要求。

- 肢体或语音为主。肢体或语音为主的短视频内容形式以声音和肢体（例如被遮挡的面部、手部等）为主，以画面为辅。这种短视频内容形式有一个显著的特点，就是因为缺失脸部这个记忆点，所以需要使用有特殊物体作为该短视频内容的标志，例如辨识度极高的声音、某种特殊样式的头套等。图2-15所示为两个以语音和肢体为内容形式的短视频，一个是以声音为主展示传统文化的短视频，另一个则是以嘴为主要标志的美食试吃短视频。

图2-15　以语音和肢体为内容形式的短视频

- 动物为主。动物为主的短视频内容形式以动物为拍摄主体。以动物为主的短视频仍然需要通过配音、字幕和特定的表情抓拍等手段赋予动物“人的属性”，特别是字幕和配音，有了这两点才能让用户看懂短视频内容。但这种形式的短视频不容易拍摄，因为动物的行为和反应充满了不可控性，可能会消耗内容创作者较多的时间与精力等，这些都是在选择动物为主的内容形式时应考虑的问题。

- 虚拟形象为主。虚拟形象为主的内容形式就是人为制作的二维动画，这种形式的短视频内容需要专业的人员进行虚拟形象设计，会花费比较高的人力和时间成本。但这种形式的短视频也有自己的优势，就是具有更高的可控性，因为虚拟形象是内容创作者制作的，所以整个短视频内容的走向、情绪的表达与剧情推动都可以由创作者自己控制。虚拟形象可以制作得精致可爱，这样容易被用户所喜爱，从而获得关注和播放量。图2-16所示为两个以虚拟形象为内容形式的短视频，一个短视频是以手绘图像为主要内容形式，另一个短视频则是以表情包为主要内容形式。

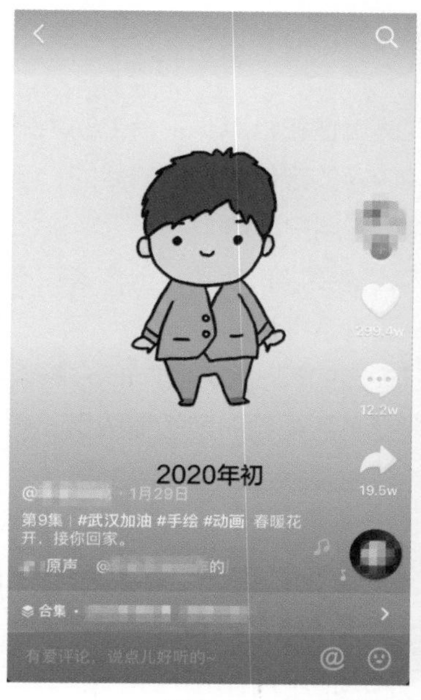

图2-16　以虚拟形象为内容形式的短视频

- 剪辑内容为主。这种内容形式就是以各种影视剧或综艺节目为基础，截取精华看点或情节编辑制作的短视频，这种短视频内容形式的作用是进行二次传播、节目宣传或话题营销等。这种短视频内容形式既节约人力和时间成本，又有助于连续地、高频率地进行创作，具备非常大的传播优势。

知识补充

制作剪辑内容为主的短视频需要注意的一点就是版权问题，因为未经授权擅自挪用他人创作的视频进行二次加工并获得商业利益的行为属于侵权行为。如果要制作剪辑内容为主的短视频，创作者需要获得原版权方授权，若没有获得授权，则制作的短视频不能用于获取商业利益，只有获得授权的短视频账号才能进行商业推广和赢利。

2.2.4 选择短视频发布平台

在短视频的设计和制作过程中，选择一个适合自己的平台也是非常重要的。大多数短视频内容创作者制作短视频内容的目的都是为了获取收益，目前很多短视频以娱乐化的内容为主，只能带来一时的播放量，要想获得持续的收益，就需要选择合适的平台，并建立自己的内容品牌。下面从基本原则、选择技巧和主流短视频平台的赢利特点3个方面进行介绍。

1. 基本原则

无论短视频内容创作者发布短视频的目的如何，选择发布的平台都需要遵循以下4个原则。

- 多渠道。如果只是在单一的平台中发布短视频内容，即便该平台的用户数量较多、收益较高，也有一定的局限性。“鸡蛋不要放在一个篮子里”，在成本有限的情况下，将创作的短视频授权给多个平台发布，不仅可以节省人力，还可以扩大多个渠道的影响力，获得更大的收益。
- 注意平台属性。不同的短视频平台有不同的属性和特点，平台上的用户也是如此。选择短视频平台的时候，创作者要考虑短视频内容的定位和营销的目的，还要了解各主流短视频平台的调性与用户特点，找准适合的目标用户群体。
- 了解平台规则。每个平台都有对短视频内容的要求和规则，创作者在不同平台发布的短视频内容应根据该平台的规则进行调整，要符合平台的要求。
- 获取推荐。大部分的短视频平台都是通过设定的算法和规则向用户智能推荐短视频内容的，因此，需要获取较多的推荐机会才能提高短视频内容的播放量。对很多新手创作者来说，需要选择能够获得更多推荐机会的短视频平台进行内容发布。

2. 选择技巧

在了解了选择短视频发布平台的基本原则之后，下面介绍4个选择短视频平台的技巧。

- 流量大。流量大是指应该选择用户流量比较大的短视频平台。目前，抖音短视频和快手两个短视频平台的用户流量都非常大，短视频内容创作者可以考虑优先选择这两个平台。
- 红利大。红利大是指应该选择红利比较大的短视频平台。目前，门槛较低、红利较大的短视频平台就是抖音短视频和快手。在这两个短视频平台中发布的短视频更有机会成为“爆款”，实现快速涨粉和变现，这是在其他平台很难做到的。
- 收益高。收益高是指应该选择收益比较高的短视频平台，在上一章中已经介绍过短视频平台的赢利模式，短视频产生的收益需要根据不同平台的不同赢利模式进行统计，这就需要短视频创作者根据自己的用户和内容定位进行综合判断，选择最适合的赢利模式。
- 精耕深耕。精耕深耕是指选择其中的1～2个短视频平台进行深耕，熟练以后再根据收益的多少，在专注某1～2个短视频平台的同时进行多平台分发，多一个平台多一份收益。

3. 主流短视频平台的赢利特点

下面分别介绍抖音短视频、快手、腾讯微视和西瓜视频4个主流短视频平台的赢利特点，进一步讲解选择短视频发布平台的相关知识。

- 抖音短视频。抖音短视频是用户基数非常大的短视频平台，在其中获取经济收益最有效的方式就是通过短视频发布广告和开直播销售商品，但这两种方式都需要有大量用户的支持。也就是说，要想在抖音短视频平台中获取收益，必须要通过短视频内容吸引足够的用户成为自己的粉丝，然后再想办法让这些粉丝为商品和直播付费。图2-17所示为抖音短视频中的达人直播，其通过销售商品和用户打赏来实现赢利。

- 快手。快手平台中获取经济收益的方式与抖音短视频类似，但快手平台的推荐算法对短视频内容的个性化要求更高。短视频内容创作者首先需要明确短视频账号的标签，并且要让平台系统能够明确地抓取账号发布短视频的具体内容特征，才能推荐给相应的用户。简单地讲，快手平台更注重短视频内容的个性化特征，即便是新手创作的短视频也可以获得一定的用户流量。图2-18所示为快手平台的推荐短视频，其中，新手和达人发布的短视频被同时推荐给了用户。

图2-17　抖音短视频中的达人直播

图2-18　快手平台的推荐短视频

- 腾讯微视。腾讯微视平台在获取经济收益上具有自己的优势：一是平台的补贴力度很大，非常有利于新手创作者生存和发展；二是腾讯系的社交平台的用户流量非常大，腾讯微视可以和腾讯旗下的其他平台共享这些用户流量。如果个人的外形条件较好，且具备绘画、手工、歌唱或舞蹈等才艺，就比较适合以真人出镜的方式在腾讯微视平台发布短视频。做好内容和用户定位，并利用才艺或创意吸引用户关注和播放，还可以向腾讯微视平台申请达人认证，通过获取补贴来支持初期的短视频内容创作。
- 西瓜视频。西瓜视频平台在获取经济收益上也有自己的特点，即只要在短视频账号中开通商品功能，就可以直接在短视频内容中植入商品链接进行销售，也就是说，在西瓜视频平台发布的内容既能够赚取平台收益，又能够实现流量变现，更有利于建立品牌效应，为日后多元化赢利奠定基础。如果是制作干货或知识技巧类的短视频，就可以选择西瓜视频平台发布，便于进行广告植入。

2.2.5 实战案例：分析美食类短视频的内容定位

衣、食、住、行是人们生活的基本需求，以美食作为主要内容的短视频不仅向用户展示了精美的食物和普通人的日常生活，还能向用户传递乐观向上的生活态度。我国有八大菜系，每一种菜系都有很多名菜，它们各有特色，让人垂涎欲滴。很多普通人都能做出具有个人特色的美食，这种强大的普适性和较低的门槛让美食类短视频成为众多内容创作者的首选。在抖查查2020年5月的抖音排行榜中，美食类排名前15位的短视频账号的粉丝数量都超过了1000万，前8位的点赞数都超过9000万，如图2-19所示。

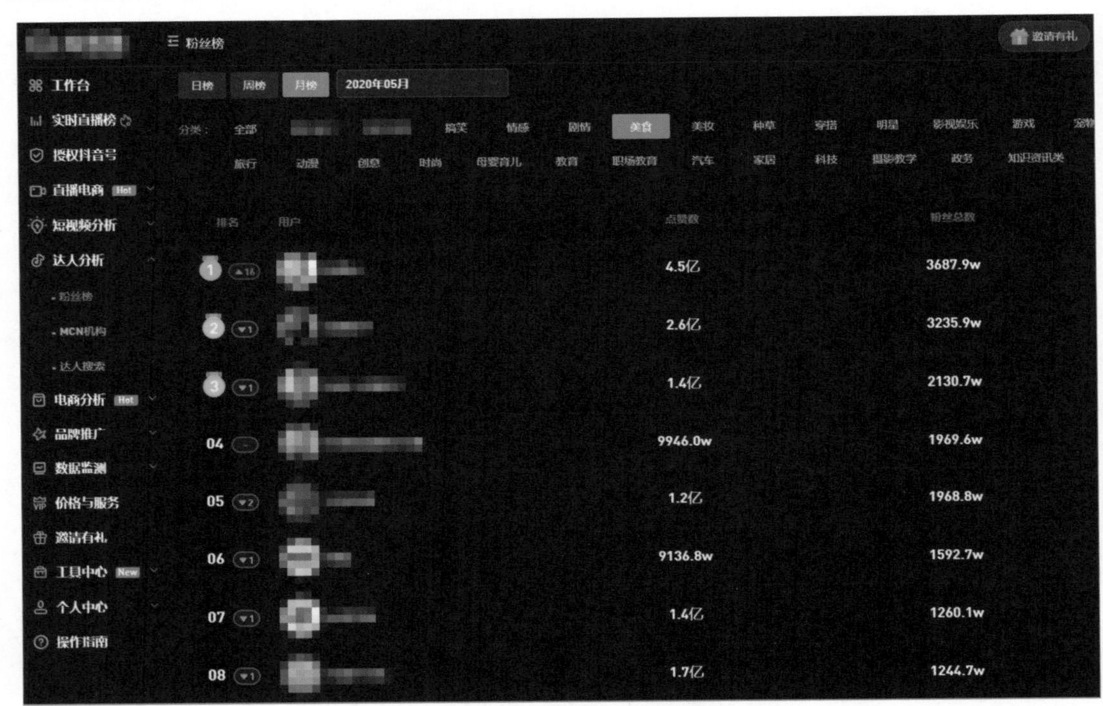

图2-19　美食类短视频账号的抖音排行榜

1. 美食类短视频的内容特点

从数量和流量上看，美食类短视频已经形成了比较成熟的内容生态领域，其内容通常具有以下几个特点。

- 短视频账号的排位比较固定，波动变化较小。从图2-19所示的排行榜中可以看出，美食类短视频账号的粉丝数量和排名通常没有较大变化，只有当短视频创作者出现长时间断更等特殊情况时才会有明显的波动。
- 形成内容品牌。在抖音短视频平台的美食类短视频内容领域中，已经形成了很多有一定知名度的内容品牌，例如，“浪胃仙”“麻辣德子”等。这些短视频账号除了在抖音短视频平台中拥有众多忠实粉丝外，在其他短视频平台中也具有一定的品牌影响力，有些甚至在国外的社交媒体和视频平台也积累了一定的知名度和传播力。
- 受到其他视频平台用户的喜爱。美食类短视频的播放和传播不局限于抖音短视频平台，在腾讯视频、爱奇艺等视频平台也会受到大量用户的关注和喜爱。

2. 美食类短视频的内容类型

根据美食类短视频的具体内容的不同，可以将其划分为美食达人、制作过程展示、美食评测和街头旅游4种常见类型。

（1）美食达人。美食达人是美食类短视频的主要内容类型之一，其内容通常以达人制作、介绍和试吃美食为主。这些达人通常都有比较鲜明的个人特色，甚至有“人物小传”等背景故事，容易让用户记忆和识别，从而获取关注。根据短视频内容侧重点的不同，又可以将达人美食类短视频内容分为创意达人、乡村达人、吃播达人和美食家4种细分类型。

- 创意达人。这种美食类短视频内容就是将美食与一些特殊且能够吸引用户关注的元素进行搭配，例如，搞笑和美食搭配，以及使用特殊的器物盛装美食等。
- 乡村达人。这种美食类短视频内容就是拍摄和记录日常的乡村生活，通过特定的乡村美食展示，与城市的高压、快节奏生活形成反差，以吸引对乡村生活有美好向往的用户，如图2-20所示。
- 吃播达人。这种美食类短视频内容就是介绍和试吃一些特色美食，主要是通过引起观众的猎奇心理来获得很高的关注量和流量，如图2-21所示，但制作这种内容的短视频需要主播了解各种特色美食。

图2-20　乡村达人的美食类短视频

图2-21　吃播达人的美食类短视频

- 美食家。这种美食类短视频主要是指对美食有自己的独特见解，并能向用户介绍和推荐的达人制作的短视频，通常只有美食杂志编辑、美食畅销书作者、专业厨师或资深美食爱好者才能制作这种类型的短视频。

（2）制作过程展示。制作过程展示类短视频的内容形式主要是肢体、语音或真人出镜，但从画面上看，主要还是以美食的制作过程为主，根据其不同的辅助形式，又细分为以下两种

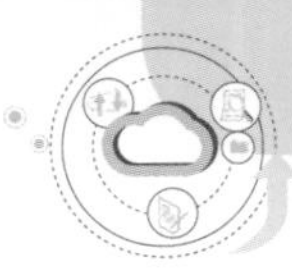

类型。

- 旁白解说。“美食制作+旁白解说”的美食类短视频内容通常专注于向用户传授制作美食的方法和技巧，除了声音以外，短视频中也可能出现内容创作者的手部或脸部，如图2-22所示。
- 背景音乐。“美食制作+背景音乐（Background music，BGM）”的美食类短视频本质上是配乐的美食制作短视频。这种短视频内容同质化较为严重，无法形成个人特色，所以不太适合新手内容创作者选择。

（3）美食评测。美食评测类的短视频中，内容创作者通常会出镜，所以也可以将其归到美食达人类型中。现在，美食评测类短视频内容通常会与内容电商和美食商家结合，实现快速变现。目前，这类短视频内容的重心都在评测的角度和评测美食的选择上，如图2-23所示。

图2-22 “美食制作+旁白解说”的短视频

图2-23 美食评测的短视频

（4）街头旅游。街头旅游类的美食短视频本质上就是以旅游短视频的形式展示各种地方特色美食，这类短视频内容的核心要素通常包括有趣的主角、美丽的风景、娓娓道来的故事和丰富的美食体验等。要想成功制作这类短视频，需要提前准备好充足的经费、能言善辩且风趣幽默的主角和内容丰富且才华横溢的脚本文案。

3. 内容定位分析

短视频内容创作者如果要制作美食类短视频，通常需要先进行内容定位分析。在分析时，首先需要分析用户的需求，然后选择内容类型。

（1）分析用户需求。根据美食类短视频内容的用户画像，可以得知用户的美食内容需求主要包括休闲需求和实用需求两个方面。

- 休闲需求。休闲需求是指用户观看美食类短视频的目的是为了愉悦身心，并打发空闲的时间。例如，用户在观看美食家类型的短视频时，不需要了解太多背景知识就可以放松心情，还可以得到视觉和听觉的享受，从心理上满足自己的口腹之欲；观看乡村达人类型的美食短视频时，用户则可以看到自己追求的乡村田园生活，在心灵上得到片刻的安宁；观看某个美食达人的短视频时，用户则可以满足自己社交和情感的需求等。

- 实用需求。实用需求是指用户观看美食类短视频的目的是学习美食的相关知识，为自己制作美食提供方便，并节约时间。例如，用户在观看美食制作过程展示类型的短视频时，可以获取很多实用的信息和做菜技巧；观看街头旅游类型的美食短视频时，不但可以增长了见识，而且可以收集各种旅游和美食信息，为自己以后旅游和寻找美食提供帮助。

（2）选择内容类型。在美食类短视频的内容类型中，占比最多的内容类型是制作过程展示类的短视频，其次是美食达人类的短视频，最后才是美食评测和街头旅游类的短视频。

- 制作过程展示。这种美食类短视频内容较多的原因是其制作简单且成本很低，在很短的时间内就可以完成拍摄和制作。因为单期成本很低，所以非常适合短视频新手和一些短视频制作团队。缺点就是该类型的短视频内容同质化严重，很大一部分都只是一个简单的美食制作过程展示，没有新意。
- 美食达人。美食达人类短视频内容比较注重主角的个人特质设计，通常会结合具体地域文化场景，为主角打造诸如“乡村美食达人”“城市美食达人”等人设。如果能将主角发展成该垂直细分领域的达人，就能具备这个领域的竞争优势。这种短视频内容需要一个长期的传播和分享过程，如果能有团队和资金的支持，并找到正确的人设定位，就比较容易成功。
- 美食评测。美食评测类短视频数量较多，但凭借这种内容在美食类短视频领域成为达人的却比较少，因为这种类型的短视频内容对用户没有太多的吸引力，在实用性和娱乐性上稍逊一筹。但这种类型的短视频内容制作简单，没有统一的标准，发挥空间大，比较适合短视频新手。
- 街头旅游。街头旅游短视频内容在国外的短视频平台中很常见，属于一种新兴的短视频内容类型，优点是容易吸引用户的关注，缺点是制作成本较高，适合有团队支持或资金充裕的短视频新手。

综上所述，大多数美食类短视频的内容都定位于满足用户的休闲需求，而针对实用需求的不多。而在休闲需求方面的内容缺乏创意，同质化严重，很多美食类短视频内容创作者也在积极寻求改变。例如，将制作过程展示与乡村文化结合，将美食评测和街头旅游结合等，通过将美食文化、食材特点、养生食疗技巧等满足用户实用需求的元素融入娱乐化的形式里，制作出综合性的美食类短视频内容。

慕课视频

短视频的团队搭建

2.3 短视频的团队搭建

在短视频行业飞速发展的大趋势下，越来越多的新人进入短视频领域。

虽然现在的短视频具有高传播、低门槛的特性，即便只有一个人也能制作出广泛传播的短视频内容，但大多数情况下，光靠一个人的力量已经无法完成专业短视频的制作工作。从策划、拍摄、剪辑到运营，每一步都有比较复杂的流程，需要组建专业的团队来运作。只有打造一个专业且战斗力强的团队，才能保证产出的质量和效率。下面就从基本要求、角色分工和基本运作方式3个方面来介绍短视频团队搭建的相关知识。

2.3.1 短视频团队的基本要求

通常情况下，一个短视频制作与发布的流程主要包括内容策划、拍摄、剪辑、发布和运营等工作，也就是说，需要具备相关专业知识的人员在一起合作，组成一个短视频团队来共同完成短视频。当然，如果一个人能够完成所有这些工作，这个人就可以视作一个团队，但这对个人能力的要求极高，且工作量太大，会影响产出的质量和数量。所以，如果有多人分工协作、互帮互助，以多人团队的力量来完成短视频内容的制作，就能提高工作效率、提升短视频内容的质量，更好地获得用户的关注和传播。

作为一个优秀的短视频创作团队，所有成员都应该具备一些基本的能力，而这些能力也是对短视频团队的基本要求，下面分别进行介绍。

1. 内容策划能力

短视频的内容是其核心竞争力，对短视频的内容进行定位和创作内容脚本是制作短视频的主要工作之一。因此，如何制作出有创意、有看点，且能吸引用户注意力的内容才是短视频团队的主要任务。只有做好内容，才能获得足够的用户数量，后期才能转化变现，获得收益。好的内容需要进行策划，内容策划不是仅属于团队中相关岗位成员的工作，而是需要整个团队所有成员的共同完成的工作，发挥团队的力量集思广益。具体来讲，内容策划能力又包括以下3种。

- 语言风格切换能力。面对不同的用户，需要不同风格的文字，如简单直接的、诙谐幽默的、出人意料的、鼓舞人心的等。
- 创新创意能力。创意和灵感是所有优秀内容的内在特征，好的创意能让内容深入人心，吸引更多的流量。每个人都可能有灵光一闪的时刻，团队中任何一个人的创意都可能为短视频带来成千上万用户的关注。图2-24所示为鸡蛋糕制作的创意短视频，点赞量接近250万，转发量接近30万。其实该短视频的拍摄很简单，其成功的秘决就在于其创意性的制作方法，让用户容易学习模仿，从而获得了大量用户的关注。
- 审美能力。获得用户关注和喜爱的短视频往往需要具有一定的美感，并在摄像的角度、内容的剪辑等方面有亮点。只有通过对脚本内容、色彩、图片和拍摄镜头等的个性化设计，给用户留下深刻而持久的印象，并带来强烈的视觉冲击，才能增强短视频的播放效果。短视频团队中的所有成员，都需要不断提高自己的审美能力，并将其应用到日常工作中。图2-25所示为唯美的风景短视频，其内容具备节奏和美感，用特殊的视角拍出了普通用户没有看到过的美景，带给用户视觉享受的同时，获得了更多用户的关注和转发。

图2-24 鸡蛋糕制作的创意短视频

图2-25 唯美的风景短视频

2. 运营推广能力

对短视频内容创作者来说，每一个短视频的发布都是一次市场推广，推广主体就是短视频内容。这项工作不仅需要专业的运营人员全力完成，也需要短视频团队的其他人员通过点赞或转发等方式，向身边的朋友或关注自己的用户推广该短视频，帮助短视频获得一定的流量。因此，运营推广能力也是短视频团队成员必须要具备的。运营推广能力又包括以下5个方面。

- 营销意识。营销意识就是将营销理念、营销原则转化为内在的习惯和行为规范。如果制作短视频的目的是实现经济价值，相应的团队就需要在脚本创作、视频拍摄和剪辑等各个步骤都具备一定的营销意识，这样制作出来的内容才能够获得足够的关注和流量。营销意识并不是先天具备的，我们可以通过后天学习获得。
- 运营能力。运营能力是指根据各个短视频平台的推荐机制，形成一套自己的短视频推广方案，增强用户对短视频账号的认知度，扩大传播范围。
- 分析能力。分析能力是指分析同类型传播量较大的短视频的相关数据和用户反馈等多方面的信息，从中摸索出一套普遍、实用的规律。例如，在抖音短视频中可以通过完播量、点赞量、评论量和转发量来分析该短视频的受欢迎情况。通常情况下，完播量高的短视频内容较受欢迎；点赞量高说明短视频调动了用户的情绪；评论量高说明短视频有话题点，能让用户有评论的欲望；转发量高说明短视频的内容有较强的社交属性，能让用户产生分享的欲望。
- 社交能力。短视频需要团队成员收集较多的用户信息和反馈，在该过程中就会产生人际交往活动，因此要求团队成员具备一定的社交能力。
- 执行能力。短视频需要团队成员作为参与者，参与到整个运营活动中去。参与就是一个执行的过程，因为只有在执行过程中，才能真正发现短视频的问题。若能妥善地处理好这些问题，就能在一定程度上保持短视频的流量，因此，团队成员需要具有发现问题并处理问题的能力，即执行能力。例如，短视频用户通常能直接对内容进行评论，一旦评论量较大，就容易导致收到用户反馈信息后无法形成正确的判断和认知，此时，具备良好执行能力的团队成员就会多与用户沟通，引导用户并形成正面的反馈。

3. 其他能力

除了内容策划和运营推广能力外，还有一些能力也是短视频团队成员应具备的，包括视频拍摄和剪辑能力、学习能力和自我心理调节能力等。

- 视频拍摄和剪辑能力。视频拍摄和剪辑通常属于专业性比较强的工作，但由于短视频团队本身人员数量就较少，有时候需要一人身兼数职，所以团队成员具备一些基本的视频拍摄和剪辑技能是有必要的。例如，能够使用手机、数码相机或摄像机进行拍摄，能够使用剪映或爱剪辑等软件对短视频进行简单的处理等。
- 学习能力。短视频行业的发展速度很快，各种知识的更迭也快，需要每一位从事短视频制作的人员不断在自己专业的领域内摸索、创新，不断学习、进步和突破。
- 自我心理调节能力。短视频制作工作比较辛苦，容易让人的身体和心理处于疲惫状态，尤其是心理方面，这就需要相关人员具备较强的自我心理调整能力。短视频团队成员要能够通过自己的方式缓解精神压力，在受到用户和粉丝误解和谩骂时，应通过自我暗示的方法鼓励自己，坚定信念，使自己以最佳的心理状态和积极向上的精神风貌投入工作中，保证短视频内容的质量。

知识补充

表2-1所示为短视频团队中常见的岗位及其需要具备的技能，因为这几个岗位具体负责的工作不同，所以需要精通的技能也有所不同。该表将所有技能分为精通、掌握和了解3种层次：精通是指必须具备该岗位的专业技能，掌握是指应具备一定基本的技能，了解是不强行要求掌握但也可以学习的技能。

表2-1 短视频团队中常见的岗位及其需要具备的技能

岗位	技能							
	策划	脚本	拍摄	剪辑	普通话	出镜	发布	运营
编导	精通	精通	掌握	掌握	掌握	掌握	掌握	掌握
摄像	掌握	精通	精通	了解	掌握	掌握	了解	了解
剪辑	掌握	掌握	了解	精通	掌握	掌握	了解	了解
运营	掌握	了解	了解	掌握	掌握	掌握	精通	精通

2.3.2 短视频团队的角色分工

短视频团队岗位和人员的多少通常是由资金和内容定位决定的，资金充足就可以搭建分工明确的多人团队，例如汽车评测类的短视频团队通常就比美食评测类的短视频团队人数多。下面，根据岗位的数量将短视频团队分为高配、中配和低配3种，并分别介绍其角色分工。

1. 高配团队

短视频的高配团队通常人数较多，有8人及以上，一般情况下PGC的短视频内容制作需要搭建高配团队，团队中每个成员都有明确的分工，这样可以有效把控每一个环节，并且产出的短视频质量也是最好的。下面以8人团队为例，介绍高配团队的角色分工。

- 导演。导演在短视频团队中起到的是统领全局的作用，短视频制作的每一个环节，包括选题、策划、拍摄、剪辑、发布和运营等，都需要导演的把关与参与。
- 主角。主角是真人类短视频内容中不可或缺的一个角色。通过主角的人物设定，以及语言、行动和外在形象等的表现，打造具有特色的人物形象，从而加深用户记忆，这是很多短视频达人的成名方式，如图2-26所示。

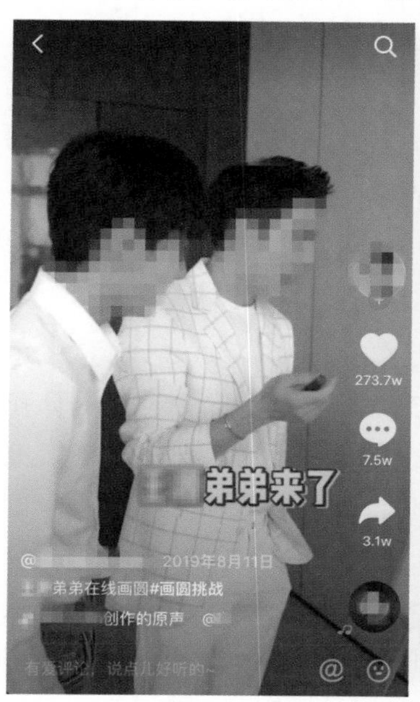

图2-26　短视频中的主角

- 内容策划。内容策划人员的工作主要是确定选题，搜寻热点话题，并进行题材的把控和脚本的撰写，另外在拍摄和剪辑环节也需要其参与，所以这个工作也非常重要。
- 摄像。摄像人员的主要工作是负责短视频拍摄、摄影棚的搭建，以及短视频拍摄风格的确定等工作。专业的摄像师在拍摄时会有独特的手法和视觉感官效果，通常会把控整个账号的所有短视频内容的风格，并呈现出统一的、有质感的画面。
- 剪辑。剪辑人员需要对最后的成片负责，主要工作是负责把拍摄的短视频内容素材拼接成视频，涉及配音配乐、字幕文案、视频调色和特效制作等工作。好的剪辑能起到画龙点睛的作用，如果剪辑不好，拍摄的内容再精彩，也达不到预期效果。
- 运营。运营人员的工作主要是针对不同平台和不同用户的属性，通过文字的引导提升用户对短视频内容的期待度，尽可能提高短视频的完播量、点赞量和转发量等数据，并进行用户反馈管理、粉丝维护和评论维护。这些工作都有利于提高用户和粉丝的活跃度，使短视频账号更容易得到平台的推荐。

- 灯光。灯光人员的主要工作是搭建摄影棚，运用明暗效果进行巧妙的画面构图，并创作出各种符合短视频格调的光影效果，以保证短视频内容的画面清晰、主角突出。
- 配音。声音也能影响一个短视频的质量，一个普通话标准、好听且有磁性的配音可能会让观看短视频的用户多停留一会儿。对于以语音或虚拟形象为主要内容形式的短视频，配音人员的水平甚至能直接影响用户的关注度和账号的生存。

知识补充

在高配短视频团队中，有时会出现一个人同时身兼数职的情况，例如，一人同时担任摄像师和剪辑师，或导演和内容策划，或灯光师和配音师等。这种情况下，高配团队就能精简成中配或低配团队，节约短视频的制作成本。

2. 中配团队

短视频的中配团队人数通常低于8个人，高于1个人，以5人的配备最为普遍，其岗位包括编导、主角、拍摄、剪辑和运营。其中，编导的工作就是高配团队中导演和内容策划的集合，高配团队中的灯光工作由摄像人员自己完成，配音工作也由其他人员代为完成。

3. 低配团队

短视频的低配团队是指整个短视频的制作工作由一个人完成，一个人的短视频团队要求个人具备策划、拍摄、表演、剪辑和运营等多种技能，不仅比其他类型的团队花费更多的时间和精力，也需要有耐心和忍受孤独的能力。很多短视频新手都是从低配团队做起的。

2.3.3 短视频团队的基本运作方式

搭建好短视频团队后，其基本运作的方式通常是将日常工作标准化为具体项目，然后按照这个标准项目开展工作。以中配团队为例，短视频团队的日常工作项目如表2-2所示。

表2-2 短视频团队的日常工作项目

岗位	职责	结果	负责人
编导	确定内容选题	每周至少确定5个选题	A
	根据运营人员的反馈修改选题和短视频内容	每周针对出现的问题列出改进方案	
	制作出明确的拍摄和剪辑大纲和脚本	将确定的选题内容展示给拍摄剪辑人员	
摄像剪辑	根据脚本拍摄短视频	每周至少拍摄5个短视频的素材	B
	对拍摄的短视频进行剪辑	每周至少剪辑5个短视频	
	根据运营人员的反馈补拍短视频素材并重新剪辑短视频	每周根据问题列出改进方案，并完成短视频的最终制作	
运营	对完成的短视频进行多平台分发	选择短视频分发的平台	C

续表

岗位	职责	结果	负责人
运营	对发布的短视频进行数据分析，并进行内容和用户运营	完成目标任务，例如用户增加数量、转发数量、收益金额等	C
	根据数据分析结果和运营情况，向编导人员和摄像剪辑人员提出反馈	根据具体的情况提出改进方案	

在了解了团队的日常工作项目后，应对具体的工作进行细分，并制定相应的工作计划。只有将每一项工作的内容分解落实到每一周、每一天，才会让团队人员明确自己的工作，且更容易去执行。以中配团队为例，短视频团队的一周工作计划表如表2-3所示。

表2-3 短视频团队的一周工作计划表

岗位	目标	工作内容	周一	周二	周三	周四	周五	完成情况	备注
编导	完成脚本	确认选题并撰写脚本	确定选题	撰写脚本构架	脚本细化	辅助拍摄	辅助拍摄		
摄像剪辑	拍摄短视频	参与脚本讨论	参与	准备拍摄	准备拍摄	拍摄短视频	拍摄短视频		
	完成初剪	参与脚本讨论	参与	准备剪辑	准备剪辑	开始初剪	开始初剪		
运营	保证短视频质量过关	确定选题并保证拍摄和初剪的质量	确定选题	监督脚本创作和拍摄剪辑的准备	检查脚本的质量	监督拍摄	保证初剪合格		

2.3.4 实战案例：MCN搭建美妆类短视频团队

多渠道网络（Multi-Channel Network，MCN）是一种源于国外的网红经济运作模式，也可以简单地将其理解为短视频达人的经纪公司。MCN旗下往往签约了多位短视频达人，其主要工作是帮助旗下内容创作者寻求平台进行发布或联络广告商等洽谈合作，以及协助短视频达人账号的运营。下面就以某MCN搭建美妆类短视频团队为例，介绍如何搭建短视频团队，以及基本的内容制作流程。

1. 团队的角色分工

该MCN的短视频内容团队固定成员是编导、达人、摄像和后期，至于服装、化妆和运营等人员则是整个MCN共用。通常根据短视频达人的受欢迎程度和用户流量将团队分为初级、中级和高级3种类型，每种类型的团队及其成员组成和角色分工如下。

（1）初级团队。在短视频团队成立初期，需要简化团队人员以节约成本，这样有利于团队存活。初级团队一般由编导、达人和后期组成，然后由MCN派驻一位项目负责人负责指导团队的工作。

- 项目负责人。其主要工作是把控整个短视频团队的内容方向和质量，梳理团队的工作流程，制定任务目标，指导编导的工作。
- 编导。编导是整个短视频团队的核心，需要对该短视频账号负责。其主要工作是统筹达人和后期的所有工作内容，把控账号的调性和达人的定位，辅助达人调整脚本，把控短视频的节奏和质量。
- 达人。达人是短视频内容的主角，也是该短视频账号的代表。美妆达人的主要工作是需要根据自身优势和定位来策划选题，撰写脚本并作为主角拍摄短视频，以及对该短视频账号进行运营和维护。
- 后期。后期主要负责拍摄并剪辑短视频，参与选题的策划并提出拍摄计划，需要对短视频内容的成片效果负责。

知识补充

对初级团队来说，通常整个团队会一起讨论工作的方向，以及达人的定位、拍摄的方法等一系列内容，但最后的决策权还是在编导手中。

（2）中级团队。当短视频账号收获一定用户流量，形成一定规模的时候，就需要调整团队成员的数量，将团队升级为中级团队。该MCN的短视频中级团队就是在初级团队的基础上增加了造型和摄像两个岗位，并将后期的工作调整为仅负责剪辑短视频。

- 造型。造型需要对达人的整体形象负责，具体工作是给达人造型和进行妆容的定位，并调整和把控达人的服装风格等。
- 摄像。摄像则只需要对短视频内容负责，其需要根据脚本的要求拍摄各种短视频和图片，用来作为剪辑的素材。

（3）高级团队。当短视频账号发展成为某个领域中用户数量较多，受关注度居于前列的短视频账号时，团队就会继续调整人员架构，发展成高级团队。该MCN将原本由很多个团队共用的造型和摄像人员单独配备给高级团队，甚至会为高级团队配置单独的内容策划、脚本撰写和后期运营人员等，目的是保证高级团队产出内容的质量和数量。

2. 团队人员的招聘要求

MCN的短视频团队人员需要通过招聘的方式获得，相关的招聘要求如下。

- 达人。本案例中的短视频团队属于美妆领域，所以对专业性的要求是比较高的，特别需要达人擅长化妆或护肤。招聘时主要考核达人的美妆专业度、表现力和外形条件等。美妆领域的用户多数是女性，有亲和力的长相反而更容易受到女性的喜爱和关注，所以对达人的容貌没有特别高的要求。

- 编导。美妆类短视频团队对编导的要求会高于其他领域，除了要求编导需要具备美妆的专业知识外，还需要有两到三年及以上的编导从业经验，有拍摄网剧、微电影或广告片的经历。
- 其他人员。其他团队成员的招聘要求则比较简单，具备一定的专业知识即可，因为这些岗位的人员可替换性比较强。

3. 团队制作短视频内容的流程

美妆类短视频团队的基本内容制作流程如下。

- 选题。选题人员需要通过各种短视频平台观看短视频，关注其他美妆类热门账号，通过观看短视频借鉴其优点和特性，找到适合自己账号调性的选题。
- 撰写脚本。选题过后就是根据自己账号的调性和人物的特性，由达人或编导撰写比较口语化的脚本，脚本一般在300个字左右，时长一般不超过3分钟。
- 拍摄。脚本确定之后，就需要由摄像人员做好灯光等道具的准备，并进行拍摄。拍摄过程中其他团队成员通常都会到场，大家同心协力完成拍摄任务。
- 剪辑。拍摄后就应由后期人员对拍摄的素材进行剪辑，并添加背景音乐、音效字幕等，期间编导、达人和摄像等成员都可以发表自己的意见和建议，以提升成片质量。
- 发布与维护。最后就是选择短视频平台进行发布，然后由运营人员对评论区进行维护，观察用户点赞、分享和播放等数据情况。

2.4 短视频的脚本设计

慕课视频

短视频的脚本设计

随着越来越多的内容创作者涌入短视频领域，各种有创意的短视频内容层出不穷，成为短视频达人的门槛也渐渐被抬高，而有内容、有想法的短视频才会成为人们关注的焦点。如何才能创作出有内容、有深度，且能够获得大量用户关注的短视频，这是每一个短视频内容创作者都需要思考的问题。其实，从设计短视频的脚本入手是不错的选择，通过设计短视频脚本，创作出反转、反差或令人疑惑的情节，引起用户的兴趣，并在脚本中设置较快的节奏、密集的信息点，让用户欲罢不能，这样就能提升短视频内容的质量，与其他短视频内容形成差异，在众多短视频中脱颖而出，获得更多用户的关注。

2.4.1 短视频脚本策划与写作

简单来说，如果把短视频比作一篇情节丰富的小说，那么脚本就是这篇小说的提纲和框架，其能够为后续的拍摄、剪辑和道具准备等工作提供流程指导，明确分工职责。对很多短视频新手来说，写脚本是一件很难的事情，似乎无从下手，其实写脚本也是有迹可循的。下面就介绍短视频脚本的功能、类型和写作思路。

1. 短视频脚本的功能

脚本通常出现在影视、戏剧领域，是表演戏剧、拍摄电影等所依据的底本，其功能是作为故事的发展大纲，用以确定故事的发展方向。在短视频领域，脚本在短视频内容的创作中也起到了类似的作用。此外，其还有以下3个主要功能。

- 提高拍摄效率。撰写脚本最重要的作用就是可以提高短视频团队的工作效率。首先，只有事先确定拍摄的主题和故事内容，团队才能有清晰的目标和顺畅的拍摄流程；其次，一个完整而详细的脚本能够明确拍摄角度、景别和时长等，让摄像人员在拍摄的过程中更有目的性和计划性，避免浪费时间去拍摄很多用不到的镜头；再次，按需要准备拍摄的道具，就能够避免出现拍摄中途因缺少道具而无法拍摄某些镜头的问题；最后，后期进行剪辑时可以根据脚本进行明确的操作，避免从大量冗余的素材中去寻找有用的部分，影响最终的成片质量。
- 保证短视频的主题明确。很多短视频，尤其是有故事情节的短视频，主题是否明确是影响短视频质量的重要因素。在拍摄短视频之前，通过脚本明确拍摄的主题就能够保证整个拍摄的过程都围绕核心主题进行，为核心主题服务。
- 降低沟通成本。脚本是一个团队进行合作的依据，如果没有脚本，那么在短视频拍摄过程中很有可能会产生一些意见分歧和争论，这就需要花费更多的时间成本去沟通和协调。但如果有脚本作为工作依据，主角、摄像和后期剪辑人员都能快速领会拍摄的核心，这样可以减少团队的沟通成本，让整个拍摄工作进行得更加顺畅。

2. 短视频脚本的类型

短视频脚本通常分为拍摄提纲、分镜头脚本和文学脚本3种类型，分别适用于不同类型的短视频内容，下面分别进行介绍。

- 拍摄提纲。拍摄提纲涵盖短视频内容的各个拍摄要点，通常包括对选题、视角、题材形式、风格、画面和节奏的阐述，对拍摄短视频内容起到一定的提示作用，适用于一些不容易掌握和预测的内容。表2-4所示为《橘子洲头》短视频的拍摄提纲。需要注意的是，拍摄提纲类的短视频脚本一般不限制团队成员的工作，摄像人员的发挥空间比较大，对短视频后期剪辑人员的指导作用较小。

表2-4 《橘子洲头》短视频的拍摄提纲

提纲要点	提纲内容
主要内容	本次拍摄的主要内容包括橘子洲的形成、橘子洲的景观
展现橘子洲的地理位置	岳麓山、长沙城、湘江、湘江大桥、橘子洲（以摇镜头为主，包括全景和远景）
橘子洲的形成	拍摄通向橘子洲的街道和公园小路，以及橘子园（全景）和橘子（特写，若没有，可以在后期制作时加上相关图片）
橘子洲景观	植物、亭台楼阁、小桥流水（可以有人物在桥上，与水中倒影结合）、沙滩公园、潇湘名人会馆、石栏、垂柳

续表

提纲要点	提纲内容
夜晚的橘子洲	长沙城夜景、傍晚的大桥、橘子洲的焰火（若没有，则搜寻相关图片和视频，后期制作时加上）

- 分镜头脚本。分镜头脚本主要是以文字的形式，用镜头的方式直接表现短视频的内容画面。通常分镜头脚本的主要内容包括镜号、景别、运镜方式、时长、画面内容、旁白、音效和机位等。表2-5所示为某分镜头脚本的部分内容。

表2-5 某分镜头脚本的部分内容

镜号	景别	运镜方式	时长	画面内容	旁白	音效	备注
1	中景	固定	8秒	打扮	为了见心爱的女朋友，一早起来洗澡、换衣服	无	×××
2	特写	推	6秒	穿上新鞋	为了搭配新衣服，特意花钱买了一双新款球鞋	无	×××
3	全景	摇	6秒	照镜子	我真是太帅了，妮妮会爱上我的，马上出门吧	×××	×××
4	全景	固定	5秒	去电影院	今天要看一部妮妮早就想看的电影，我要快点	×××	×××
5	近景	固定	5秒	买零食	这是妮妮最爱的冰激凌，我就买一个吧	×××	×××
6	……	……	……	……	……	……	……

知识补充

分镜头脚本适用于故事性强的短视频，其用文字勾勒出一幅幅画面，对拍摄工作帮助很大。但分镜头脚本对画面的描述要求较高，需要用精练的语言展现出一个情节性强的故事，因此，比较耗费脚本写作者的时间和精力。

- 文学脚本。文学脚本的内容不如分镜头脚本那么精细，只需要写明短视频内容中的主角需要做的事情或任务、所说的台词、所选用的镜头和整个短视频的时间长短等，适用于不需要太多剧情的短视频。例如，常见的教学视频、评测视频和营销视频等。表2-6所示为某营销短视频的文学脚本。

表2-6 某营销短视频的文学脚本

脚本要点	主要内容
名称	姐妹聚会
演员	女性两名
时长	40秒

续表

脚本要点	主要内容
场景1：咖啡厅	咖啡厅角落的一个沙发上，一个没有化妆、穿着朴素的女人正在焦急地打电话 女1：我和你说，我们公司好多人都被辞退了，留下的也有好多人被降薪。好几个月没上班了！（烦躁地叹了口气）你还有多久到啊，我这不和你倾诉一下，憋不住了
场景2：路边	迎面走过来的一个女人，只拍脚部。穿着细跟高跟鞋，步履轻快，说话也很平稳 女2：公司裁员很正常的，我快到了，你别急
场景3：咖啡厅	女2走近女1，女1看到她换了新包和新手机感到很惊讶 女1：你这是中彩票了吗？我连化妆品都不敢买了，你居然包包和手机都换了 女2：发什么财啊，我年底和你说我开了个网店，这不有点收益了么 女1：你这是有一点点收益的样子吗？给我看看你店里卖的啥 女2打开手机，屏幕中显示的是一家卖日用百货的网店，销量可观 女2：就这个。刚开始自己钻研确实没什么效果，后来找了个老师，教我装修店铺，做标题优化进行推广，参加年货节等各种活动。最好的是，它不需要我囤货，就算一件货都能包代发、包售后，完全没有后顾之忧。现在一个月的利润比我工资都高 女1：这么好！我也想试试 女2：早就叫你和我一起了！点击右侧的链接，咱们一起勤劳致富吧

3. 短视频脚本的写作思路

在撰写短视频脚本之前，通常需要确定整体思路和流程，主要包括以下3项。

（1）主题定位。短视频的内容通常都有主题。例如，拍摄美食系列的短视频，就要确定是以制作美食为主题，还是以展示特色美食为主题；拍摄评测类的短视频，就要确定是以汽车评测为主题，还是以数码商品评测为主题。在创作并撰写脚本时，首先应确定要表达的主题，然后开始脚本创作。

（2）框架搭建。确定短视频的主题之后，就需要规划短视频的内容框架了。规划内容框架的主要工作就是要想好通过什么样的内容细节和表现方式来展现短视频的主题，包括人物、场景、事件和转折点等，并对此做出一个详细的规划。在这一环节中，人物、场景、事件都要确定。例如，短视频的主题是表现大学生初入社会的艰辛，那人物设定可以是一个从贫困山区考入繁华都市大学的农家子弟，事件是找工作屡次碰壁、没钱租住房间、为了省钱走路去面试等。在这一环节，可以设置很多这样的情节和冲突来表现主题，最终形成一个完整的故事。

在框架搭建环节需要明确以下一些内容。

- 人物。在脚本中要明确短视频需要设置几个角色，且明确每个角色的作用等。

- 场景。在脚本中要明确拍摄地点，如确定是室内还是室外，棚拍还是绿幕抠像。
- 事件。事件是指具体的情节，可以用各种方式展示主题。
- 影调运用。影调是指画面的明暗层次、虚实对比和色彩搭配等关系，影调应根据短视频的主题、类型、事件、人物和美学倾向等综合要求来决定。在脚本中应考虑画面运动时影调的细微变化，以及镜头衔接时的色彩、影调和节奏关系。简单地说，就是用影调来配合短视频的主题，例如，冷调配合悲剧，暖调配合喜剧等。
- 背景音乐。在短视频中，符合画面气氛的背景音乐是渲染剧情的最佳手段。例如，拍摄时尚商品主题的短视频，可以选择流行和快节奏的嘻哈音乐；拍摄中国风主题的短视频，则可以选择慢节奏的古典或民族音乐；拍摄萌宠或家庭剧，可以选择轻音乐或温暖的音乐等。
- 镜头运用。镜头的运用包括推、拉、摇、移4种基础的运镜方式，以及远景、全景、中景、近景和特写5种景别。在下一章中会详细介绍短视频拍摄的运镜方式和景别，这里不再赘述。
- 机位选择。机位的选择是指利用正面、侧面拍摄或俯拍、仰拍等方式进行短视频拍摄，不同的机位展现的效果也是截然不同的。

（3）故事细节填充。短视频内容的质量好坏很多时候体现在一些小细节上，可能是一句打动人心的台词，也可能是某件唤起用户记忆的道具。细节最大的作用就是加强用户的代入感，调动用户的情绪，让短视频的内容更有感染力，从而获得用户的关注。在撰写短视频内容脚本时，常见的细节包括以下一些要素。

- 台词。一般而言，短视频内容无论有没有人物对话，台词都是必不可少的，创作的脚本中应该根据不同的场景和镜头设置合适的台词。台词是为了镜头表达准备的，可起到画龙点睛、加强人设、助推剧情、吸引粉丝留言和增强粉丝黏性等作用。因此，脚本中创作的台词最好精练且恰到好处，并以能够充分表达内容主题为宜。
- 时长。时长通常指的是单个镜头时长，撰写脚本时，需要根据短视频整体的时间与故事的主题和主要矛盾冲突等因素来确定每个镜头的时长，以准确地表达整体的故事性，同时也方便后期剪辑人员进行剪辑处理，能够更快地完成后期工作。
- 道具。在整个短视频内容中，好的道具不仅能够助推剧情，还有助于角色人设的树立，以及优化短视频内容的呈现效果。可以说，选择足够精准、妥帖的道具会在很大程度上对短视频发布后的流量曝光、短视频平台对视频质量的判断、用户的点赞和互动数有好的影响。道具的细节越完善，越有助于提高短视频的完播量。图2-27所示为怀旧主题的美食类短视频，通过大量具有年代感的道具，将用户带入怀旧的情绪之中。

图2-27　怀旧主题的美食类短视频

2.4.2 短视频脚本素材准备

对大多数短视频新手来说，直接利用一些常见的脚本模板来撰写自己的短视频内容脚本是不错的选择，这样既提高了工作效率，又可以借鉴很多优秀短视频内容的优点，起到事半功倍的作用。通常可以到一些专业的脚本创作和展示网站去收集和整理脚本素材，如图2-28所示。

图2-28　脚本素材

2.4.3 实战案例：从网上下载短视频脚本

本案例将在抖查查网站中下载一个当前比较流行的人生反转剧情的短视频脚本，具体操作步骤如下。

慕课视频
从网上下载短视频脚本

（1）打开抖查查网站首页，单击“工具”选项卡的“短视频脚本库”超链接，如图2-29所示。

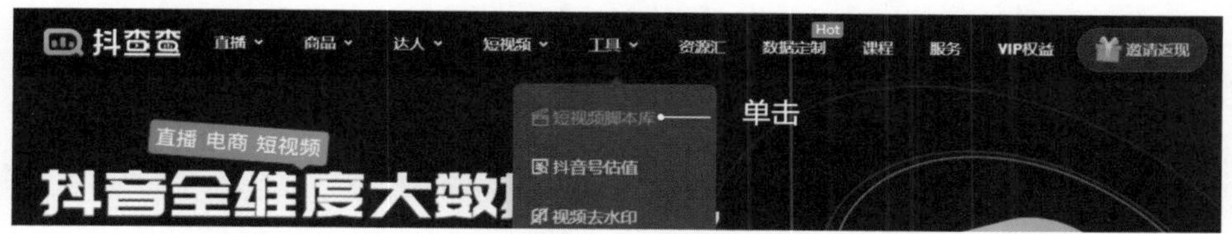

图2-29 打开网站首页

（2）打开“高效涨粉的脚本库”界面，在“分类”栏中选择“剧情”选项，在搜索文本框中输入“逆转”，单击“搜索”按钮，在搜索到的脚本选项中单击“详情与下载”按钮，如图2-30所示。

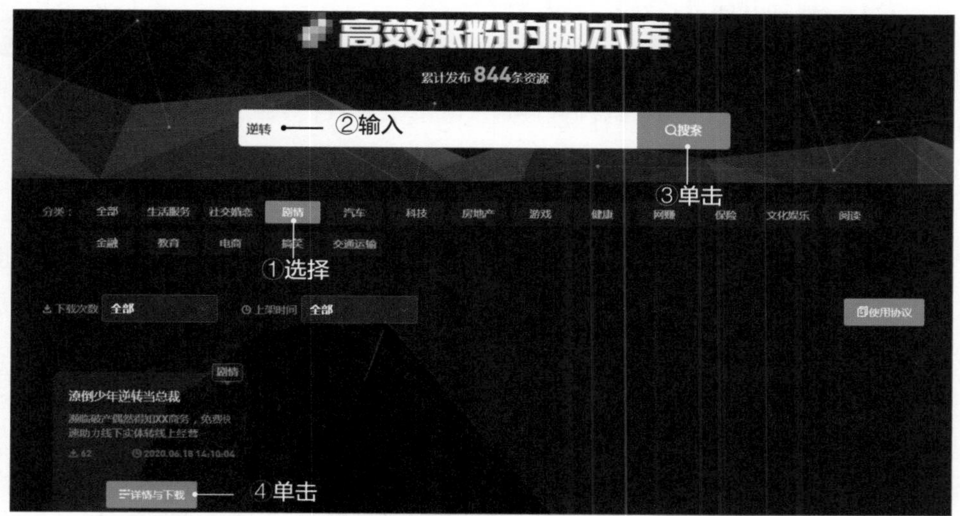

图2-30 搜索短视频脚本

（3）在打开的对话框中查看该脚本的简介，再单击“下载使用”按钮，如图2-31所示。

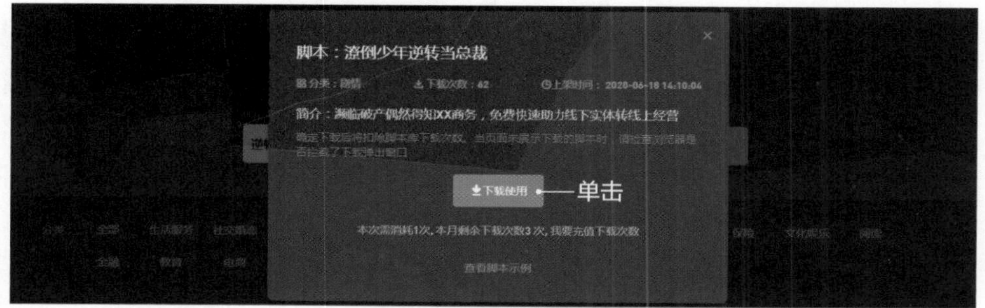

图2-31 下载短视频脚本

（4）打开“新建下载任务”对话框，设置该脚本的保存名称和位置，再单击“下载”按钮，即可将该脚本下载到计算机中。

（5）双击下载的脚本文件将其打开，可以看到其是一个文学脚本，如图2-32所示。

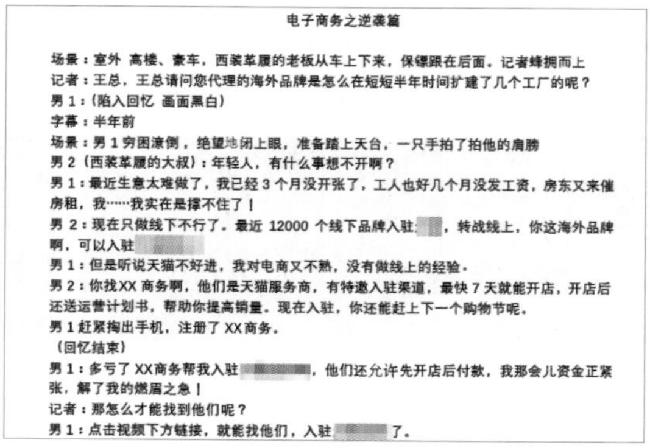

电子商务之逆袭篇

场景：室外 高楼、豪车，西装革履的老板从车上下来，保镖跟在后面。记者蜂拥而上
记者：王总，王总请问您代理的海外品牌是怎么在短短半年时间扩建了几个工厂的呢？
男 1：（陷入回忆 画面黑白）
字幕：半年前
场景：男 1 穷困潦倒，绝望地闭上眼，准备踏上天台，一只手拍了拍他的肩膀
男 2（西装革履的大叔）：年轻人，有什么事想不开啊？
男 1：最近生意太难做了，我已经 3 个月没开张了，工人也好几个月没发工资，房东又来催房租，我……我实在是撑不住了！
男 2：现在只做线下不行了。最近 12000 个线下品牌入驻[illegible]，转战线上，你这海外品牌啊，可以入驻[illegible]
男 1：但是听说天猫不好进，我对电商又不熟，没有做线上的经验。
男 2：你找XX 商务啊，他们是天猫服务商，有特邀入驻渠道，最快 7 天就能开店，开店后还送运营计划书，帮助你提高销量。现在入驻，你还能赶上下一个购物节呢。
男 1 赶紧掏出手机，注册了 XX 商务。
（回忆结束）
男 1：多亏了 XX商务帮我入驻[illegible]，他们还允许先开店后付款，我那会儿资金正紧张，解了我的燃眉之急！
记者：那怎么才能找到他们呢？
男 1：点击视频下方链接，就能找他们，入驻[illegible]了。

图2-32　下载的脚本文件

2.5 短视频脚本设计的技巧

慕课视频

短视频脚本设计的技巧

设计短视频脚本只是短视频内容创作者应具备的基本技能，如果要想短视频获得更多用户的关注，还需要在撰写脚本时使用一些技巧，下面分别介绍。

2.5.1 借助热点

热点通常自带话题和流量，当短视频与热点结合时，其传播效果可能会得到大幅度的提升。所以，借助热点是短视频内容创作者最不可缺少的技能之一。下面就介绍如何借助热点来进行短视频脚本设计。

1. 借助热点的技巧

要借助热点设计短视频脚本，首先要了解热点的类型、预判热点，可以借助热门音乐，也可以反其道而行之。

- 了解热点的类型。短视频领域的热点通常分为两大类：一类是节假日热点，属于广大用户会关注，内容创作者可以提前预判并进行规划的热点；另一类是与当前社会密切相关的突发事件和活动等，这类热点对内容创作者的反应和创新能力要求较高。
- 预判热点。内容创作者越早把握热点并设计脚本，其制作的短视频越有可能获得更多的用户流量。这就需要内容创作者利用好各种汇集热点的工具，例如抖音排行榜、微博热榜等，预判哪些内容有潜力成为热点，以此来规划脚本，抢先一步制定自己的创作方向和脚本思路。如果该内容真的成为热点，自己创作的关联短视频内容便会获得极大的新增流量。
- 借助热门音乐。音乐是短视频制作中不可或缺的元素之一，如果在自己的短视频中加入了合适的热门音乐，则对该短视频成为热门有极大的帮助。如果在很多短视频中都能经

常听到某一首歌，那说明这首歌的人气非常高，此时就可以在自己的短视频中加入这首歌曲作为背景音乐，以提高短视频内容的关注度。

- 反其道而行之。当借助某个热点的短视频达到一定的量级，用户通常会对其出现审美疲劳。这时候如果根据热点反向做不一样的内容，就会像一股清流一样吸引用户。例如，在大型热门促销活动期间，很多内容创作者都会撰写如何购买高性价比商品的脚本内容，此时若反其道而行之，分析该活动并不值得参与，就会吸引用户的关注，获得更多的流量。

2. 借助热点的注意事项

在借助热点来设计短视频脚本时，要辩证对待热点，应注意以下3点。

- 不能盲目追求热点。内容创作者应该追求符合自己短视频账号调性和风格的热点，而不是盲目跟风。账号一旦有了明确的用户和内容定位，借助热点时就要着重考虑热点与账号定义的契合度，不要破坏账号的整体调性。
- 在恰当时间借助热点。热点是有时间限制的，借助热点最佳的时间段就是该热点的热度上升时期，如果这个热点的热度已经开始下跌了，建议不要再选择。
- 一定要符合实际。在借助热点设计脚本时，一定要注意内容规范，切忌生硬地使内容与热点相关联。例如，热点是与食品相关的，但脚本的内容却是推广美妆类商品。一旦用户发现这样的情况，会认为该账号不具备诚意，进而对该账号在短视频平台的推荐权重产生不利的影响。

2.5.2 加强互动性

短视频的用户具备极强的流动性，如果短视频内容缺乏互动性，就会失去用户流量。所以，在持续创作精彩短视频内容的同时，需要加强短视频内容自身的互动性，提升用户对短视频的关注度。在设计短视频脚本时，可以采用以下方法加强互动性。

- 在标题里进行预热和提问。内容创作者若在撰写脚本的时候设计提问式的标题，能够更好地吸引用户的注意，使其在观看短视频的过程中逐步体会内容创作者的思路，并很自然地对短视频内容进行评论。
- 在短视频中预埋评论。在短视频内容中直接预埋好用户的评论，如质疑、调侃的内容，或者非常犀利的提问等，可以让用户产生强烈共鸣，促使其在观看完短视频后，对预埋的评论进行附和或回应。

2.5.3 挖掘用户痛点

在短视频领域，用户的痛点就是需要及时解决的问题，也就是通常所说的用户的“刚性需求”。这类需求有强烈的迫切感，如果能解决，用户会感到很满足。在撰写短视频脚本前，内容创作者若能找到这个痛点，进而“对症下药”，让用户一看到短视频，就能产生强烈的关注欲望，为短视频点赞、转发，甚至继续观看该账号的其他短视频。挖掘用户的痛点有以下3个技巧。

- 由大化小，单独击破。在短视频内容中，如果想用一个大的概念去直击用户心底的痛点，一击即中是非常困难的。撰写脚本时就可以将这个概念由大化小，把一个大概念拆分成小的个体，然后用不同的、更细化的内容来展示给用户。越是具体、越有细节，就越容易抓住痛点，打动人心。
- 抓小放大，“小确丧”变“小确幸”。“小确丧”是指小而确切的沮丧，短视频需要切中用户的痛点，就要先抓取用户心中潜藏的某类负面情绪。但这类负面情绪又不能过于沉重，以防引发用户对现实的强烈不满，甚至传递负能量。正确的策略是找准精确的、小的痛点，帮助用户把“小确丧”变成“小确幸”，传递积极向上的信念。
- 分析用户评论，找到高强度痛点。强度是指用户解决痛点的急切程度，高强度痛点是用户迫切需要寻找解决途径，甚至通过消费也要解决的痛点。短视频创作者可以通过用户反馈，或在短视频评论区仔细分析用户评论，找到用户急切需要解决的需求痛点。

2.5.4 引起用户共鸣

在设计短视频脚本的过程中，还有一种方式也能够引起用户的注意力，激起用户观看该账号更多短视频的欲望，这种方式就是引起用户的共鸣。要引起用户共鸣，短视频内容首先就必须要能打动用户，这要求内容创作者在撰写脚本时借助内容触发用户的情感，让用户进入感性思维模式。因为情感反应更能激起用户对短视频内容的关注和兴趣，从而促成关注甚至实现收益变现。在撰写短视频脚本时，脚本中的内容需要洞察用户的需求，通过情感化内容带动用户情绪，激发用户的共鸣。能够激发用户共鸣的点通常有以下3种。

- 惊讶。这里的惊讶是一种表现形式，是指短视频内容让用户产生“啊！你怎么知道？”的感受。例如，某短视频中的台词“不是害怕离开，而是害怕再也回不来”道出了两个相爱的人分别时的内心独白，引起了很多具有相同经历的用户的共鸣，进而为其点赞和转发。
- 赞同。用户赞同短视频中的观点，短视频内容让用户产生“对！我也是这样想的！”的感受。
- 刮目相看。用户认可短视频的内容，短视频内容改变了用户对账号原有的印象，让其产生“我也有这种感觉，居然是你懂我！”的感受。

2.5.5 使用原创内容

虽然撰写原创内容比较消耗时间，但原创内容的价值是其他内容所无法比拟的。总地来说，使用原创方式设计短视频脚本有以下3个重要好处。

- 容易被平台推荐给用户。原创的短视频通常会被内容创作者第一时间发布到自己的账号，而短视频平台通常会通过内容创作者、发布时间、链接指向、用户评论、历史原创情况、转发轨迹等因素来识别判断其原创性，并在第一时间收录和向对应的用户群体推荐，这样就能保证原创短视频获得更多用户的观看和关注。

- 创建品牌效应。优质的短视频账号的形成离不开大量且持续更新的原创内容的支持。一个短视频账号是否能具备优良的品牌效应，要看其是否有优质的原创内容信息。高质量的原创内容可以帮助短视频账号获得足够多的用户关注，进而产生经济收益。
- 获取高权重流量。权重是指某一因素或指标对某一事物的重要程度。简单地说，权重数值越大，获得的流量就越大。原创内容通常是最受用户欢迎的，还会被很多其他短视频创作者模仿，进而衍生出更多相关的短视频内容，这些衍生短视频内容可能会将一部分高权重流量引回至原创内容，扩大该原创内容的影响力。

2.5.6 其他脚本设计技巧

除上述脚本设计技巧外，还有一些实用的短视频脚本设计技巧。

- 客体内容创新。客体是相对于短视频内容主体的衍生物，例如，背景音乐、旁白和解说等。与短视频内容主体相比，客体的创意表达更容易获得用户的关注，例如在美食类短视频中采用《舌尖上的中国》式语音旁白就会更吸引用户。
- 包袱+反转。情节反转是短视频用户非常喜欢的一种内容元素，若再在其中增加一些“包袱”就更能铺垫出一种预期的笑料效果，让用户欲罢不能。
- 现身说法。现身说法的好处是能够让用户有一种与短视频中主角或涉及的对象进行身份或视角对换的体会，产生真实的感受。例如，在一些汽车类短视频中，二手车商人亲自现身作为主角，向用户介绍如何判别二手车的优劣，从而获得大量用户的信任。

知识补充

利用现身说法的技巧设计短视频脚本，通常适用于以下几种类型的短视频：普通用户不了解的、专业性较强的职业或领域；用户感兴趣的领域或事物；同时涉及多个人物的身份或职业的故事；内容创作者对其有一定的了解，并具备一定专业知识的领域。

- 转换视角。所谓转换视角，就是与主流观点的视角形成差异，从别的角度看问题。例如，某短视频达人对某个话题发表了自己的观点和态度，此时就可以从与其相反的视角来进行评价。但也要言之有理，否则会适得其反。
- 增加内容。网络中有很多优秀的短视频，它们本身就吸引了足够多的流量，如果在这些短视频的内容基础上适当增加内容，通过创意来改动或延续剧情，既能吸引原视频的用户，又能产生新的流量。常用的增加内容的方式包括反套路、剧情延续（后续情节）、恶搞角色或剧情、态度回应、构思另一种结局等。
- 精心策划文案。文案有时候比视频内容更能表现创意，一个很普通的短视频内容，即便只有简单的几张图片，但只要加上一段精心策划的文案故事，就能直击用户的内心。
- 套路。短视频脚本的常见套路有3种：一是反差套路，包括人物、位置和事件3个主要因素，需要根据这3个因素设计反差脚本；二是剧情反差套路，就是在脚本中直接设计剧情上的反差；三是共鸣套路，利用各种因素烘托内容的气氛，引起用户的共鸣。

2.5.7 实战案例：撰写剧情类短视频的分镜头脚本

本案例将撰写一个传播正能量的剧情类短视频脚本。为了体现短视频制作的专业性，这里采用分镜头脚本的形式，这样可以直观地展示成片的效果，而且可以让负责拍摄和剪辑的人员对短视频内容的理解更到位。

本脚本包括以下内容元素。

- 主题。短视频内容的中心思想，这里主要是给短视频拟定标题。
- 场次。一个短视频可能会涉及多个场景，不同的场景对应不同的场次。
- 拍摄顺序。拍摄顺序是根据场次来安排的，如果同一个场景会在不同的时间多次出现，则在拍摄的时候就应尽量先把同一个场景的内容拍摄完，避免重复换场地，浪费时间和人力。
- 拍摄氛围。这里的拍摄氛围是指理想的环境，例如白天、夜晚、日出、日落、室内和室外等。脚本中常见的“日内”指白天有阳光的内景，“日外”指白天有阳光的外景。
- 场景。场景是指拍摄的环境，例如，会议室、广场、超市、酒店和街道等。
- 景别。景别主要包括特写、近景、中景、全景和远景5种。
- 角度。角度包括拍摄高度、拍摄方向和拍摄距离等内容。
- 运镜方式。运镜方式是指镜头的移动和调焦方式。
- 演员。演员指脚本中扮演某个角色的人物。
- 服装。服装主要指演员的衣服、鞋子、包，以及各种配饰，应根据不同的场景进行搭配。
- 道具。道具指拍摄短视频时所用的器物，例如桌、椅、汽车和玩具等。
- 内容。内容主要是演员的台词、解说稿，或者需要拍摄的画面等。
- 时长。时长是指预计成片里镜头的时长，通常是估算填写，为摄像提供时间控制标准，也方便后期剪辑。
- 备注。备注指拍摄时需要注意的事项，没有也可以不写。

接下来就按照以上内容元素撰写分镜头脚本，图2-33所示为分镜头脚本的内容。

主题	《正能量侠》第一集												
场次	镜号	拍摄顺序	氛围	场景	景别	角度	运镜方式	演员	服装	道具	内容	时长	备注
1	1	1	日内	人力资源部面试厅	中近	微俯	摇	女配1、女配2、妮妮	妮妮打扮比较青春，不如女配精致和职业化	3份简历	3个女孩子坐在一排，镜头依次从女配1、女配2摇到妮妮，妮妮明显比较紧张	3秒	可以是人力资源总监的环视视角
	2				中近	仰	越过妮妮的肩头然后固定	人力资源总监			1.人力资源总监比较严肃，气场较强，瞥了一眼妮妮，然后对女配1说：开始吧，你先做自我介绍 2.人力资源总监对女配1微微点头，转向女配2：来，你接着说 3.人力资源总监面无表情看向妮妮：好，时间有限，你只有20秒 4.人力资源总监不耐烦地看看手机：还有10秒	30秒	
	3				近	微仰	固定	女配1			女配1：我曾经在上市公司工作过，项目为公司获利上万（插/接人力资源总监微笑点头的镜头2.）	3秒	可以尝试多种剪辑方法
	4				近	微仰	固定	女配2			女配2：我在某短视频平台做过运营，有项目点击量上10亿（接人力资源总监看妮妮3.）	6秒	
	5				中近	微俯	越过人力资源总监的肩头然后固定	妮妮			a.妮妮：20秒，我……（接4.） b.妮妮：我，我是某某大学的应届毕业生，在校期间……	2秒	
	6				近	平	固定	人力资源总监			人力资源总监：好，今天就到这里（准备起身离开）	2秒	
	7				近	俯	固定	妮妮			委屈，要哭（但也起身鞠躬） 这里可以拍摄几个妮妮的反应，备用（可以用在a.b.的自我介绍中）	3秒	

图2-33　分镜头脚本的内容

2	1	2	日内	面试厅门口	中	平	越过人力资源总监的肩头然后固定	女配1、女配2、妮妮			1.人力资源总监对女配1、女配2说：周一复试，不能迟到（这时候妮妮走了出来），妮妮弱弱地问道：总监您好，周一我也来吗？ 2.妮妮低下头：哦……（抱着自己的简历从镜头前走过，最后挡住镜头）		
	2				中近	微仰	越过妮妮的肩头然后固定	人力资源总监			人力资源总监转头看着妮妮（有点小吃惊，然后有点不耐烦）：你，不用来了（接2.）		
3	1	6	日外	公司广场的座椅上	近	平/微侧	固定	妮妮	正能量侠服装和头套	纸条（正能量文字）	妮妮坐在椅子上：唉，怎么又失败了，难道我真的要回老家。（微信铃声响起），妮妮拿起手机查看		
	2				特写	无	固定	手机微信界面			爸爸发的微信红包，下面有一句话：妮儿，这是这个月的生活费，如果工作不好找，就先回家。天气冷了，多穿衣服，爸爸妈妈爱你		
	3				近	侧	固定	妮妮、正能量侠			妮妮很难过，眼泪都要流下来，这时，正能量侠出镜		
	4				特写	仰	固定	正能量侠			主观视角		
	5				近	俯	固定	妮妮			妮妮：你是谁？		
	6				中近	侧	固定	妮妮、正能量侠			正能量侠示意妮妮不要哭，并做出动作和表情逗她开心，妮妮微微一笑：谢谢你		
	7				特写	正面	固定	妮妮、正能量侠			妮妮接过正能量侠递过来的一张纸条，纸条上写着：天会晴，心会暖，阳光就在你的手指间，请相信风雨之后有彩虹，加油！		
	8				近	平/微侧	固定	妮妮、正能量侠			1.妮妮笑着抬头看向正能量侠：谢谢你 2.正能量侠向妮妮做出正能量的标志性动作		
	9				全	侧	固定	妮妮			妮妮充满了斗志，眼前空无一人		
	10				全	侧	摇	妮妮			站起身，向远处走去		
4	1	3	日内	办公室	中近	平	主观视角	面试官1	简历		面试官1：不好意思，你没被录取		
	2				中近	平	主观视角	面试官2			面试官2：你不是我们想要的人		
	3				中近	平	主观视角	面试官3			面试官3：摆手		
	4	4	日外	街道	全	左侧	固定	妮妮			有点沮丧		
	5		日外		全	左侧	固定	妮妮			非常沮丧		
	6	5	夜外		全	左侧	固定	妮妮			流下眼泪		

图2-33　分镜头脚本的内容（续）

项目实训——策划美食制作类短视频的内容

运用本单元所学知识，策划一个制作咖喱鸡的短视频。首先确定内容领域是美食制作，内容风格为Vlog，内容形式以肢体为主；然后搭建一个二人团队；最后撰写一个拍摄提纲。通过美食类短视频脚本，为后面拍摄、剪辑和发布做好准备。

慕课视频

项目实训

用户定位

在抖查查网站中搜索多个美食制作类短视频的达人账号，查看其粉丝画像，然后根据粉丝画像来进行用户定位。图2-34所示为某粉丝数量超过千万的美食类短视频达人的粉丝画像。

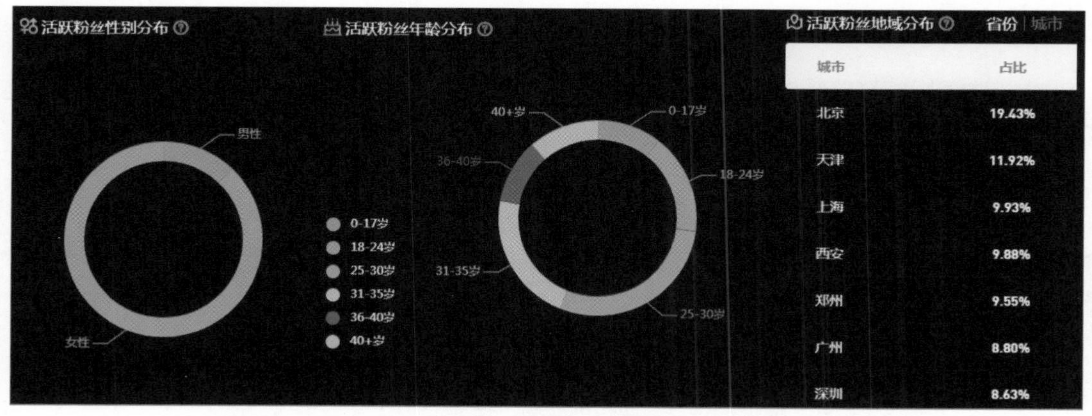

图2-34　某粉丝数量超过千万的美食类短视频达人的粉丝画像

综合相关信息，这里将本短视频的用户定位为以女性为主，年龄为18~40岁，主要生活在北京、天津、上海和西安等一、二线城市。

内容定位

在明确了用户定位后，可以根据用户的需求，对本短视频的具体内容进行定位，其具体步骤如下。

（1）根据用户定位，可以得出这类用户观看美食类短视频的主要需求有两个：一是学习美食制作的方法，为自己制作同样的美食提供参考；二是观看美食制作过程来愉悦自己的身心，打发空闲时间，满足心理需求。因此，本短视频选择制作咖喱鸡，这是一种国外的美食，普通用户不了解其最家常的制作方法，这样就能满足用户的实用需求，而且，这种美食所用的食材丰富，从外观上就能给予用户视觉享受，也能满足用户的休闲需求。

（2）确定内容的风格。美食类短视频的内容风格比较固定，特别是制作美食的短视频，通常就是以Vlog为主，有时会在制作美食前后加入一些日常生活和试吃画面。为了更适合短视频新手，这个短视频就以拍摄制作过程为主，这样制作简单且成本很低，而且在很短的时间就可以拍摄并制作出足够好几期播放的短视频。

（3）确定短视频的内容形式。几乎所有美食类短视频都采用真人为主和肢体、声音为主这两种形式。考虑到制作成本和团队的问题，以及本短视频以制作美食为主要内容，所以本短视频的内容形式以食材本身为主，可以出现主角的手臂。

搭建团队

由于本短视频的内容以美食制作为主，而一个人无法一边拍摄一边制作美食，所以这里组建的是两人的中配团队。团队分工也比较简单，内容创作者完成除了拍摄外的所有工作，或者找一个人负责制作美食，自己负责其他工作。当然，为了节约短视频的制作成本，也可以搭建低配团队来完成拍摄。但在拍摄美食制作过程时，有必要使用固定摄像设备和镜头进行拍摄，这就需要购买一定的摄像设备，如稳定器等，并且后期剪辑的工作量也会加大（拍摄的视频将包含整个过程，需要剪去的内容较多）。

设计脚本

由于本短视频是以制作美食为主要内容，并不涉及完整的真人出镜，没有太多的剧情，也不会涉及文学创作，所以其脚本就是拍摄提纲。本短视频主要是介绍制作咖喱鸡的整个流程，所以镜头的安排也主要根据制作咖喱鸡的流程，拍摄提纲如表2-7所示。

表2-7 《家常咖喱鸡》拍摄提纲

提纲要点	提纲内容
主要内容	咖喱鸡的制作过程
展示所有食材和配料	鸡、土豆、胡萝卜、洋葱、大葱、姜、蒜、咖喱
处理鸡肉	把鸡肉切成小块
	装盘加入料酒、盐和胡椒粉，抓拌均匀，腌制10分钟

续表

提纲要点	提纲内容
准备辅料	土豆、胡萝卜、洋葱全部切成小块
	大葱、姜、蒜切片
鸡肉焯水	把腌制好的鸡肉焯水，放入料酒
	水开两分钟后捞出鸡肉
炒制鸡肉	起锅烧油
	油热后放入切好的大葱、姜、蒜，翻炒
	倒入鸡肉翻炒，并添加盐和生抽
加入辅料	加入土豆、胡萝卜、洋葱，继续翻炒
加水炖煮	加入清水炖煮
	土豆软烂后，加入咖喱，炖煮收汁
装盘	将做好的咖喱鸡装盘展示

需要注意的是，拍摄时对每一个提纲要点都要拍摄视频素材，涉及的提纲内容都需要拍摄。剪辑时，可以将提纲要点作为镜头顺序进行剪辑，且需要添加背景音乐和各步骤的文字。食材和配料的多少必须以醒目的文字展示给用户，而且一些操作技巧也必须用文字进行说明。

思考与练习

1. 短视频用户定位中用户的属性包括哪些?

2. 试着为汽车类短视频的用户画像。

3. 讲讲你自己对用户定位的理解。

4. 佳明为帮助家乡发展，响应国家乡村振兴战略，佳明毅然投身农业，利用现代农业技术种植蔬菜，他想通过拍摄抖音视频的方式展现蔬菜种植成果以及家乡的人文风情。请帮助其进行内容定位，确定内容的领域、风格和形式。

5. 试着搭建一个6人的中配短视频制作团队，并为团队成员进行分工，明确每个人的职责。

6. 试着从网上下载一个短视频脚本，并根据该脚本搭建一个短视频制作团队。

7. 试着设计一个包含12个镜头的分镜头脚本，其主题为“友情”，将主要内容填写至表2-8中。

8. 试着设计一个包含3个场景的文学脚本，其主题为“爱情”，将主要内容填写至表2-9中。

表2-8 《友情》分镜头脚本

镜号	画面内容	景别	运镜方式	时长	机位	旁白	音效	备注
1								
2								

续表

镜号	画面内容	景别	运镜方式	时长	机位	旁白	音效	备注
3								
4								
5								
6								
7								
8								
9								
10								
11								
12								

表2-9 《爱情》文学脚本

脚本要点	主要内容
名称	
演员	
时长	
场景1	
场景2	
场景3	

Chapter 3

第3章 短视频拍摄

拍摄短视频要用到哪些设备？
拍摄短视频有哪些技巧？
拍摄短视频有哪些构图方式？
怎样用手机拍摄短视频？

学习引导

	知识目标	能力目标	素质目标
学习目标	1. 熟悉短视频拍摄的常见设备 2. 熟悉景别、拍摄方式，以及转场和灯光技巧 3. 熟悉各种常用的构图方式 4. 了解手机拍摄的常用App	1. 能够使用单反相机拍摄短视频 2. 能够使用剪映App设置短视频的尺寸 3. 能够使用抖音短视频拍摄夏日风景短视频	1. 培养专业精神与敬业精神 2. 提升职业生涯可持续发展能力
实训项目	使用手机拍摄美食制作类短视频		

随着智能手机设备的普及和用户需求的增加，大多数用户的阅读习惯都逐渐从文本阅读转变为图文浏览，甚至是以观看视频图像为主。声音和图像是视频的主要形式，获得视频的过程是在拍摄设备的帮助下进行的，所以，在短视频制作过程中，拍摄是承接前期的策划、准备和后期制作的重要中间环节，拍摄工作也是短视频制作的基础工作。拍摄人员是将脚本创意直接转化为视频画面和造型语言的中间人，拍摄人员的基本技能和画面意识是决定短视频图像质量的关键因素。在短视频领域，拍摄不仅可以记录现实生活，还可以对生活资料进行选择、概括和创造性表达，这也对拍摄人员提出了双重要求：既要有专业的技术知识，也有复杂的技巧。

短视频为平台、企业和个人带来了巨大的用户流量和经济效益，大家都被这个巨大的红利所吸引，都希望进入短视频领域，跟上短视频达人们的步伐，获得更多收益。目前短视频已经发展到了成熟期，用户对短视频的画面和质量有了较高的要求，所以在制作短视频的过程中，不仅需要选择合适且优质的拍摄设备，还需要掌握拍摄的常用技巧和构图方式，以及需要掌握使用手机拍摄的设置方法和拍摄方法。

慕课视频

拍摄短视频的设备

3.1 拍摄短视频的设备

所谓“工欲善其事，必先利其器”，拍摄短视频需要配置一些拍摄设备。通常中高配的短视频团队可以采用单反相机、摄像机和稳定器等专业设备，低配短视频团队则可以直接使用手机进行拍摄。在制作成本宽裕的情况下，甚至可以购买和使用无人机进行航拍。下面分别介绍常用的短视频拍摄设备。

3.1.1 手机

手机已经成为人们日常生活不可缺少的用品，直接使用手机通常就能够拍摄出短视频，如图3-1所示，拍摄后可直接将其发布到短视频平台中，十分方便。当然，也可以使用手机中的短视频App拍摄短视频，通过设置滤镜和道具等，提升短视频画面的最终效果。

图3-1 使用手机拍摄短视频

1. 手机拍摄短视频的优势

手机作为拍摄短视频的设备有以下3点优势。

- 拍摄方便。人们在日常生活中随时随地都会携带手机，这就意味着只要看到有趣的瞬间或美丽的风景，就可以使用手机随时捕捉和拍摄。精彩的瞬间可能稍纵即逝，一些有趣的画面、绝美的风景或突然发生的事件，不会让人们有时间提前做好拍摄准备，此时便捷的手机就成为不错的选择。
- 操作智能。无论是直接使用手机还是手机中的App拍摄短视频，其操作都非常智能化，只需要点击相应的按钮即可开始拍摄，拍摄完成后手机会自动将拍摄的短视频保存到默认的视频文件夹中。
- 编辑便捷。手机拍摄的视频直接存储在手机中，可以直接通过相关App来进行后期编辑，编辑完成后可以直接发布。其他如单反相机和摄像机拍摄的短视频则需要先传输到计算机中，通过计算机中的剪辑软件处理后再进行发布，操作更麻烦。

2. 手机拍摄短视频的劣势

现在几乎所有的手机都具备拍摄短视频的功能，但和单反相机、摄像机等专业的拍摄设备比起来，手机在防抖、降噪、广角和微距等方面的表现还不够专业，需要有意识地加强这些功能，以接近专业视频拍摄设备的拍摄水准。

- 防抖。使用手机拍摄短视频的过程中容易出现抖动，这会导致成像效果不好，所以要选择具备防抖功能的手机进行拍摄。防抖功能过去常用在单反相机和摄像机中，其主要作用是避免或者减少捕捉光学信号过程中出现的设备抖动现象，从而提高成像质量。防抖又分为光学防抖和电子防抖两种类型，由于电子防抖是基于降低画质的原理，所以最好选择具备光学防抖功能的手机。
- 降噪。降噪是指减少短视频画面中的噪点。噪点是指感光元件将光线作为接收信号并将其转换为电子信号输出的过程中，由于电子噪声干扰所产生的粗糙颗粒。简单地说，就是短视频图像中肉眼可见的一些小颗粒。噪点过多会让短视频画面看起来混乱、模糊、朦胧和粗糙，没办法突出拍摄重点，影响短视频的成像效果。目前，大部分手机都不具备降噪功能，但可以通过后期剪辑实现降噪。

- 广角或微距。目前很多手机只能单一拍摄景物，没有广角和微距功能，没办法拍出大场面、大建筑和细微景物等更有质感的画面。具备广角功能的设备拍摄出的短视频画面近的东西更大，远的东西更小，从纵深上能产生强烈的透视效果，有利于增强画面的感染力。利用广角功能拍摄的风景如图3-2所示。反之，具备微距功能的设备能够拍摄一些细小的自然景物和人物细节，这可以提升短视频画面的质感，能带给用户一种视觉上的震撼。利用微距功能拍摄的动物如图3-3所示。

图3-2　利用广角功能拍摄的风景

图3-3　利用微距功能拍摄的动物

知识补充

短视频新手，或者以剧情、搞笑等内容吸引用户的创作者，都可以采用手机作为拍摄设备。这是因为手机的价格比单反相机或摄像机更低，且功能更多，性价比更高。

3.1.2 单反相机

如果短视频团队中的摄像人员具备一些拍摄的基础知识，且团队的运营资金也较为充足，那么可以考虑选用专业的单反相机作为短视频的拍摄设备。单反相机的全称是单镜头反光式取景照相机，是指用单镜头，并且光线通过此镜头照射到反光镜上，通过反光取景的相机，如图3-4所示。

图3-4　单反相机

1. 单反相机拍摄短视频的优势

随着短视频越来越被广大用户所接受，使用手机拍摄的短视频已经无法满足很多专业用户的需求，使用单反相机拍摄短视频就成为一种必然的趋势。

（1）画质更强。单反相机拍摄的短视频，其画面质量比手机拍摄的更高，甚至已经达到专业摄像机的水平，主要表现在以下4个方面。

- 感光元件。除镜头外，拍摄短视频的成像质量主要取决于感光元件，而目前主流的单反相机的感光元件要比手机的感光元件大很多。简单地说，大的感光元件带来的是更优质的成像效果，当然拍摄出的短视频文件也相对会更大。
- 像素。像素是短视频成像质量的基础。目前很多手机的像素都已经超过千万，完全能拍摄4K分辨率的短视频，但由于单反相机在图像处理器方面拥有较大优势，其拍摄得到的最终画质仍大大优于手机。
- 动态范围。单反相机的画面动态范围比手机更大。动态范围是指感光元件能够记录的最大亮部信息和暗部信息，动态范围越广，能够记录下的画面细节越多。目前，单反相机的高动态范围图像是手机无法企及的。
- 采样方式和编码。采样方式和编码也是决定短视频画质的重要指标，由于单反相机在采样方式上比手机更专业，编码码率也更大，所以拍摄出的短视频更清晰。

（2）丰富的镜头选择。相比使用手机拍摄短视频，单反相机的另一个优势是可拆卸和更换镜头，而且可以选择不同的镜头拍摄不同画面的景别、景深和透视效果，以丰富视觉效果。

单反相机使用不同焦段镜头拍摄短视频的画面景别是不一样的。例如，使用长焦镜头能够拍摄更远的画面，在画面中能够实现压缩空间的效果，也就是拍摄主体近大远小的透视关系不那么明显；而广角镜头则能够拍摄更广的画面，从而增强透视关系，使近处的物体被放大、远处的物体被缩小，增强画面的纵深感；此外，微距镜头和远摄镜头，也能使拍摄的短视频展现出更为丰富的画面效果。

总之，单反相机拍摄短视频的优势主要在于高画质和丰富的镜头选择上，同时其价格又低于摄像机，相对摄像机有更高的性价比。

2. 单反相机拍摄短视频的常用参数设置

由于单反相机的主要功能是拍摄静态图像，如果要拍摄短视频（动态图像），需要进行一些参数的设置，主要包括以下参数。

- 快门速度。使用单反相机拍摄短视频时，快门速度越慢，拍摄的画面运动模糊越明显，反之则画面越清晰、锐利。但单反相机拍摄短视频时的快门速度是相对固定的，一般设置为视频帧率的两倍，例如，短视频帧率为25帧/秒，那么快门速度就需要设置为50（1/50秒），这样拍摄的短视频画面才符合人眼所看到的运动效果。

知识补充

视频帧率是指每秒显示的图像帧数（Frames per Second，fps），使用高帧率可以得到更流畅、更逼真的视频画面。由于人眼的特殊生理结构，当视频画面的帧率高于16帧/秒的时候，人眼就会认为其是连贯的。

- 光圈。光圈主要是控制视频画面的亮度和背景虚化。光圈越大，则画面越亮、背景虚化越强；反之，光圈越小，则画面越暗、背景虚化越弱。单反相机中的光圈通常用大f值和小f值表示，光圈设置如图3-5所示，数值越大实际光圈越小。
- 感光度。感光度是控制拍摄的短视频画面亮度的一个数值变量，在光线充足的情况下感光度设置得越低越好，感光度设置如图3-6所示。但在较暗环境下，建议补光拍摄，如果单纯将感光度调至最大会产生噪点，影响短视频画面的质量。

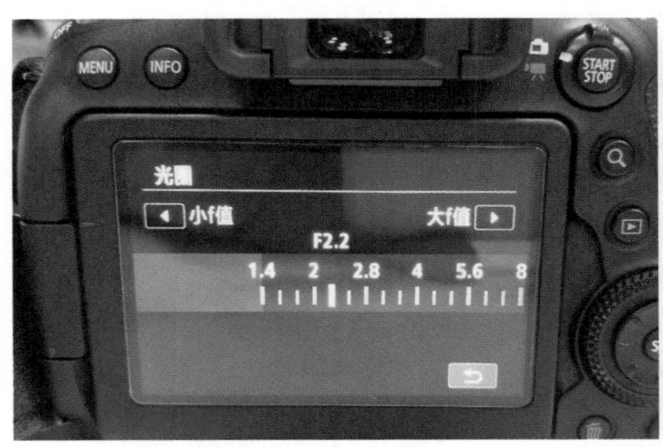

图3-5　光圈设置

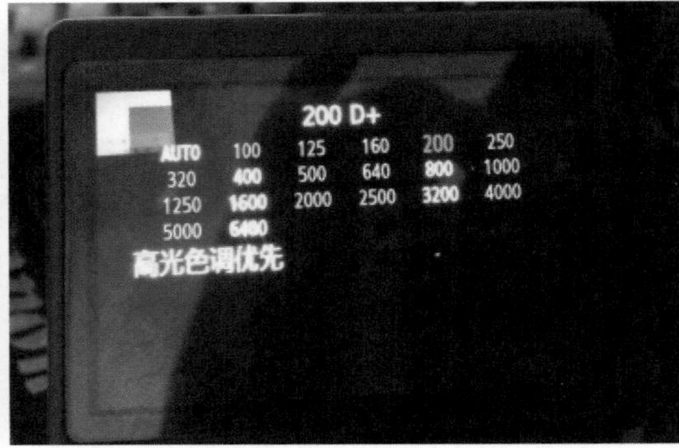

图3-6　感光度设置

- 对焦。如果能手动对焦最好选择自己手动确定短视频的焦点，但如果是新手，则可以打开单反相机的智能自动对焦功能。建议读者最好使用手动对焦，因为自动对焦可能出现错误，无法清晰地拍摄短视频的主体。
- 色温。色温可以控制和调节短视频画面中的色调冷暖，色温值越高画面颜色越偏黄，反之值越低画面越偏蓝，一般情况下色温值设置为5000K（日光的色温）左右即可。

知识补充

拍摄短视频的过程中，光线是一个十分重要的影响成像质量的环境因素。好的光线布局可以有效提高短视频的画面质量，特别是在拍摄以人像为主的短视频时，多用柔光会增强画面美感。如果拍摄时光线不清晰，可以使用LED摄影补光灯。

3.1.3 摄像机

摄像机是最专业的视频拍摄设备。一般而言，短视频的时长都较短，制作周期也短，且制作成本也低，不适合使用专业且操作复杂、成本高的摄像机进行拍摄。通常只有一些企业制作宣传推广类的短视频时才会使用摄像机。摄像机的类型较多，但拍摄短视频时用到的摄像机主要有业务级摄像机和家用数码摄像机两种。

1. 业务级摄像机

业务级摄像机多用于新闻采访、活动记录等，通常使用数码存储卡存储视频画面，电池电量通常支持连续拍摄两小时以上，配备光圈、快门、色温、光学变焦和手动对焦等所有普通视频拍摄常用的硬件和快捷功能，且使用非常方便。同时，业务级摄像机还具有舒服的横式手持握柄和腕带，提高了手持稳定性，可以说是一台集成度很高的专业视频拍摄设备，如图3-7所示。

图3-7 业务级摄像机

相对于其他短视频拍摄设备，业务级摄像机的劣势有以下几点。

- 价格昂贵。普通的业务级摄像机的价格就已经超过了单反相机，高端产品价格就更高。
- 体积较大。业务级摄像机的体积较大，日常携带不是很方便。
- 画面单一，无法实行创意。在拍摄过程中，业务级摄影机在画面的处理上也较为死板，如果要实现创意拍摄还需要进行后期剪辑和调整。

知识补充

在摄像行业内通常将摄像机分为广播级、业务级（专业级）和家用级3种类型。广播级摄像机主要应用于电视领域，拍摄的视频图像质量高，其性能全面，但价格较高，体积也比较大。根据使用目的不同，广播级摄像机又分为演播室用摄像机、新闻采访摄像机和现场节目制作摄像机3种类型。家用级摄像机主要应用在图像质量要求不高的场合，例如家庭聚会、旅游或娱乐等，这类场景中可以用其来拍摄视频或照片。

2. 家用数码摄像机

家用数码摄像机是一种适合家庭使用的摄像机，这类摄像机体积小、重量轻，便于携带，操作简单，价格相对便宜，一般在数千元至数万元，如图3-8所示。智能手机普及后，家用数码摄像机的发展受到了很大的影响，普通人群拍摄视频通常都使用手机，因此家用数码摄像机处于被淘汰的边缘。但家用数码摄像机的存在也有一定合理性，与手机、单反相机和业务级摄像机相比，其具有以下5个特点。

图3-8 家用数码摄像机

- 变焦能力出色。家用数码摄像机具备业务级摄像机的大范围变焦能力，可以实现大部分手机无法实现的光学变焦效果。

- 智能化操作。家用数码摄像机的自动化程度很高，没有业务级摄像机那么多的手动操控按键，新手都能轻松拍摄，易用性堪比手机。
- 小巧便携。家用数码摄像机体积小巧，方便随身携带。
- 续航时间长。家用数码摄像机可以在极短时间内更换电池和存储卡，理论上可以无限拍摄，在这方面比手机有优势。
- 持握方便。家用数码摄像机都有较好的持握设计，比手机更有利于拍摄短视频，但因其比业务级摄像机重量轻，所以画面稳定性相对差一些。

3.1.4 传声器

短视频是图像和声音的组合，所以在拍摄短视频时还要用到一种非常重要的设备，就是收声设备，这也是最容易被忽略的短视频拍摄设备。拍摄短视频常用的收声设备是传声器（俗称“麦克风”），通常手机、单反相机和摄像机等拍摄设备都内置有传声器，但这些内置传声器的功能通常无法满足拍摄短视频的需求，因此需要增加外置传声器。拍摄短视频时使用的传声器通常分为无线传声器和指向性传声器两种类型，下面分别进行介绍。

1. 无线传声器

无线传声器适合现场采访、在线授课、视频直播等场合，其主要由发射器和接收器两个设备组成，图3-9所示为一个领夹式无线传声器。

- 发射器。发射器上通常带有一个领夹式的传声器，可以用于收集声音。
- 接收器。接收器用于连接摄像设备，包括手机、单反相机和摄像机，其作用是接收发射器收集和录制的声音，然后将其传输和保存到这些摄像设备中。

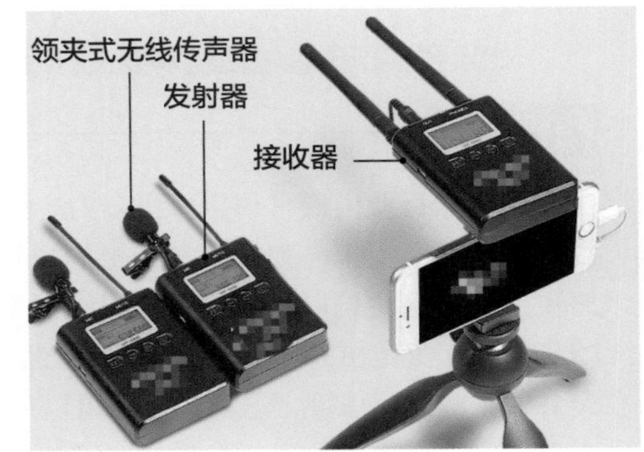

图3-9　领夹式无线传声器

2. 指向性传声器

指向性传声器也就是一般常见的机顶传声器，其直接连接到拍摄设备用于收集和录制声音，如图3-10所示，更适合一些现场收声的拍摄环境，例如微电影录制、多人采访等。

指向性传声器又可以分为心形、超心形、8字形、枪形等不同指向性类型。在短视频的日常拍摄中，通常选择心形或者超心形指向性传声器作为收声设备，这两种类型的传声器更适合短视频的拍摄。枪形指向性传声器多用于视频采访或电影录制等拍摄工作。

图3-10　机顶传声器

知识补充

在条件允许的情况下，为了保证拍摄的短视频的收声效果，最好在拍摄设备中连接监听耳机，同步监听并保证声音的清晰度。另外，如果在室外拍摄，则可以为传声器安装防风罩，以降低风噪，获得更好的收声效果。

3.1.5 稳定设备

在进行短视频拍摄时，抖动的画面容易使用户产生烦躁和疲劳的感觉，因此为了保证画面的质量，对拍摄设备的稳定性要求非常高。由于拍摄设备的防抖功能有一定的局限性，因此手持拍摄时必须借助稳定设备来保持拍摄画面的稳定。短视频拍摄中常用的稳定设备包括脚架和稳定器两种，下面分别进行介绍。

1. 脚架

脚架是一种用来稳定拍摄设备的支撑架，常用于达到某些拍摄效果或保证拍摄的稳定性。常见的脚架主要有独脚架和三脚架两种，如图3-11所示。

图3-11　独脚架和三脚架

拍摄短视频时，在大部分拍摄场景中两种脚架都可以通用。但独脚架具有相当程度的便携性和灵活性，而且有些独脚架还具有登山杖的功能，非常适合拍摄野生动物、野外风景等对携带性要求很高的场景，也适合拍摄体育比赛、音乐会、新闻报道现场等场地空间有限且没有架设三脚架位置的场景。在拍摄既需要一定稳定性，又对灵活性要求较高的场景时，以及拍摄夜景或者带涌动轨迹的视频画面的时候，则适合使用稳定性更强的三脚架。

知识补充

独脚架和三脚架可以胜任大部分固定机位的视频拍摄工作，但涉及多角度拍摄时，通常需要在脚架顶端装备可水平和垂直调节的视频云台，如图3-12所示。视频云台的作用是通过液压实现均匀的阻尼变化，从而实现镜头中“摇”的动作。视频云台是稳定设备中非常重要的关键部件，优质的稳定器中也会安装视频云台。

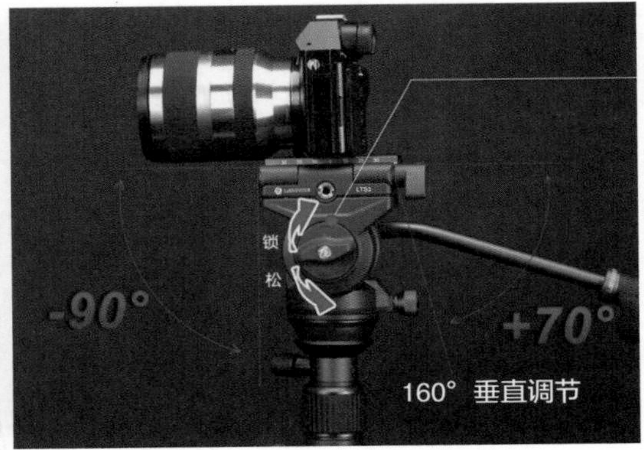

图3-12　脚架上的视频云台

2. 稳定器

短视频被大众接受和喜爱之后，稳定器也从专业的摄录设备向平民化转变，特别是电子稳定器，几乎已经在短视频拍摄中普及。在很多短视频的移动镜头场景中，例如前后移动、上下移动和旋转拍摄等，都需要通过稳定器来保证镜头画面的稳定，以锁定短视频中的主角。短视频拍摄中常见的稳定器主要有手机稳定器和单反稳定器两种。

- 手机稳定器。手机稳定器是用于辅助手机拍摄视频和照片的稳定器，其通常具备延长杆，能增加取景范围，而且可以通过手柄实现自拍、竖拍、延时、智能追踪和360°旋转等多种功能，能大大提升短视频拍摄的效率，如图3-13所示。
- 单反稳定器。单反稳定器是用于辅助单反相机拍摄视频和照片的稳定器，其体积比手机稳定器稍大，且功能更加齐全，如图3-14所示，手机也能使用单反稳定器。

稳定器的承载能力是选择稳定器的重要考虑因素。相对来说，手机稳定器的承载能力不如单反稳定器，但对很多短视频团队来说，手机稳定器也是不错的选择，因为其本身所支持的各种拍摄功能和按钮已经较为齐全，而且更简单、实用。

图3-13　手机稳定器

图3-14　单反稳定器

3.1.6 无人机

无人机摄影目前已经是一种比较成熟的拍摄手法，在很多影视剧中涉及航拍、全景、俯瞰视角的镜头时，往往会使用无人机作为拍摄设备，无人机现在也被广泛应用于短视频拍摄。无人机拍摄视频具有高清晰度、大比例尺、小面积等优点，且无人机的起飞降落受场地限制较小，在操场、公路或其他较开阔的地面均可起降，其稳定性、安全性较好，实现转场非常容易。但无人机拍摄也有其劣势，主要是成本太高且存在一定的安全隐患。

无人机由机体和遥控器两部分组成。机体中带有摄像头或高性能摄像机，可以完成视频拍摄任务；遥控器则主要负责控制机体飞行和摄像，并可以连接手机，实时监控并保存拍摄的视频，如图3-15所示。

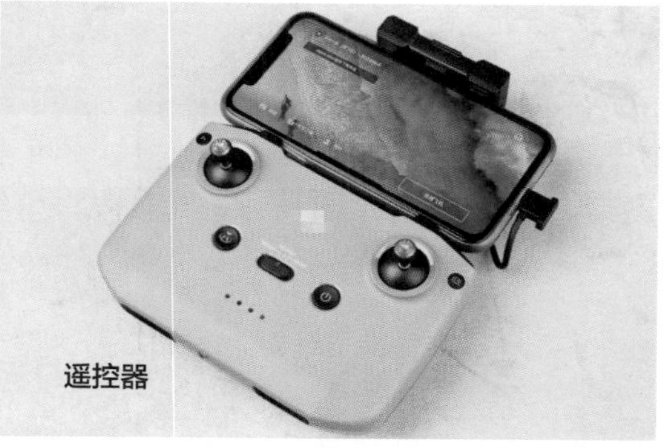

图3-15　无人机

知识补充

除了上面介绍的一些日常短视频拍摄所要用到的设备外，为了更好地实现短视频的拍摄，有时候还需要用到一些辅助配件，包括“兔笼”（一种支架扩展器，可以为单反相机扩展更多的配件，例如监视器、传声器和闪光灯等）、监视器、提词器、图传（无线图像传输设备）和挑杆（悬挂传声器的长杆）等。

3.1.7 实战案例：使用单反相机拍摄短视频

相对于普及率较高的手机，很多人都不会使用单反相机。下面就以某款单反相机为例，介绍使用其拍摄短视频的基本方法，具体操作步骤如下。

（1）取下单反相机的镜头盖，打开电源开关，这里将开关调整至“ON”挡，如图3-16所示。

（2）将单反相机调整到摄像模式，这里将模式开关调整至“摄像”挡，如图3-17所示。

（3）观察单反相机的显示屏，根据实际情况调整快门速度、光圈、感光度、色温、视频分辨率等摄像参数。不同的单反相机设置按键的方法不同，可以参照相机说明书或用户手册进行设置，设置完成后的效果如图3-18所示。

（4）根据显示屏中显示的画面，对拍摄对象进行取景构图，然后按下单反相机的“拍摄键”（通常为黑色红点的按键，如图3-16所示）开始拍摄视频。再次按下“拍摄键”即可完成视

频拍摄，可以通过回放的方式查看拍摄的视频。

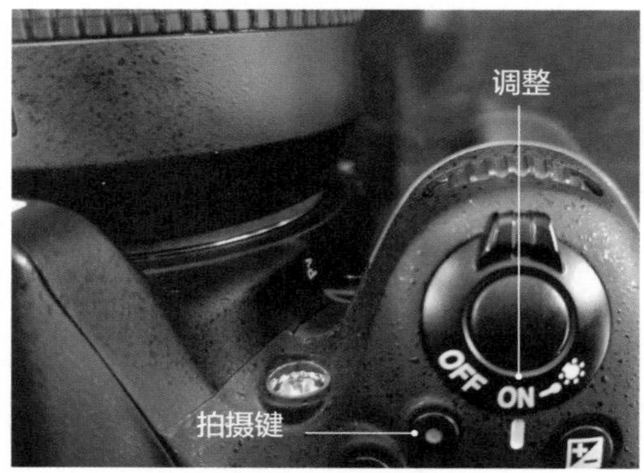

图3-16　开机

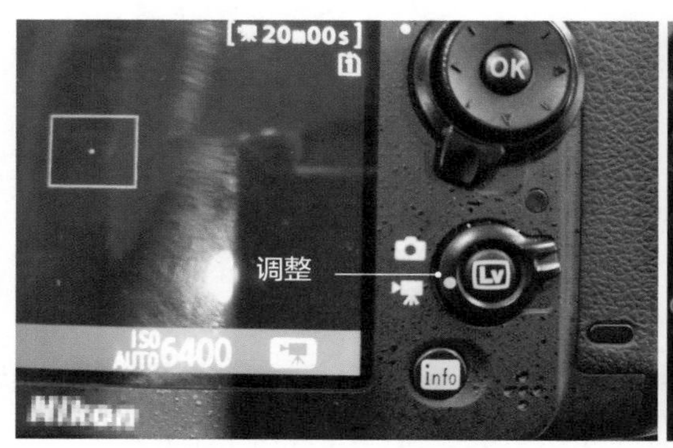

图3-17　进入摄像模式

图3-18　设置摄像参数

 3.2 拍摄短视频的技巧

慕课视频

拍摄短视频的技巧

随着短视频的不断发展，越来越多的用户直接使用手机拍摄短视频，但效果却参差不齐。有些人拍摄的短视频画面清晰，镜头充满了美感，质感十足且层次丰富，很容易获得用户的喜爱和观看；而有些人拍摄的短视频则画面模糊，镜头飘忽不定，内容主次不分，效果很差，根本无法引起用户观看的兴趣。其实，一个优秀的短视频除了精彩的内容创意外，其画面的精美度也是吸引用户流量的关键因素，能够带给用户视觉享受与冲击的短视频更容易获得用户的关注。下面就从以下几个方面来分别介绍拍摄短视频的技巧。

3.2.1 景别

景别是镜头语言中的一种，而镜头语言是指用镜头拍摄的画面像语言一样去表达意思，也就是说，可以经由摄像设备所拍摄出来的画面看出拍摄者的意图，因为可从拍摄的主体和画面的变化去感受拍摄者透过镜头所要表达的内容。景别是指由于摄像设备与拍摄对象的距离不同而造成拍摄对象在摄像设备录像器中所呈现出的范围大小的区别，主要有远景、全景、中景、近景、特写5种主要类型。

1. 远景

远景一般用来表现与摄像设备距离较远的环境全貌，用于展示人物及其周围广阔的空间环境、自然景色和人群活动的画面。远景相当于从较远的距离观看景物和人物，视野非常宽广，以背景为主要拍摄对象，整个画面突出整体，细节部分通常不甚清晰。远景有以下两种细分类型。

- 极远景。极远景拍摄的是极其遥远的风景画面，人物小如灰尘，如图3-19所示。
- 普通远景。普通远景的拍摄距离比极远景稍微近些，但镜头中的风景画面仍然深远，人物在整个画面中只占很小的一部分，如图3-20所示。

图3-19　极远景

图3-20　普通远景

2. 全景

全景用来展示场景的全貌与人物的全身（包括体型、衣着打扮、身份等），在影视剧中用于表现人物之间、人与环境之间的关系，如图3-21所示。在进行室内拍摄时，全景通常作为摄像的总角度景别。远景和全景又被称为交代镜头，大多数影视剧和短视频的开端和结尾部分都用会使全景或远景。与远景相比，全景画面在叙事、抒情和阐述人物与环境的关系的功能上可以起到独特的作用，更能够全面阐释人物与环境之间的密切关系。全景有以下3种细分类型。

图3-21　全景

- 大全景。大全景通常包含整个拍摄主体和周围环境的画面，可以在短视频中用作环境介绍，也经常被称作最广的镜头。
- 全景。全景中拍摄到的主要是人物全身或较小场景全貌，类似于话剧、晚会或大型综艺“舞台”大小的画面，在全景中能够看清楚人物的动作和人物所处的环境。
- 小全景。小全景画面范围比全景小，但又能保持人物的相对完整。

3. 中景

图3-22　中景

中景通常指视频画面的下边缘位于人物膝盖左右部位或场景局部，如图3-22所示。在所有景别中，中景重点在于表现人物的上身动作，环境处于次要地位，所以，中景具备最强的叙事功能，在影视剧中占的比重较大。在短视频中，表现人物的身份、动作和动作的目的，甚至多人之间的人物关系的镜头，以及包含对话、动作和情绪交流的场景都可以采用中景。中景有以下两种细分类型。

- 中景。中景是拍摄人物小腿以上部分的镜头，或用来拍摄与此相当的场景，是表演性场面的常用景别。
- 中近景。中近景也被称为半身景、半身像，指从腰部到头范围的画面镜头。中近景通常能够兼顾中景的叙事和近景的表现功能，所以常用在各类电视节目的制作拍摄中。

知识补充

摄像构图中通常不会将画面边框卡在人物的脖子、腰、腿和脚等关节位置，所以，短视频拍摄时需要根据脚本内容和构图方式灵活使用中景。

4. 近景

近景是指拍摄人物胸部以上的画面，有时也用于表现景物的某一局部。由于近景拍摄的视频画面可视范围较小，人物和景物的尺寸足够大，细节比较清晰，所以非常有利于表现人物的面部或其他部位的表情神态，以及细微动作和景物的局部状态，这些都是中远景和全景画面所不具备的特性。正是由于这些特性，近景非常适合短视频拍摄，用于表现人物的面部表情，传达人物的内心世界和刻画人物性格。近景能适应手机屏幕小的特点，短视频中大量使用近景能使用户产生与其中人物接近的感觉，从而留下更深刻的印象，如图3-23所示。

图3-23　近景

近景中的环境退于次要地位，且近景中一般只有一人是画面的主体，其他人物往往作为陪体或前景处理。由于近景中人物面部十分清晰，面部缺陷在近景中会得到放大，因此近景对于造型的要求更加细致，无论是化装、服装、道具都要十分逼真和生活化。

5. 特写

特写是指画面的下边框在成人肩部以上的头像或其他拍摄对象的局部。由于特写拍摄的画面视角最小、视距最近，整个拍摄对象充满画面，比近景更接近观众，所以能够更好地表现被拍摄对象的线条、质感和色彩等特征。短视频中使用特写镜头能够向用户提示信息、营造悬念，还能细微地表现人物面部表情，在描绘人物内心活动的同时能带给观众强烈的印象，也更易于被观众重视和接受。特写有以下两种细分类型。

- 普通特写。普通特写就是摄像设备在很近的距离拍摄对象，通常以人体肩部以上的头像为取景参照，突出强调人体、物件或景物的某个局部，如图3-24所示。
- 大特写。大特写又被称为“细部特写”，是指在人体、物件或景物的某个局部拍摄更突出的细节，例如人体面部的眼睛，如图3-25所示。

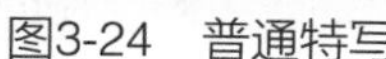

图3-24 普通特写

图3-25 大特写

3.2.2 运镜方式

运镜方式就是在一个镜头中，通过移动摄像设备的位置，或改变镜头光轴，或变化镜头焦距所进行的视频拍摄，通过不同的运镜方式所拍摄到的视频画面通常也被称为运动画面。视频拍摄中的运镜方式有很多，但在短视频拍摄中常用的有以下几种。

- 拉。拉是在拍摄对象不动的情况下，摄像设备匀速远离并向后拉远镜头的运镜方式，用这种方式拍摄的视频画面又被称为拉镜头。拉镜头能形成视觉后移效果，且取景范围由小变大（例如由近景变为全景或远景），周围环境由小变大。拉镜头常被用作结束性和结论性的镜头，也可以利用拉镜头来作为转场镜头。
- 推。推是在拍摄对象不动的情况下，摄像设备匀速接近并向前推进镜头的运镜方式，用这种方式拍摄的视频画面又被称为推镜头。推镜头的功能与拉镜头正好相反，能形成视觉前移效果，且取景范围由大变小，周围环境由大变小。在移动摄像设备的推镜头中，画面焦点要随着机位与拍摄对象之间距离的变化而变化。
- 摇。摇是在拍摄设备位置固定的情况下，以该设备为中轴固定点，匀速旋转镜头，拍下周围的环境的运镜方式，用这种方式拍摄的视频画面又被称为摇镜头。摇镜头类似人转动头部环顾四周或将视线由一点移向另一点的视觉效果。一个完整的摇镜头包括起幅、摇动和落幅3个相互贯连的部分，便于表现运动主体的动态、动势、运动方向和运动轨迹。摇镜头也是视频画面转场的有效手法之一。

- 移。移是将摄像设备放置在滑轨或者稳定器上，在移动中“沿水平方向”拍摄对象的运镜方式，用这种方式拍摄的视频画面又被称为移动镜头，简称移镜头。由于摄像设备运动，视频的画面框架始终处于运动中，因此被拍摄的物体不论处于运动还是静止状态，都会呈现出位置不断移动的态势。移镜头能直接调动观众生活中运动的视觉感受，唤起观众在各种交通工具上或行走时的视觉体验，使其产生一种身临其境之感。移镜头在表现大场面、大纵深、多景物、多层次的复杂画面时具有气势恢宏的造型效果。
- 跟。跟是摄像设备始终跟随拍摄主体一起运动的运镜方式，用这种方式拍摄的视频画面又被称为跟镜头。和移镜头不同，跟镜头的运动方向是不规则的，但是要一直把拍摄主体保持在视频画面中且位置相对稳定。跟镜头既能突出拍摄主体，又能交代其运动方向、速度、体态，以及与环境的关系，在短视频拍摄中有着重要的纪实性意义。
- 升降。升降是摄像设备借助升降装置一边升降一边拍摄的方式，用这种方法拍摄的视频画面又被称为升降镜头。升降镜头能为拍摄的视频带来画面视域的扩展和收缩，并由视点的连续变化形成多角度、多方位的多构图效果。升降镜头常用于展示事件或场面的规模、气势和氛围，有利于表现高大物体的各个局部和纵深空间中的点面关系。
- 俯视。俯视是摄像设备向下拍摄的方式，用这种方法拍摄的视频画面又被称为俯视镜头。俯视镜头会让被拍摄对象显得卑弱、微小，降低了被拍摄对象的威胁性。美食类短视频就经常使用俯视镜头，以提升用户的主观性，并增加其食欲，如图3-26所示。

知识补充

鸟瞰镜头与俯视镜头类似，如图3-27所示。鸟瞰镜头的拍摄位置更高，通常可以使用无人机拍摄，能带来丰富、壮观的视觉感受，让观众产生统治感和主宰感。

图3-26　俯视镜头

图3-27　鸟瞰镜头

- 空。空是指视频画面中只有自然景物或场面环境而不出现人物（主要指与剧情有关的人物）的运镜方式，用这种方法拍摄的视频画面又被称为空镜头。空镜头的主要功能是介绍环境背景和时间、空间，抒发人物情绪并表达拍摄者的态度，也是加强视频艺术表现力的重要手段。空镜头的作用有展示风景和描写事物之分，前者被称为风景镜头，往往用全景或远景表现；后者被称为细节描写，一般采用近景或特写。

- 仰视。仰视是摄像设备向上拍摄的方式，用这种方法拍摄的视频画面又被称为仰视镜头。仰视镜头的效果是使拍摄对象看起来强壮且有力，环境和背景甚至会变成增强拍摄对象力量的元素，风景和旅游类的短视频经常使用仰视镜头拍摄，如图3-28所示。
- 第一视角。第一视角是指以拍摄者本人视角的角度和方向变化进行视频拍摄，其主要功能是增加观众的代入感，让观众产生身临其境的体验。很多旅游类、剧情类和体育运动类的短视频都喜欢采用这种拍摄方式，如图3-29所示。

图3-28　仰视镜头

图3-29　第一视角

- 第三视角。第三视角是指以站在人物背后的角度和方向进行视频拍摄，视频画面中的人物可以留全身，也可以留一部分。与第一视角相比，第三视角能够给观众提供更加宽阔的视野，很多游戏类的短视频常用第三视角的视频画面。
- 综合。综合是指摄像设备在一个镜头中把推、拉、摇、移、跟和升降等多种运镜方式不同程度且有机地结合起来，用这种方法拍摄的视频画面又被称为综合运动镜头。使用综合运动镜头能产生更为复杂多变的视频画面造型效果，有利于再现现实生活，形成画面形象与音乐一体化的节奏感。

以上就是常见的短视频拍摄中可以用到的运镜方式，熟练运用这些运镜方式就能在一定程度上增加短视频对用户的吸引力。

3.2.3 尺寸和格式

对于发布到网络中的短视频，若模糊不清，那么即使再有创意，也会严重影响用户的观看体验，从而无法获得用户的喜爱。所以，在拍摄短视频时，需要通过设置短视频的尺寸和格式来保证画面的质量，下面分别进行介绍。

1. 尺寸

短视频中的尺寸通常用分辨率来体现，分辨率是屏幕图像的精密度，是指显示器所能显示的像素的多少，通常用像素点的数量来表示，例如，分辨率12×8的意思是水平像素数为12个，垂直像素数为8个，其总像素就为96个。分辨率影响的是视频的精细程度，在拍摄对象一定的情况下，分辨率越大，视频的内容就越精细。表3-1所示为目前常见的视频尺寸。

表3-1 常见的视频尺寸

标准	分辨率	屏幕比例
SVGA	800像素×600像素	4：3
XGA	1024像素×768像素	4：3
HD	1366像素×768像素	16：9
WXGA	1280像素×800像素	16：10
UXGA	1600像素×1200像素	4：3
WUXGA	1920像素×1200像素	16：10
FHV（1080P）	1920像素×1080像素	16：9
2K WQHD	2560像素×1440像素	16：9
UHD	3840像素×2160像素	16：9
4K UHD	4096像素×2160像素	大约17：9
5K UHD	5120像素×2880像素	16：9
6K UHD	6016像素×3384像素	16：9
8K UHD	7680像素×4320像素	16：9

知识补充

屏幕比例通常是指短视频在智能手机、平板电脑、显示器和电视等显示设备中播放时画面的宽度和高度的比例。标准的屏幕比例一般包括4：3和16：9两种，以16：9为主，且16：9也衍生出了几种特殊比例，例如16：10、15：9和17：9等。

2. 格式

视频格式种类繁多，比较常见的包括AVI、WMV、MKV、MOV、MP4、RMVB、MPG和FLV等。在实际应用的过程中，不同的拍摄设备拍摄的短视频格式也存在差异，但都需要转换成短视频平台所支持的格式。例如，截至2020年7月，抖音短视频平台只支持MP4和WEBM格式的视频，视频大小在4GB以内，时长最长为15分钟。

3.2.4 转场技巧

构成短视频的最小单位是镜头，若干个镜头组合在一起形成的镜头序列（叫作段落），每个段落都具有相对独立和完整的内容，所有段落组合在一起就形成了完整的短视频。因此，段落可以看成是短视频最基本的结构形式，而在不同的段落和场景之间的过渡或衔接，就被称为转场，有了转场就能保证整个短视频节奏和叙事的流畅性。转场一般可分为技巧剪接和无技巧剪接两种类型，下面分别进行介绍。

1. 技巧剪接

技巧剪接是指用一些光学技巧来达成时间的流逝或地点的变换，随着电脑和影像技术的高速发展，理论上技巧剪接的手法可以有无数种，在短视频拍摄中比较常用主要有淡入、淡出、化、叠和划等，下面分别进行介绍。

- 淡入。淡入又称渐显，是指短视频下一段落的第一个镜头的光度由零度逐渐增至正常的过程，类似舞台剧的“幕启”。
- 淡出。淡出又称渐隐，是指短视频上一段落的最后一个镜头由正常的光度逐渐变暗直到到零度的过程，类似于舞台剧的“幕落”。
- 化。化又称溶，是指短视频的第二个画面在前一个画面刚刚消失的同时显现，两个画面是在“溶”的状态下完成了内容的更替，通常过程在3秒左右。
- 叠。叠又称叠印，是指前一个画面没有完全消失，而后一个画面没有完全显现，都有部分“留存”在屏幕上，如图3-30所示。
- 划。划又称划入划出，是指以线条或用圆、三角和多角等几何图形来改变短视频画面内容的一种转场方式。例如，用“圆”的方式划即为“圈入圈出”；用“帘”的方式划即为“帘入帘出”，如图3-31所示。

图3-30　叠

图3-31　划

2. 无技巧剪接

技巧剪接通常带有比较强的主观色彩，容易停顿和割裂短视频的内容情节，所以，拍摄中更多地使用无技巧剪接。无技巧剪接是指不用光学技巧而直接切换视频段落，通常会以前后镜头在内容或意义上的相似性作为依据，例如动作、声音、具体内容和心理内容的相似性等。

- 利用动作的相似性进行转场。利用动作的相似性进行转场就是以人物或物体相同或相似的运动为基础进行的场景和段落间的转换，可以是不同运动体的相似运动之间的衔接，也可以是先后出现两次的同一运动体的相似运动。例如，某短视频拍摄表现主角坚持锻炼的镜头，就可以在主角在跑步机跑步和公园跑步的镜头之间完成转场，利用人物动作的相似性将被打散的不同时空的情节片段加以衔接，用于表现坚持锻炼的主题。
- 利用声音的相似性进行转场。利用声音的相似性进行转场是指借助前后镜头中对白、音响、音乐等声音元素的相同或相似性来进行衔接。例如，女主角突然晕倒，男主角抱起女主角向外奔跑，画面外响起救护车的鸣笛声，下一个镜头女主角已经躺在救护车上。这种转场方式通过相同声音的延伸将观众的情绪也连贯地延伸到了下一个情节段落中。

- 利用具体内容的相似性进行转场。利用具体内容的相似性进行转场是指以镜头中的形象或物件的相似性为基础进行前后镜头的衔接，例如，女主角非常思念自己的男友，就拿出手机查看男友照片，然后照片中的男友出现在女主角面前。
- 利用心理内容的相似性进行转场。利用心理内容的相似性进行转场是指前后镜头衔接的依据并不是画面、声音和内容的相似性，而是由观众的联想而产生的相似性。例如，女主角非常思念自己的男友，便自言自语地说："他现在在干什么呢？"下一个镜头就切换到男友正拿着手机给女主角发信息的画面。

无技巧转场除了相似性转场，还有一些其他技巧来实现场景和段落间的转换，包括空镜头转场、特写转场和遮挡镜头转场等，它们也能起到很好的转换效果。

- 空镜头转场。空镜头转场是指下一个镜头转换到没有上一个镜头中拍摄对象的场景或段落中。例如，影视剧中常见的当某一位英雄人物壮烈牺牲后，下一个镜头为高山大海的空镜头，其目的是让观众在情绪发展到高潮之后能够回味之前内容的情节和意境。
- 特写转场。特写转场是指前一个镜头为特写，下一个镜头使用摇、移、推和拉等拍摄手段转到拍摄对象的中近景或其他对象上。特写转场用于强调场面的转换，常常会带来自然、熨帖、转场镜头不跳跃的视觉效果。
- 遮挡镜头转场。遮挡镜头转场是指在上一个镜头接近结束时，摄像设备与被拍摄对象接近，直至整个视频画面黑屏，下一个镜头拍摄对象又移出视频画面，实现场景或段落的转换。这种转场方式中的上下两个镜头的拍摄主体可以相同，也可以不同。这种转场既能带给观众视觉上的强大冲击，又可以带来视觉上的悬念。

总之，在实际的短视频拍摄过程中，场景的转换可能包含不止一种转场方式。例如，在视频内容节奏比较舒缓的段落，无技巧剪接可以与技巧剪接结合使用，这样可以综合发挥其各自的长处，既可以使过渡顺畅自然，也可以带给观众视觉上的短暂休息。

3.2.5 灯光技巧

从摄像的专业知识来讲，拍摄一个优质的短视频不仅靠拍摄技术和技巧，还需要依靠灯光的布置。灯光的布置是一项创造性的工作，甚至关系到短视频拍摄的成败。下面将介绍短视频拍摄中的常见布光和相关的技巧。

1. 常见布光

很多时候，新手拍摄的短视频画面模糊，颜色暗淡，这并不是摄像设备的原因，而是没有正确布置灯光造成的。要学习拍摄中如何布置灯光，首先需要了解常用的光源布光方式和布光工具。

- 主光源（Key Light）。主光源是一个拍摄场景中最基本的光源，其他灯光的存在都只是起辅助主光源的作用。主光源的光线比较均匀且方便控制，所以常用来照亮被拍摄对象的轮廓。用主光源进行短视频拍摄时，要尽可能使摄影设备远离主光源，这样拍摄出来的视频画面才能有特色并给予观众足够的想象空间。

- 辅助光源（Fill Light）。辅助光源的功能是对主光源形成的拍摄对象的阴影进行补充照明，尽量消除该阴影。所以，辅助光源的方向应该与主光源相反，且亮度比主光源低。通常短视频拍摄过程中可以使用手机灯光作为辅助光源。
- 背光（Back Light）。背光拍摄是指被拍摄对象与背景存在一定的距离，因此背景的亮度要比被拍摄对象高，画面中的被拍摄对象看起来如同融入黑暗中一般。背光拍摄的视频画面可以完美勾勒出被拍摄对象的主体轮廓，使其显得更立体。背光拍摄时通常把太阳光作为光源，从而更加突出被拍摄对象，如图3-32所示。
- 侧光（Sidelight）。侧光就是来自拍摄对象两侧的光，可以让被拍摄对象产生明显的明暗对比，使其受光面清晰，背光面产生明显的阴影。侧光拍摄可以最大限度地彰显拍摄对象的形态、线条和质感，非常适合营造戏剧般的情境，如图3-33所示。

图3-32　背光

图3-33　侧光

- 反光板（Reflector Panel）。反光板是拍摄照明的辅助工具，有时也当作主光源使用，通常用锡箔纸、白布和米菠萝等材料制成。其主要功能是改善拍摄光线，使平淡的画面变得饱满和立体，更好地突出拍摄主体。
- 实用光源（Practical Light）。实用光源是指直接借用一些灯具或光源体来当作视频拍摄的光源，例如，各种家用灯光、路灯、手电和蜡烛等。能任意调节光线强度的光源最适合作为实用光源应用到短视频拍摄中。

2. 布光技巧

在大多数短视频拍摄过程中，由于团队成员人数有限，通常没有专门布置灯光的人员，这就需要摄像人员在专注拍摄工作的同时，熟悉并使用一些布光的技巧来增强拍摄中的光线效果。下面就介绍几个比较实用的短视频拍摄的布光技巧。

- 保证只有一个专业的光源。在条件允许的情况下，拍摄短视频过程中最好把拍摄环境中的非专业光源关闭，例如室内的台灯，电脑屏幕等，只保留唯一的专业光源，避免受到其他光线的干扰。
- 选用一些替代灯具。在制作成本有限的情况下，可以利用一些替代灯具来获得比较好的灯光效果。例如摄影棚中常见的红头灯，其显色性全满，在套上滤光纸后还可以获得一些柔和的灯光，是性价比很好的专业光源替代工具，如图3-34所示。

- 增加发光面积来获得柔和面光。拍摄过程中经常会出现人物面部光线不足的情况，在没有专业反光板的情况下，可以把灯光照射到泡沫板上再反射到人物脸上，以补足光线。也可以将光照射到泡沫板上，再反射到硫酸纸上以获得非常柔和的面光。
- 设置电影式光源。短视频拍摄中可以应用电影中常用的布光手法，即首先用暖光作为拍摄主光源，然后把背景设置成冷色，最后将摄像机设置成低色温模式进行拍摄。
- 获得炫光效果。用一个亮度较高的光源，例如手电筒灯光或手机灯光，找好角度对拍摄设备的镜头进行照射，这样拍摄的视频画面中就会出现漂亮的炫光效果，如图3-35所示。

图3-34　红头灯

图3-35　炫光效果

3.2.6 实战案例：设置短视频的尺寸

抖音短视频等平台中的短视频画面是以9∶16的竖屏比例显示的，所以，在拍摄好短视频后，需要将其制作成9∶16的尺寸，才能正常发布到短视频平台中。下面就以在剪映App中将短视频的尺寸由16∶9设置为9∶16为例，介绍设置短视频的尺寸大小的相关操作，具体操作步骤如下。

慕课视频

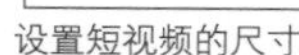

设置短视频的尺寸

（1）在手机中找到剪映App，点击其图标，启动剪映。

（2）进入剪映App的主界面，点击“开始创作”按钮，如图3-36所示。

（3）进入选择视频文件的界面，可以在“相机胶卷”或“素材库”中选择创作的视频文件。这里在“相机胶卷”中点击选择一个需要设置的短视频文件（配套资源：\素材文件\第3章\设置尺寸.mp4），点击“添加”按钮，添加短视频，如图3-37所示。

（4）进入剪辑视频的界面，在下面的工具栏中点击“比例”按钮，如图3-38所示。

（5）在展开的比例选项中点击“9∶16”按钮，将短视频的尺寸设置为9∶16，然后点击“导出”按钮，如图3-39所示。

图3-36　开始创作

图3-37　添加短视频

（6）打开设置短视频分辨率和帧率的界面，在“分辨率”和“帧率”栏中拖动滑块即可调整短视频的对应参数，软件还会在滑块下方显示调整后短视频文件的大小。最后点击“确认导出”按钮，如图3-40所示，完成短视频文件尺寸的设置操作（配套资源：\效果文件\第3章\设置尺寸.mp4）。

图3-38　点击“比例”按钮

图3-39　点击“导出”按钮

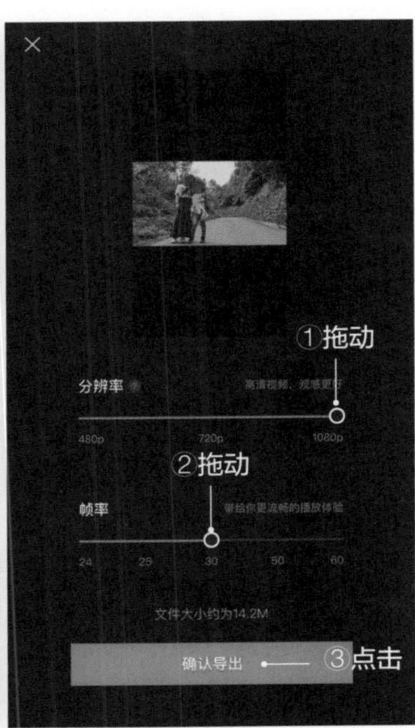

图3-40　点击“确认导出”按钮

 3.3 拍摄短视频的构图方式

慕课视频

拍摄短视频的构图方式

一个优质的短视频要考虑如何让观众得到视觉上的享受，很多新手拍摄的短视频得不到用户的喜爱和关注，很重要的一个原因就是视频画面构图不好。构图可以理解为通过在正确的位置添加各种视觉元素，突出视频拍摄的重点，也就是拍摄对象。构图是短视频拍摄成功与否的一个至关重要的因素，选择一种合适的构图方式能大大提升短视频画面的质量。

3.3.1 中心构图

中心构图是将想要拍摄的主体放在视频画面的正中央，以获得突出主体的效果，如图3-41所示，现在绝大多数短视频拍摄的画面都采用中心构图。

图3-41　中心构图

知识补充

主体就是短视频拍摄的对象，在画面中起主导作用。对于视频画面来说，主体是构图的表现中心，也是用户观看的视觉中心。

3.3.2 九宫格构图

九宫格构图也是一种十分常见和基本的视频和图片拍摄的构图方式，又称黄金分割构图。九宫格构图就是将整个视频画面在横、竖方向各用两条直线（也称黄金分割线）等分成9个部分，将拍摄的主体放置在任意两条直线的交叉点（也称黄金分割点）上。这样既能凸显主体的美感，也能让整个短视频画面生动、形象，如图3-42所示。

图3-42　九宫格构图

知识补充

在全景中，黄金分割点是主体所在的位置，而在拍摄人物时，黄金分割点往往是人物眼睛所在的位置。黄金分割构图被认为是最有美感的构图方式，在拍摄短视频时，只要不是对画面有特殊要求，或者背景过于杂乱，应尽量使用此构图。

3.3.3 三分构图

三分构图就是将整个画面从横向或纵向分成3个部分，将拍摄的主体放置在三分线的某一位置。这样做的好处是能突出拍摄的主体，让画面紧凑且具有平衡感，让观众觉得整个短视频画面和谐且充满美感，如图3-43所示。

图3-43　三分构图

3.3.4 对称构图

对称构图是指拍摄的主体在画面正中垂线两侧或正中水平线上下对等或大致对等分布。这种构图拍摄的视频画面具有布局平衡、结构规矩、图案优美、趣味性强等特色，能够带给观众稳定、安逸和平衡的感受，如图3-44所示。使用对称构图的常用场景包括举重运动员举重、游泳运动员的蝶泳、水中倒影、图案样式的灯组、中国式古建筑和某些器皿用具等。

图3-44　对称构图

3.3.5 框架构图

框架构图是指在场景中利用环绕的事物强化和突出拍摄主体，也称景框式构图。这种构图拍摄的视频画面能直接吸引观众注意框架内的拍摄主体，并带给观众一种窥视的感觉，如图3-45所示。可以环绕框架的物体包括人造的门、篱笆，自然生长的树干、树枝，一扇窗、一个拱桥或一面镜子等。

图3-45　框架构图

3.3.6 对角线构图

对角线构图是利用对角线进行的构图，它将主体安排在对角线上，能有效利用画面对角线的长度，是一种导向性很强的构图形式。这种构图拍摄的视频画面能带给观众立体感、延伸感、动态感和活力感。对角线构图可以体现动感和力量，线条可以从画面的一边延伸至另一边，但不一定要充满镜头，如图3-46所示。

图3-46　对角线构图

3.3.7 三角形构图

三角形构图是指在视频画面中将内容主体构建为三角形，这种构图方式通常会增添视频画面的稳定性，特别适合以人物为主体的拍摄，也可以用于拍摄建筑、山峰、植物枝干和静态物体等，如图3-47所示。

图3-47　三角形构图

3.3.8 引导线构图

引导线构图是在场景中构建引导线，串连起视频画面内容主体与背景元素，吸引观众的注意力，完成视觉焦点的转移，如图3-48所示。视频画面中的引导线不一定是具体线条，一条小路、一条小河、一座栈桥、喷气式飞机飞过后的尾迹、两条铁轨、桥上的锁链、伸向远处的树木，甚至是人的目光都可作为引导线来帮助构图，只要符合一定的线性关系即可。

图3-48　引导线构图

3.3.9 低角度构图

低角度构图是指确定拍摄主体后，寻找一个足够低的角度形成的构图。拍摄人员通常需要蹲下、坐下、跪下甚至躺下才能进行拍摄。低角度构图能拍摄出让人惊讶的视频效果，也是一种很受欢迎的构图方式，如图3-49所示。

图3-49　低角度构图

3.3.10 S形构图

S形构图是在视频画面中构建S形的构图元素来拍摄内容主体，可以表现出一种曲线的柔美，并让视频画面显得更加灵动，让用户感受到一种意境美。在短视频拍摄中，S形构图更多地用在画面的背景布局和空镜头的拍摄中，如图3-50所示。

图3-50　S形构图

3.3.11 辐射构图

辐射构图是指以拍摄主体为核心，景物向四周扩散辐射的构图方式。这种构图方式既能使观众的注意力集中到主体，又能使视频画面产生扩散、伸展和延伸的效果。辐射构图常用于需要突出主体而其他事物既繁多又比较复杂的场景，如图3-51所示。

图3-51 辐射构图

3.3.12 建筑构图

在拍摄建筑等静态物体时，通常会避开与主体无关的物体，将拍摄的重点集中于能够充分表现主体特点的地方，从而获得比较理想的构图效果。在短视频拍摄中，美食类、风景类、旅游类、汽车类和运动类的短视频都可以采用建筑构图，如图3-52所示。

图3-52 建筑构图

知识补充

综上所述，短视频的构图方式跟普通视频的构图方式是一致的，但短视频受播放设备屏幕尺寸较小、视频内容节奏较快等因素的影响，在进行画面构图的时候，应该尽可能地保证拍摄主体能够表达清楚，这是短视频构图最基本的准则。

 3.4 手机拍摄短视频

慕课视频

手机拍摄短视频

手机已经成为短视频拍摄的主要设备，用户除了使用手机自带的视频拍摄功能外，还可以通过下载和安装App来进行短视频拍摄。只要懂得一些视频拍摄的技巧，任何人都有可能拍出媲美单反相机和摄像机拍摄效果的短视频。下面就介绍手机拍摄的常用App、手机拍摄的设置方法和手机拍摄的技巧。

3.4.1 手机拍摄的常用App

手机拍摄短视频常用的App主要有两种类型：一种是短视频平台的官方App，其自带短视频拍摄功能；另一种是视频拍摄App。

1. 短视频平台的官方App

目前大多数短视频平台的官方App都具备短视频拍摄功能，如抖音短视频、快手、腾讯微视、抖音火山版、美拍和秒拍等，如图3-53所示。用户可以通过App直接拍摄短视频内容，并利用App中的原创效果、滤镜和场景切换等功能美化和编辑短视频，最后将其直接发布到该短视频平台中。

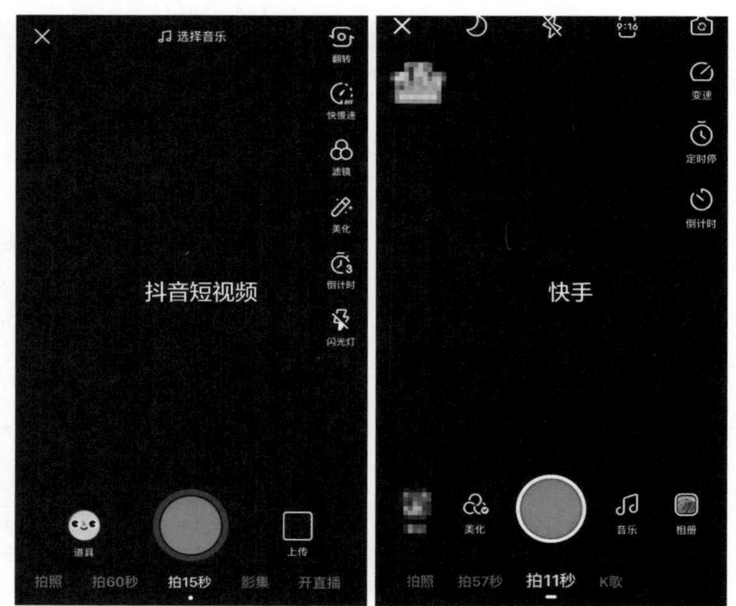

图3-53　抖音短视频和快手的视频拍摄界面

2. 视频拍摄App

视频拍摄App主要分为以下4种类型。

- 专业视频拍摄App。这种类型App的主要功能是拍摄各种视频，比较常见有ProMovie、FiLMic专业版和ZY PLAY等，一些专业的短视频拍摄团队通常会使用这类App。这类App通常采用横屏的拍摄方式，图3-54所示为ProMovie拍摄界面。
- 相机App。这种类型的App的主要功能是拍摄和制作各种照片和图片，短视频拍摄只是其中的一项功能，比较常见的有轻颜相机、美颜相机和无他相机等，图3-55所示为轻颜相机拍摄界面。
- 图片和视频剪辑处理App。这种类型App的主要功能是对拍摄的照片、视频进行编辑和美化，其本质是一种具备短视频拍摄功能的剪辑处理App，典型代表是美图秀秀，如图3-56所示。
- 手机自带的相机App。这种类型App其实就是手机自带的相机App，主要功能就是拍照和拍摄视频，如图3-57所示。

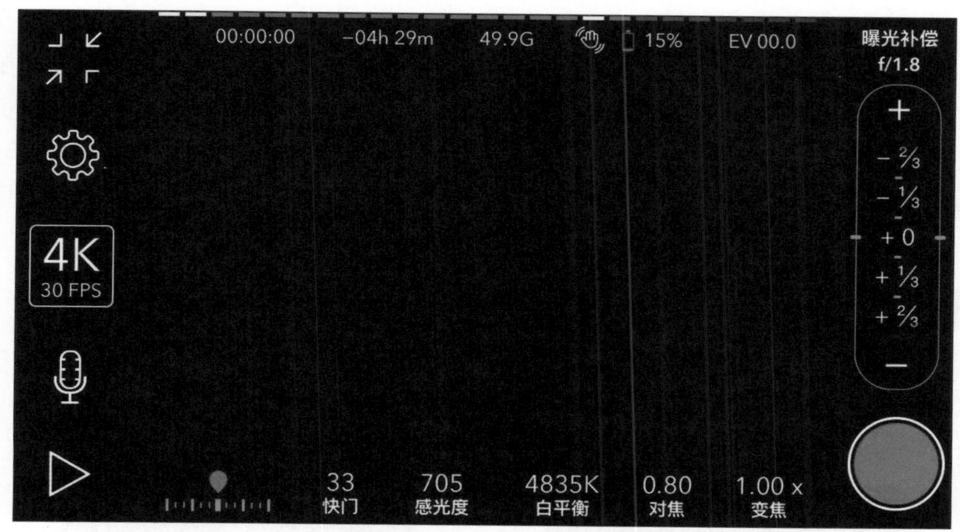

图3-54　ProMovie拍摄界面

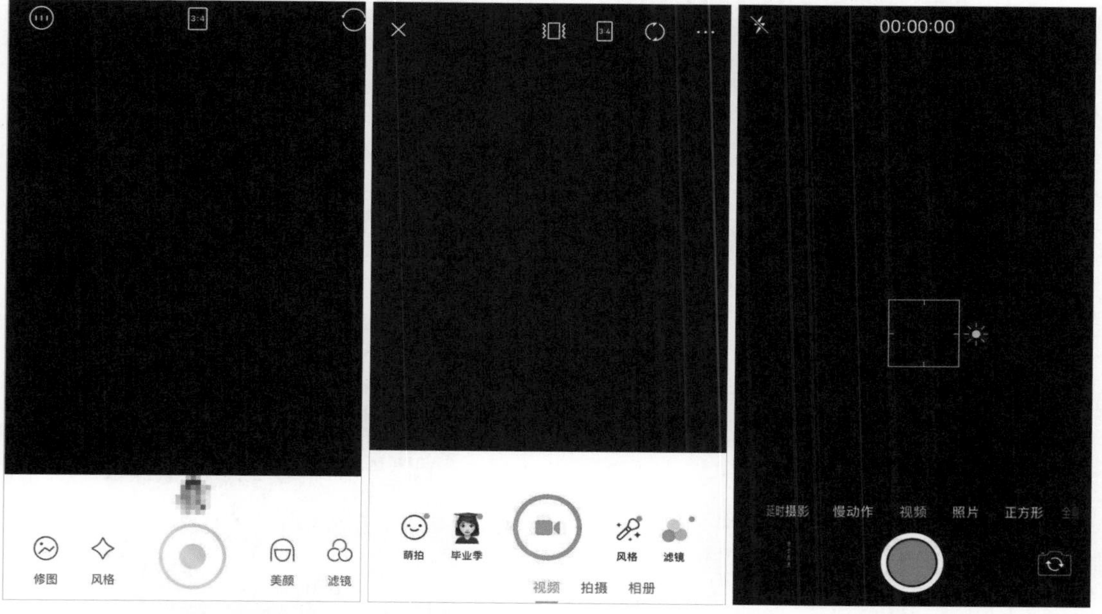

图3-55　轻颜相机拍摄界面　　图3-56　美图秀秀界面　　图3-57　手机自带的相机App界面

3.4.2 手机拍摄的设置

在使用手机自带的相机App进行拍摄时，拍摄之前除了要设置短视频的尺寸和大小外，没有什么可以设置的内容，短视频的转场、特效和文字等都需要在后期剪辑中添加和设置。但是，使用短视频平台的官方App拍摄时，就可以提前进行特效和美颜等参数的设置，拍摄完成后不需要剪辑就可以直接发布到平台中。下面以抖音短视频为例，介绍短视频拍摄时常见的一些设置。

1. 滤镜

滤镜主要用来实现视频图像的各种特殊效果。抖音短视频中设置滤镜的方法非常简单，在拍摄短视频的主界面中点击“滤镜”按钮，在打开的“滤镜”栏中分别有“人像”“风景”“美食”“新锐”4种滤镜类型，在每种类型下又有多种滤镜，点击选择需要的滤镜即可将该滤镜应用到短视频拍摄中，拖动“滤镜”栏上方的滑块还可以调整滤镜的效果，如图3-58所示。

知识补充

在“滤镜”栏中点击最右侧的“管理”按钮，即可打开滤镜管理菜单，点击勾选对应的复选框即可添加更多的滤镜，取消勾选即可删除该滤镜，如图3-59所示。

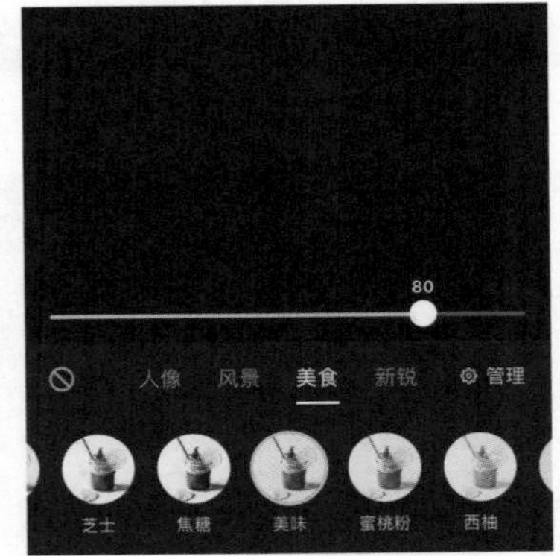

图3-58　设置滤镜

图3-59　添加和删除滤镜

2. 美化

抖音短视频中的美化功能主要用于美化人脸，帮助短视频中的主角提升“颜值”。抖音短视频中进行美化设置的方法是在拍摄短视频的主界面中点击“美化”按钮，在打开的“美颜”栏中有“磨皮”“瘦脸”“大眼”“口红”“腮红”5个选项，点击对应的按钮选择一种美颜方式，然后拖动“美颜”栏上方的滑块调整对应的美颜效果，美化设置如图3-60所示。

图3-60　美化设置

3. 倒计时

设置倒计时的目的是实现手机自动拍摄短视频，其方法是在拍摄短视频的主界面中点击“倒计时”按钮，在打开的“倒计时”栏中有3个设置项目，如图3-61所示。

- 倒计时时间。在右上角点击相应的按钮设置倒计时时间，有“3s”和“10s”两个选项。
- 自动拍摄的时长。拖动中间的滑块可以设置自动拍摄短视频的时长，抖音短视频只有

"15秒"（系统默认）和"60秒"两种拍摄时长。

- 拍摄。点击"倒计时拍摄"按钮，拍摄画面中将显示选择的时间并进行倒计时，倒计时完成即可自动拍摄短视频，在达到设置的拍摄时间后会自动停止拍摄。

图3-61 "倒计时"栏

4. 道具

道具其实就是一些已经制作好的特效镜头，可以直接用来进行短视频拍摄，完成后拍摄的短视频内容和道具将共同存在于画面中。在拍摄短视频的主界面中点击"道具"按钮，在打开的"道具"栏中有"热门""最新""场景""美妆""新奇""氛围""扮演""头饰""游戏""变形""测一测"等多种道具类型，如图3-62所示。在这些类型中点击选择具体的道具即可将其应用到拍摄画面中，如果要取消应用的道具，只需要在"道具"栏中点击左侧的"取消"按钮⊘即可。

图3-62 道具设置

5. 音乐

在抖音短视频中设置音乐后，就可以根据音乐的节奏来拍摄短视频。在拍摄短视频的主界面中点击"选择音乐"按钮，打开设置音乐的界面，在其中可以搜索或者直接点击选择需要添加的音乐，系统将播放该音乐，并在其右侧显示"使用"按钮，如图3-63所示。点击该按钮即可将其设置为拍摄短视频的背景音乐，拍摄开始的同时将自动播放该音乐。

图3-63 设置音乐的界面

6. 闪光

这里的闪光灯与相机拍摄的闪光灯的功能有所不同，在拍摄短视频的主界面中点击"闪光灯"按钮，即可开启闪光灯，该闪光灯会保持常亮，而不是像相机拍摄照片那样短暂闪光，这样就可以为短视频拍摄提供一个稳定的辅助光源。

7. 快慢速

设置快慢速就是为拍摄的短视频设置快镜头或慢镜头。在拍摄短视频的主界面中点击"快慢速”按钮，在打开的“快慢速”栏中有“极慢”“慢”“标准”“快”“极快”5个选项，如图3-64所示。点击对应按钮即可拍摄对应速度的短视频。

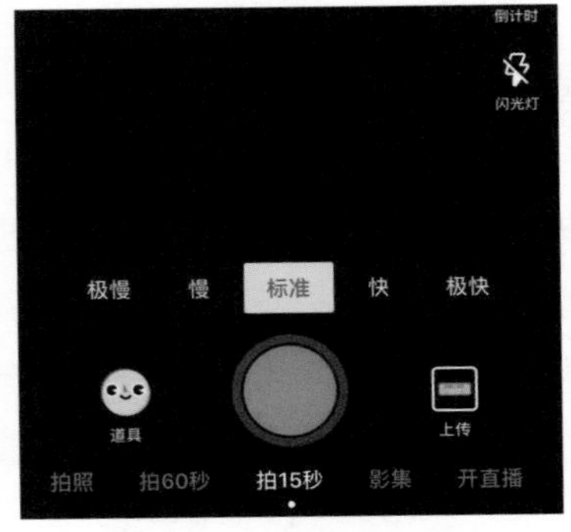

图3-64　快慢速设置

8. 翻转

在拍摄短视频的主界面中点击“翻转”按钮，可以关闭当前摄像的镜头，打开手机另一面的镜头进行视频拍摄。

3.4.3 手机拍摄的技巧

科技的进步使现在的手机也能够拍摄出高清晰度、高画质的视频，所以很多人都使用手机拍摄短视频。不过，由于手机和其他专业的摄像设备在技术和功能上有差异，所以想要使用手机拍摄出优秀的短视频，除了前面介绍过的一些短视频拍摄的技巧外，还需要了解一些手机拍摄的基本技巧，包括以下6项。

1. 保证足够的存储空间

虽然现在的手机的存储空间都比较大，如128GB、256GB，甚至512GB，但对于拍摄清晰度较高的短视频来说，仍然不是太宽裕。例如，拍摄一分钟的1080P全高清分辨率的短视频，所需的存储空间最少为100MB，有时候为了使拍摄效果更好，可能会多拍几次，所以预留几吉比特的空间是必须的。因此，在使用手机进行短视频拍摄之前，首先要检查手机的存储空间，通常在手机的设置选项中可以查看具体的存储情况，如果空间不足就需要删除多余的内容，或者安装存储卡和其他外置存储设备帮助存储拍摄的短视频。

2. 保证充足的电量

使用手机进行短视频拍摄是一项非常耗电的操作，所以在拍摄前应该保证手机有足够的电量支持。在用手机拍摄短视频时，除了提前充满电外，还可以为其配备充电宝等外部电源，保证手机拍摄的正常进行。

3. 保证不受外部干扰

在使用手机拍摄短视频时，可能会出现一些信息干扰，例如，有通知消息或短信在屏幕上弹出，影响拍摄画面的实时监控，而且这些信息的通知提示音可能会被录入短视频中，影响正常的录音。如果有电话打进来，短视频的拍摄还会自动停止。所以，为了保证拍摄工作不受外部的干扰，最简单的操作就是将手机设置为飞行模式，这样就可以防止短信、电话、微信或其他干扰影响拍摄工作的正常进行。

4. 根据发布平台的不同调整拍摄方向

这里的拍摄方向是指使用手机拍摄时手机的方向，主要有横屏和竖屏两种，横屏拍摄的短视频比例通常是16：9或16：10，竖屏拍摄的短视频比例则是9：16或10：16。通常不同的拍摄方向对视频发布没有多大的影响，但如果发布在优酷和爱奇艺等长视频平台，通常平台会默认为横向视频。纵向拍摄的短视频设置为横向后，播放时会在屏幕左右两侧出现黑条，影响观众的视觉体验。同样在抖音短视频、快手和腾讯微视等短视频平台发布横向拍摄的短视频，播放时屏幕上下两侧将会出现黑条。所以，手机拍摄短视频前应该先确定发布的平台，再选择一种拍摄方向。

5. 擦拭镜头

这一点很多人在拍摄短视频时都没有注意。其实，人们在使用手机的过程中，手指表面的油脂经常会残留在镜头上。这样就会影响视频画面的效果，导致拍摄出来的画面锐度、反差和饱和度降低，最直观的感受就是画面模糊不清，整体视觉体验差。图3-65所示为擦拭镜头前后拍摄的短视频画面对比，明显可以看到未擦拭镜头拍摄的画面模糊。

图3-65 擦拭镜头前后拍摄的短视频画面对比

6. 将屏幕亮度值调整到最大

光线不仅对拍摄的视频画面有影响，也对拍摄时拍摄人员实时查看拍摄画面有影响。所以，使用手机拍摄短视频前，最好将手机屏幕的亮度值调整到最大，其作用如下。

- 可以帮助拍摄人员看清楚所有的画面细节。
- 可以辅助提升画面清晰度，让拍摄的画面更真实。

需要注意的是，将手机屏幕的亮度值调整到最大和使用灯光是有区别的。使用灯光是为了让拍摄对象更清晰，调整手机屏幕的亮度值则主要是为了让拍摄人员看到的拍摄画面更清晰。

3.4.4 实战案例：使用抖音短视频拍摄夏日风景短视频

下面就使用抖音短视频拍摄一个夏日风景的短视频，包含在拍摄前设置滤镜和添加音乐等相关操作，具体操作步骤如下。

使用抖音短视频拍摄夏日风景短视频

（1）在手机中找到抖音短视频，点击其图标，启动抖音短视频。

（2）进入抖音短视频的主界面，点击“开始拍摄”按钮。

（3）进入抖音短视频的短视频拍摄界面，点击“滤镜”按钮，如图3-66所示。

（4）在下面打开的“滤镜”栏中点击“风景”按钮，然后在下面的所有风景滤镜中点击选择“仲夏”选项，如图3-67所示。

（5）在“滤镜”栏外的任意位置点击，返回视频拍摄界面，再点击“选择音乐”按钮。打开选择音乐的界面，在搜索文本框中输入“画眉鸟叫”，然后点击“搜索”按钮，搜索相关音乐，再点击选择需要的音乐，最后点击“使用”按钮，如图3-68所示。

图3-66　拍摄界面　　图3-67　设置滤镜　　图3-68　选择音乐

（6）返回视频拍摄的界面，点击“拍摄”按钮，开始拍摄短视频。由于抖音短视频默认拍摄时间是15秒，15秒过后会自动完成拍摄并进入短视频剪辑界面，在该界面可以对短视频进行剪辑。这里不做任何剪辑，直接点击“下一步”按钮，如图3-69所示。

（7）打开抖音短视频的发布界面，如图3-70所示，设置短视频标题后即可发布到抖音短视频平台中。

知识补充

短视频拍摄过程中，界面顶部将显示黄色的进度条，点击“拍摄”按钮将暂停拍摄，点击“删除”按钮可以删除拍摄的短视频，点击“确认”按钮可以进入短视频剪辑界面，如图3-71所示。

图3-69　剪辑界面

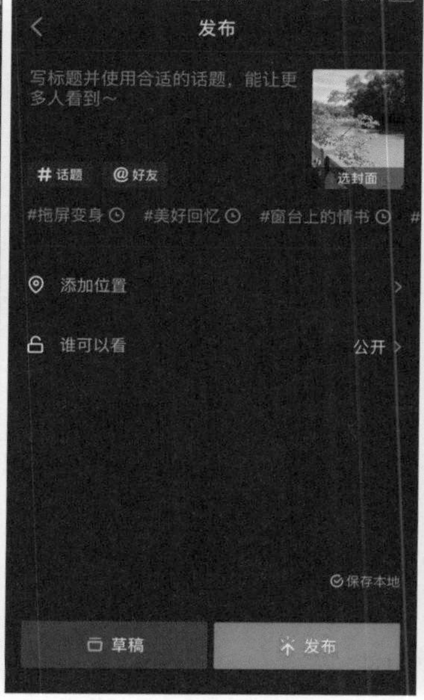

图3-70　发布界面

图3-71　暂停拍摄

项目实训——使用手机拍摄美食制作类短视频

根据上一章项目实训中撰写的制作咖喱鸡的短视频脚本，运用本章所学知识拍摄该短视频。首先需要选择一种拍摄设备，然后设置拍摄的尺寸、大小、景别和构图等，最后在拍摄设备上设置和拍摄短视频。

慕课视频

项目实训

选择和准备拍摄设备

由于制作成本的原因，且拍摄团队只有两个人，所以考虑使用手机作为拍摄设备，这里选择一部比较常见的iPhone 7（128GB）手机作为拍摄设备，前期准备工作的具体操作步骤如下。

（1）用一张专业的镜头纸擦拭手机的镜头，然后擦拭手机屏幕。

（2）给手机充电，保证其有充足的电量，并准备一个有充足电量的充电宝。

（3）查看手机的存储空间是否充足，在手机主界面中点击“设置”图标，打开手机的“设置”界面，在其中选择“通用”选项，如图3-72所示。

（4）打开手机的“通用”界面，在其中选择“iPhone储存空间”选项，如图3-73所示。

（5）打开手机的“iPhone储存空间”界面，在其中可以查看手机的存储空间是否充足，如图3-74所示。如果存储空间不足，可以卸载占用存储空间较大的App，腾出其占用的存储空间，还可以启用iCloud照片，卸载未使用的应用，为手机扩展存储空间。

图3-72　选择“通用”　　图3-73　选择“iPhone储存空间”　　图3-74　查看储存空间

设置短视频的尺寸和大小

慕课视频

设置短视频的尺寸和大小

接下来就在手机中设置拍摄短视频的尺寸和大小，具体操作步骤如下。

（1）在手机主界面中点击“设置”图标，打开手机的“设置”界面，在其中选择“相机”选项，如图3-75所示。

（2）打开手机的“相机”界面，在其中设置“录制视频”选项，如图3-76所示。

（3）打开手机的“录制视频”界面，在其中可以设置拍摄短视频的参数，这里选择“1080p HD，60fps”选项，如图3-77所示。

设置并做好拍摄准备

设置好短视频的尺寸和大小后，下面就需要进行景别、拍摄方式和构图等参数的设置，为拍摄短视频做好最后的准备工作，具体操作步骤如下。

（1）确定景别。由于拍摄的对象是美食制作，为了让用户看清楚整个过程，使用近景拍摄最好。

（2）确定运镜方式。通常美食制作类短视频内容中只会出现制作过程，因此一般会使用固定拍摄和俯视拍摄的方式。

（3）确定构图方式。比较适合美食制作类短视频的构图方式是中心构图。

（4）调整手机显示屏的亮度。这里用手指从主界面底部向上滑动，打开手机的控制中心界面，在“亮度”调整块中向上滑动，将亮度值调整到最大，如图3-78所示。

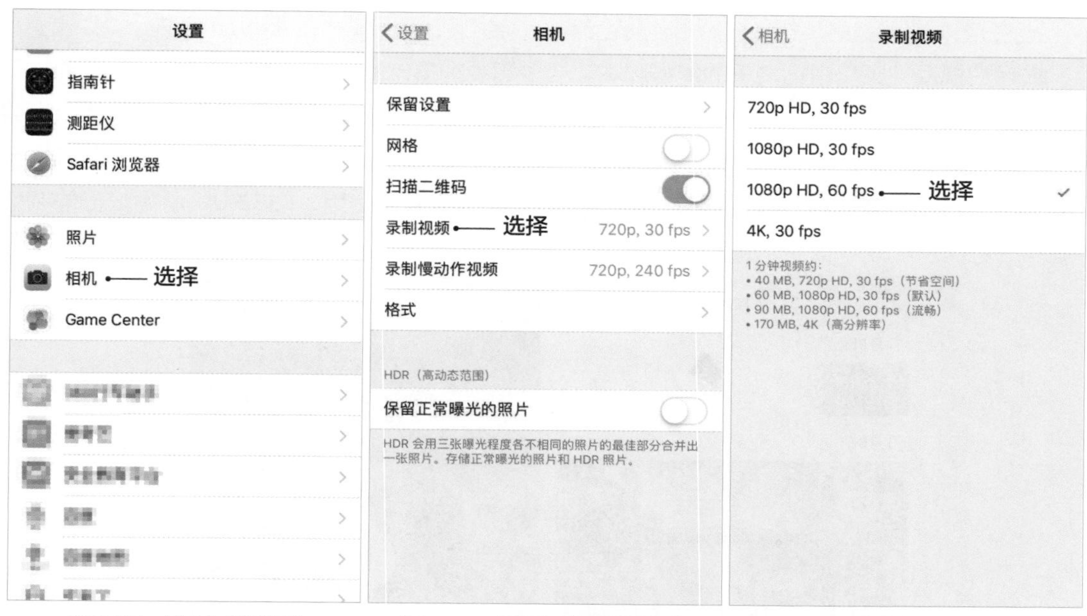

图3-75　选择“相机”　　图3-76　设置“录制视频”　　图3-77　选择尺寸和大小

（5）根据拍摄环境的光线情况，调整摄像的对焦和亮度。在手机主界面中点击“相机”图标，打开“相机”界面，然后点击“视频”按钮，进入视频拍摄界面，将镜头对准将要拍摄的厨具，再在拍摄屏幕的中间位置点击，将出现一个黄色方框，用于拍摄对焦，接着上下拖动方框右侧太阳形状的滑块调整镜头的曝光补偿，通常向上拖动会发现视频画面整体变亮，向下拖动则会使视频画面整体变暗，如图3-79所示。

图3-78　调整亮度

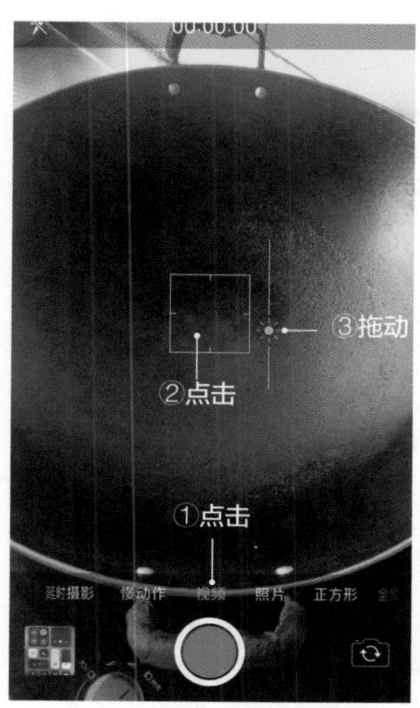

图3-79　设置对焦和曝光补偿

拍摄短视频

最后拍摄短视频，根据撰写的提纲脚本，至少需要拍摄8个与提纲要点对应的短视频素材，或者拍摄15个与提纲内容对应的短视频素材。需要注意的是，本实训中的拍摄并没有使用支架对手机进行固定，所以最好每次拍摄前都进行对焦，并进行曝光补偿的设置。另外，在条件允许的情况下，尽量多拍摄一些短视频作为素材，方便后期剪辑使用，图3-80所示为拍摄的制作咖喱鸡的短视频素材。

图3-80　拍摄的制作咖喱鸡的短视频素材

思考与练习

1. 短视频的拍摄设备有哪些？
2. 描述景别的类型和特点，并使用手机分别拍摄不同景别的短视频。
3. 试试使用不同的运镜方式拍摄具有同一个主体的短视频。
4. 短视频拍摄中有哪几种构图方式？使用手机利用不同的构图方式拍摄短视频。
5. 使用抖音短视频拍摄一个风景短视频，需要在其中设置一个滤镜，并添加一首喜欢的音乐作为背景音乐。
6. 根据自己创作的短视频脚本，运用本章所学的拍摄方法和技巧拍摄短视频。

Chapter 4

第4章 移动端短视频剪辑

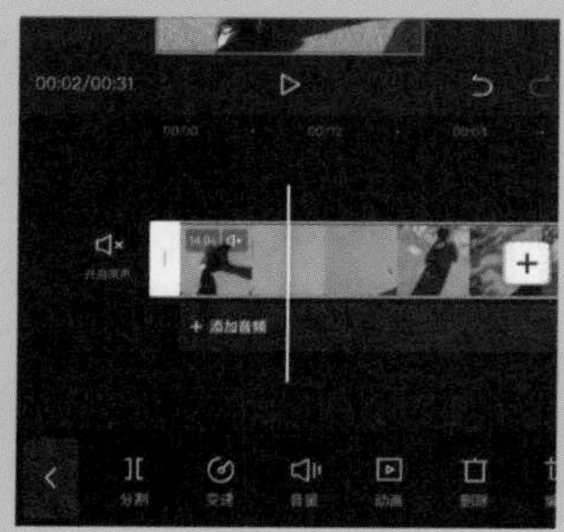

如何用剪映制作短视频?

如何用VUE制作短视频?

如何用巧影制作短视频?

学习引导

	知识目标	能力目标	素质目标
学习目标	1. 熟悉剪映的特点和常用功能 2. 熟悉VUE的特点和常用功能 3. 熟悉巧影的特点和常用功能	1. 会使用剪映剪辑“努力成长”短视频 2. 会使用VUE剪辑“路遇小动物的一天”Vlog 3. 会使用巧影剪辑“我是隐形人”短视频	1. 提升多平台应用，多类型短视频制作的职业适应能力 2. 培养对短视频效果的审美能力
实训项目	使用VUE剪辑美食制作类短视频		

剪辑的本质就是通过对拍摄视频中的人和物进行分解组合，对镜头语言和视听语言进行再创作，从而完成蒙太奇形象（是指当不同镜头拼接在一起时，往往会产生各个镜头单独存在时所不具有的特定含义）的再塑造。在影视艺术领域，剪辑是一项独立的艺术工作，同时又是影视艺术，特别是导演艺术的重要组成部分。

在短视频领域，剪辑通常包括画面剪辑和声音剪辑两个部分。画面剪辑主要围绕如何分解动作和组合动作来进行；声音剪辑则是让声音与画面的动作相匹配，最终获得音画紧密结合的良好艺术效果，并增强短视频的艺术表现力和感染力。短视频剪辑需要对所有素材片段根据整体结构和节奏进行调整，而且在整个剪辑过程中，既要保证镜头与镜头之间叙事的自然、流畅和连贯，又要突出镜头的内在表现，即达到叙事与表现的统一。

简单地讲，短视频剪辑就是使用软件将拍摄的视频素材整理成一个完整的表现主题的短视频的过程。这里的软件包括移动端App和PC端软件两种类型，本章将根据性能、特点和功能等多个项目测试介绍3种移动端常用的短视频剪辑App，包括剪映（抖音短视频专用的短视频剪辑App）、VUE（拍摄Vlog常用的短视频剪辑App）和巧影（功能强大且媲美PC端软件的短视频剪辑App）。

慕课视频

剪映

 4.1 剪映

剪映是由抖音短视频官方推出的一款手机短视频剪辑App，支持直接在手机上对拍摄的短视频进行剪辑和发布。剪映作为当下最火的短视频平台——抖音短视频的“兄弟”，是大多数只想日常拍摄小视频记录生活的用户，和想模仿抖音短视频平台上的“炫酷”短视频自行拍摄的用户的不二选择。

4.1.1 剪映的特点

剪映支持iOS（由苹果公司开发的移动操作系统，支持iPad、iPhone、iPod touch等移动设备）和Android（中文名为安卓，是一种基于Linux内核的自由且开放源代码的操作系统，广泛应用于智能手机、平板电脑、电视、数码相机、游戏机和智能手表等多种智能设备）两种移动操作系统，具有全面的剪辑功能，支持变速、多样滤镜效果，且拥有丰富的曲库资源。表4-1所示为剪映作为短视频剪辑App的使用特点测试结果。

表4-1 剪映作为短视频剪辑App的使用特点测试结果

模板	特效	字幕样式	背景音乐	转场	贴纸	滤镜	色彩调节	水印	启动相机	是否收费
多	80种以上	多	添加方便	39种以上	99种以上	37种以上	无	可以免费关闭	否	否

剪映集合了同类App的很多优点，功能齐全且操作灵活，可以在手机上完成一些比较复杂的短视频剪辑操作，是一款非常全面的短视频剪辑App，其主要特点如下。

- 模板较多。剪映中的模板比较多，而且更新也很快，模板类型除了当前的热门模板外，还有卡点、玩法、情侣、萌娃、质感和纪念日等多种类型，而且制作非常简单，适合新手操作。
- 音乐丰富且支持抖音曲库。剪映提供了抖音热门歌曲、Vlog配乐和大量各种风格的音乐，用户可以在试听之后选择使用。
- 自动踩点。剪映具备自动踩点功能，可以自动根据音乐的节拍和旋律对视频进行踩点，用户可根据这些标记来剪辑视频。
- 操作方便。剪映中的时间线支持双指放大/缩小的操作，十分方便。
- 音频制作自由方便。剪映的音视频轨道十分自由，支持叠加音乐，内容创作者可以为视频添加合适的音效、提取其他视频中的背景音乐或录制旁白解说。插入的音乐还可以调整音量和添加淡入/淡出效果。
- 调色功能强大。剪映具备高光、锐化、亮度、对比度和饱和度等数十种色彩调节参数，这一功能是很多短视频剪辑App所不具备的。
- 辅助工具齐备。剪映具备美颜、特效、滤镜和贴纸等辅助工具，这些工具不但样式很多，而且体验效果也不错，可以让剪辑后的短视频变得与众不同。
- 自动添加字幕。剪映支持手动添加字幕和语音自动转字幕功能，并且该功能完全免费。字幕中的文字可以设置样式、动画。另外，剪辑中的文字层也支持叠加，退出文字选项后这些文字层会自动隐藏，不会影响视频和音频的编辑工作。
- 关闭App的水印。很多短视频剪辑App都会在制作好的短视频中自动添加水印（指直接嵌入数字载体当中或是间接表示的标识信息），剪映通常会在片尾添加水印，但这个水印可以通过设置关闭，其方法是直接在剪映主界面中点击右上角的“设置”按钮，在打开的设置界面中将“自动添加片尾”选项右侧的开关按钮关闭，如图4-1所示。

图4-1　关闭剪映的水印

4.1.2 剪映的功能介绍

剪映中用于短视频剪辑的功能非常齐全，下面就介绍一些常用的功能。

1. 剪辑

剪辑功能是短视频剪辑软件的主要功能，其操作方法是在编辑主界面下方工具栏中点击“剪辑”按钮，或者在编辑窗格中点击需要编辑的视频素材展开“剪辑”工具栏，如图4-2所示，其中主要包含以下功能。

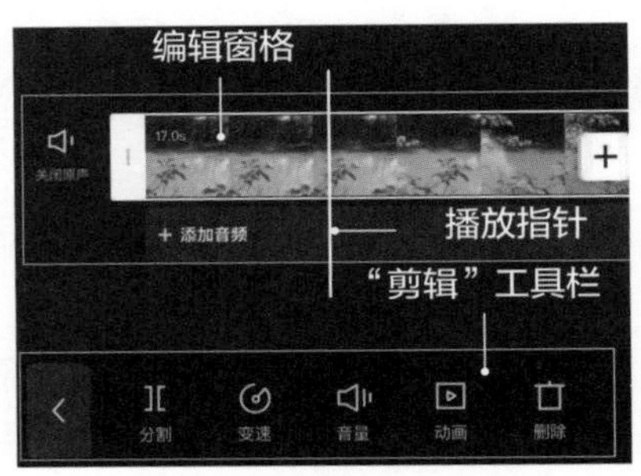

图4-2　“剪辑”工具栏

- 分割。点击“分割”按钮，将以播放指针为分割线，将视频素材分割为前后两个部分。
- 变速。变速就是为当前的视频素材添加加速或者慢放的效果。点击“变速”按钮将展开“变速”栏，其中包括常规变速和曲线变速两种方式。常规变速是根据原速度的0.1倍到100倍进行变速，如图4-3所示；曲线变速则可以自定义或根据默认的变速方式进行变速，如图4-4所示。

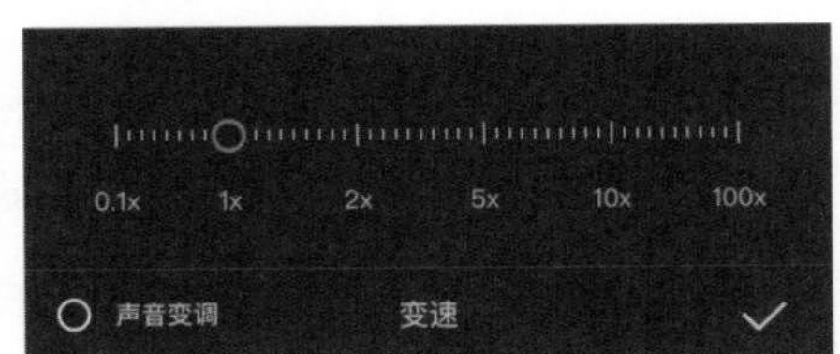

图4-3　常规变速

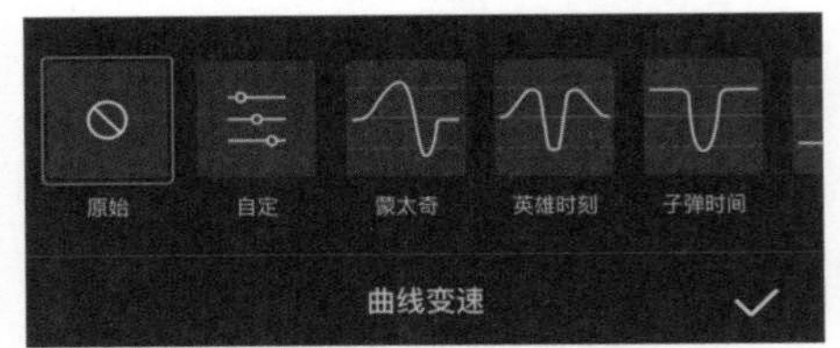

图4-4　曲线变速

- 音量。点击“音量”按钮，可以在展开的“音量”栏中调节当前视频素材音量。另外，点击编辑窗格左侧的“关闭原声”按钮，可以关闭所有视频素材的声音。
- 动画。点击“动画”按钮将展开“动画”栏，其中包括“入场动画”“出场动画”“组合动画”3个选项。例如，点击“入场动画”按钮，将展开“入场动画”栏，在其中选择一种动画样式，即可将其应用到短视频中，如图4-5所示。

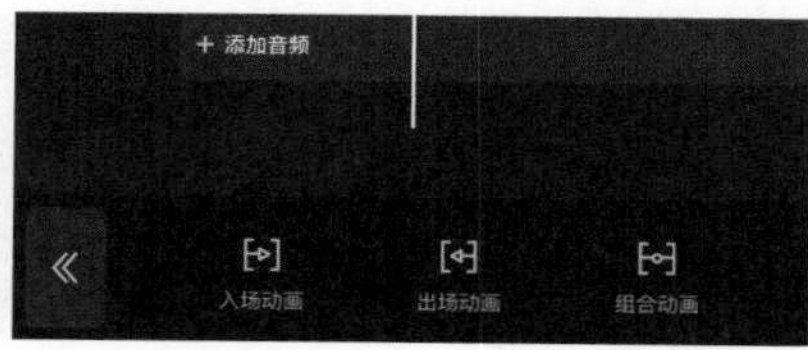

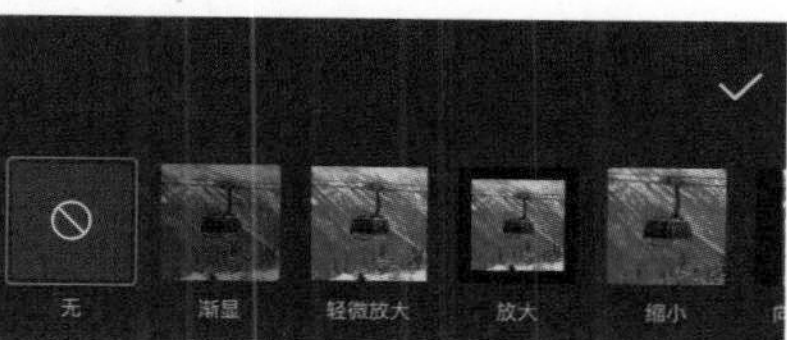

图4-5　入场动画

- 删除。点击“删除”按钮可以删除当前选择的视频素材。
- 编辑。点击“编辑”按钮将展开“编辑”栏，其中包括“镜像”“旋转”“裁剪”3个选项。点击“镜像”按钮，将视频素材进行镜像翻转；点击“旋转”按钮，将视频素材按照顺时针方向进行90°旋转；点击“裁剪”按钮将展开“裁剪”栏，在其中任意选择一种比例样式，即可按该比例手动裁剪视频素材，如图4-6所示。

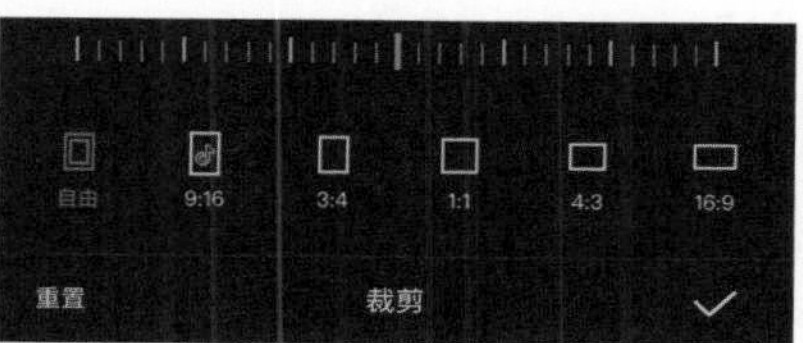

图4-6　裁剪视频素材

- 滤镜。点击“滤镜”按钮，将展开“滤镜”栏，在其中可以选择一种滤镜样式应用到视频素材中，如图4-7所示。
- 调节。点击“调节”按钮，将展开“调节”栏，在其中点击对应的按钮即可调节视频素材的各种性能参数，包括“亮度”“对比度”“饱和度”“锐化”“高光”等，如图4-8所示。

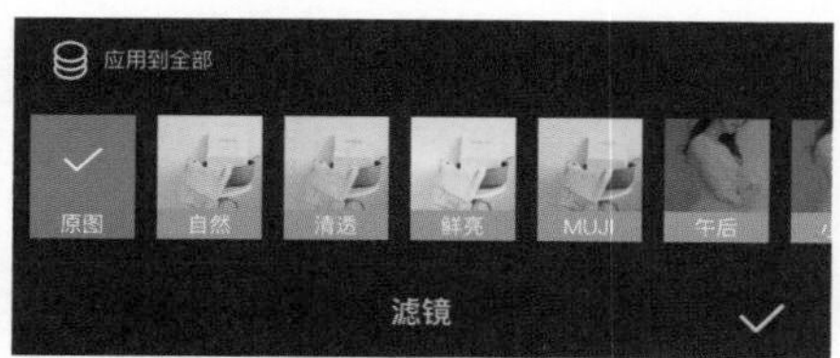

图4-7　滤镜

图4-8　调节

知识补充

在剪映的功能设置中有一些基本的操作。例如，点击“确定”按钮✓，可应用功能设置；点击“返回”按钮《，可返回上一级工具栏；点击“应用到全部”按钮，可将该功能应用到所有视频素材中；点击“转场”按钮□，可以设置转场效果。

- 不透明度。点击“不透明度”按钮，将展开“不透明度”栏，拖动滑块即可调整视频素材的不透明度，如图4-9所示。
- 美颜。点击“美颜”按钮，将展开“美颜”栏，其中包括“磨皮”和“瘦脸”两个选

项。点击对应的按钮，并拖动上面的滑块即可对视频素材中的人物进行美颜，如图4-10所示。

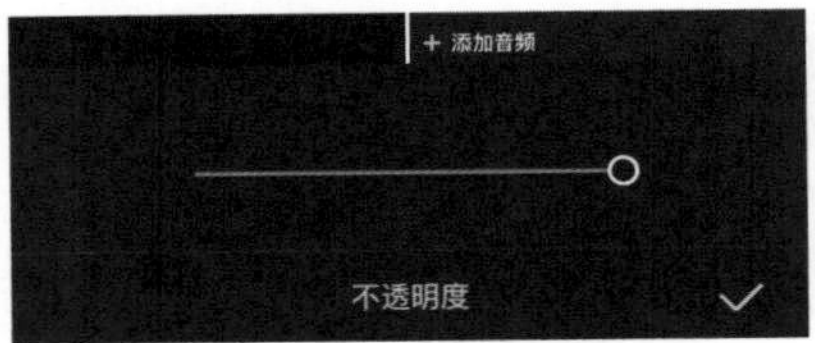

图4-9　不透明度

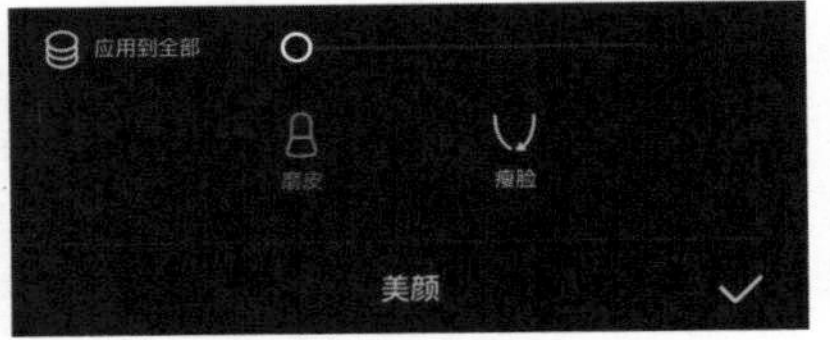

图4-10　美颜

- 变声。点击“变声”按钮，将展开“变声”栏，可以将“大叔”“女生”“男生”等不同的声音特效应用到视频素材中。
- 降噪。点击“降噪”按钮，将展开“降噪”栏，可以开启降噪开关。
- 复制。点击“复制”按钮，将复制当前的视频素材，并粘贴至原视频的前面。
- 倒放。点击“倒放”按钮，可将当前的视频素材从尾到头重新播放，再次点击“倒放”按钮，将恢复原始播放顺序。

2. 音频

“音频”工具栏中包括所有声音剪辑工具，在剪映的编辑主界面下方工具栏中点击“音频”按钮，或者在编辑窗格中点击“添加音频”按钮，即可展开“音频”工具栏，如图4-11所示，其中主要包含以下5个选项。

图4-11　“音频”工具栏

- 音乐。点击“音乐”按钮，将进入“添加音乐”界面，在其中可以试听、下载和收藏相关音乐，并将其添加到视频素材中，如图4-12所示，也可以搜索或导入音乐应用。
- 音效。点击“音效”按钮，将展开“音效”栏，在其中可以下载和应用相关的音效，如图4-13所示。

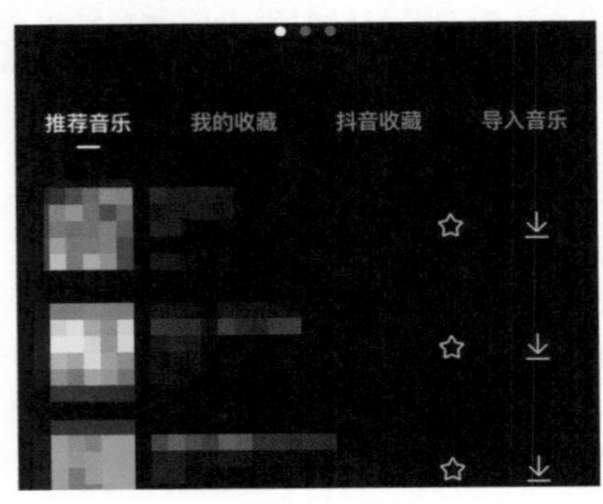

图4-12　音乐

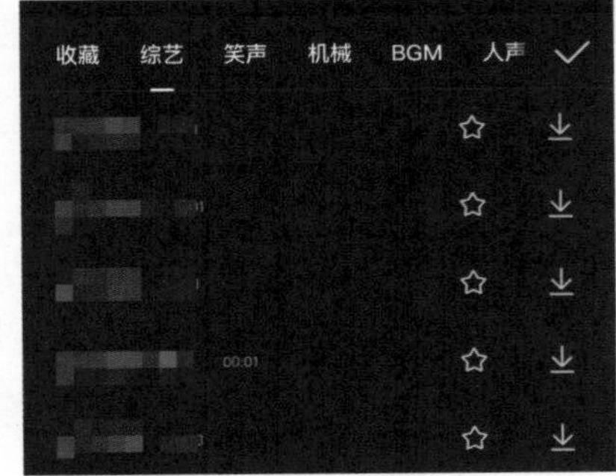

图4-13　音效

- 提取音乐。点击“提取音乐”按钮，将打开本地视频文件夹，在其中选择一个视频文件，就能将视频中的音频提取出来作为当前视频素材的音乐使用。

- 抖音收藏。点击“抖音收藏”按钮，可以将在抖音中收藏的音乐应用到视频素材中。
- 录音。点击“录音”按钮，将展开“录音”栏，按住“按住录音”按钮即可录制声音。

3. 文本

“文本”工具栏中包括所有文字剪辑工具，在剪映的编辑主界面下方工具栏中点击“文本”按钮，即可展开“文本”工具栏，如图4-14所示，主要包含以下4个选项。

图4-14 “文本”工具栏

- 新建文本。点击“新建文本”按钮，将展开“文本”栏，同时在视频素材中添加文本框，在“文本”栏中可以输入文字并设置文字的样式，包括“描边”“阴影”等，如图4-15所示。另外，在视频素材中点击添加的文字，还可以调整文字的大小、位置、方向和角度等。
- 识别字幕。点击“识别字幕”按钮，将自动识别视频素材中的字幕文件。
- 识别歌词。点击“识别歌词”按钮，将自动识别添加的音乐中的歌词。
- 添加贴纸。点击“添加贴纸”按钮，将展开“添加贴纸”栏，在其中可以选择不同样式的贴纸应用到视频素材中，如图4-16所示。

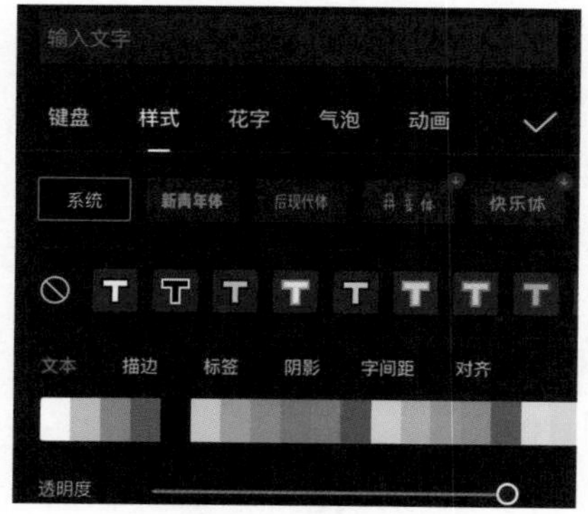

图4-15 新建文本

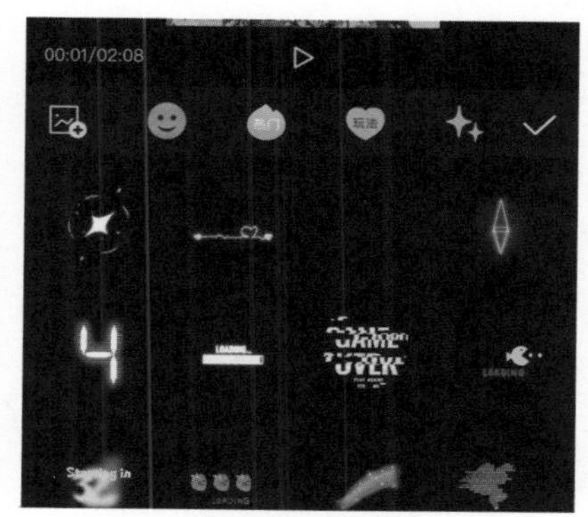

图4-16 添加贴纸

4. 背景

“背景”工具栏中包括所有视频背景剪辑工具，在剪映的编辑主界面下方工具栏中点击“背景”按钮，即可展开“背景”工具栏，如图4-17所示，主要包含以下3个选项。

图4-17 “背景”工具栏

- 画布颜色。点击“画布颜色”按钮，将展开“画布颜色”栏，在其中可以选择一种颜色作为短视频背景的颜色，如图4-18所示。
- 画布样式。点击“画布样式”按钮，将展开“画布样式”栏，在其中可以选择一张图片作为短视频背景的样式，如图4-19所示。
- 画布模糊。点击“画布模糊”按钮，将展开“画布模糊”栏，可以选择并应用短视频背景的模糊程度。

图4-18　画布颜色

图4-19　画布样式

5. 特效

“特效”工具栏中包括所有可以为当前的视频素材应用的特殊效果，例如“开幕”“画框”“分屏”“漫画”等。在剪映的编辑主界面下方工具栏中点击“特效”按钮，即可展开“特效”工具栏，如图4-20所示，在其中选择一种特效即可将其应用到当前的视频素材中。

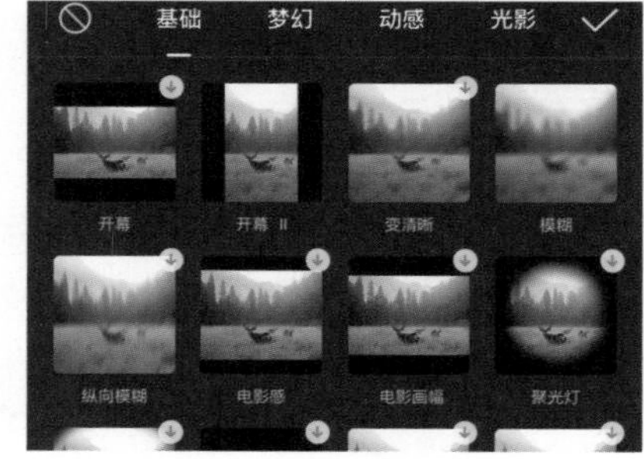

图4-20　“特效”工具栏

4.1.3 实战案例：使用剪映剪辑《努力成长》短视频

下面使用剪映来剪辑一个名为《努力成长》的短视频，涉及剪映的剪辑、音频和文本等相关操作，其具体操作步骤如下。

慕课视频

使用剪映剪辑《努力成长》短视频

（1）在手机中点击剪映App的图标，打开剪映主界面。

（2）点击“开始创作”按钮，打开视频选择界面，依次选择视频素材（配套资源：\素材文件\第4章\成长1.mp4、成长2.mp4、成长3.mp4），点击“添加”按钮，添加视频，如图4-21所示。

（3）在视频编辑界面的编辑窗格中点击“关闭原声”按钮。点击选择第一个视频素材，并向左拖动播放指针，将其移动到“00:02”处，在下方“剪辑”工具栏中点击“分割”按钮，分割视频，如图4-22所示。

（4）选择播放指针右侧的视频素材，继续向左拖动播放指针，将其移动到“00:05”处，点击“分割”按钮。

（5）选择播放指针左侧的视频素材，在下方“剪辑”工具栏中点击“删除”按钮，删除视频，如图4-23所示。

（6）最初添加的第一个视频素材已经被分割成两个部分，且其中多余的视频素材已经被删除。在两个视频素材之间点击“转场”按钮，添加转场，如图4-24所示。

（7）展开“转场”工具栏，在其中的“基础转场”选项卡中选择“叠化”选项，拖动“转场时长”滑块至右侧的“0.7s”位置，点击“应用到全部”按钮，最后点击“确定”按钮，设置转场如图4-25所示。

（8）返回视频编辑界面，在最下面的“剪辑”工具栏中点击“音频”按钮。

（9）展开“音频”工具栏，在其中点击“音乐”按钮，如图4-26所示。

（10）打开“添加音乐”界面，在上面的专辑类型中选择“旅行”选项，如图4-27所示。

图4-21　添加视频

图4-22　分割视频

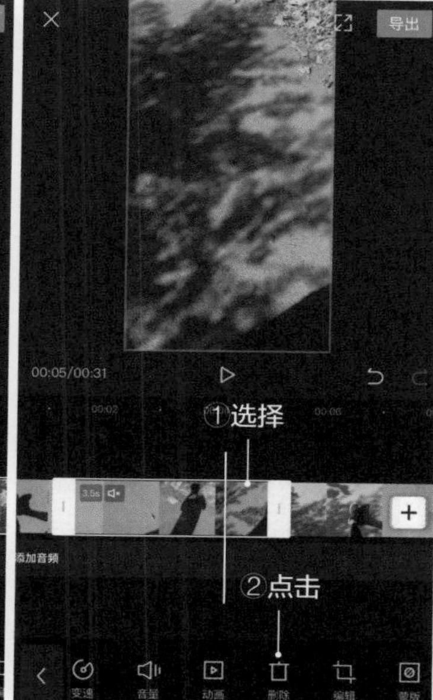

图4-23　删除视频

图4-24　添加转场

图4-25　设置转场

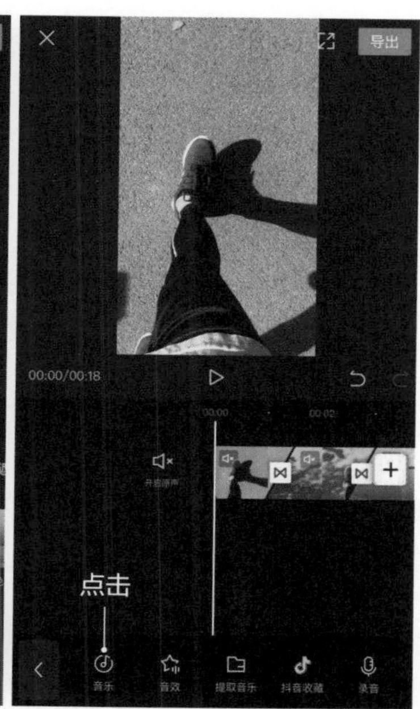

图4-26　点击“音乐”按钮

（11）打开“旅行”专辑界面，在其中选择“少年云朵”选项，开始播放该音乐，点击右侧的“使用”按钮，使用音乐，如图4-28所示。

（12）选择添加的音乐素材，向左拖动播放指针，将其移动到视频素材的最后位置，点击“分割”按钮。

（13）选择播放指针右侧的音乐素材，点击“删除”按钮，删除音频，如图4-29所示。

图4-27 选择“旅行”

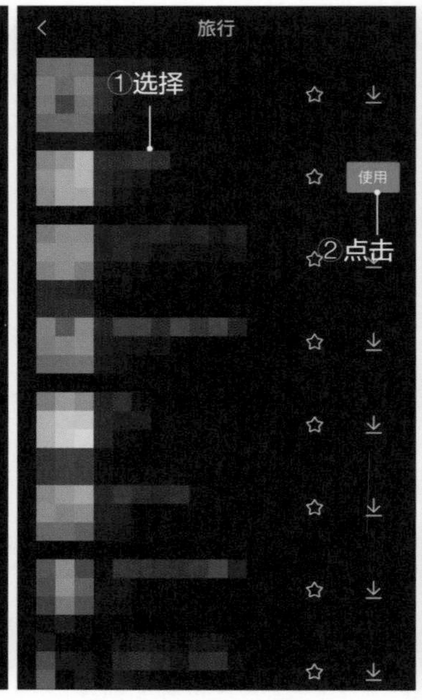

图4-28 使用音乐

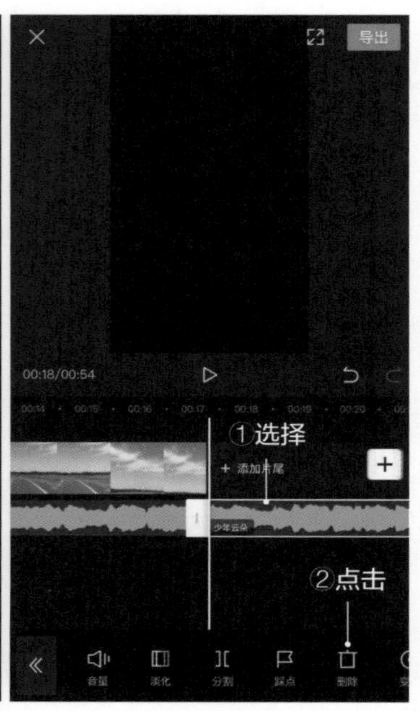

图4-29 删除音频

（14）点击两次“返回”按钮《，在编辑界面的工具栏中点击“文本”按钮。

（15）展开“文本”工具栏，点击“识别歌词”按钮，如图4-30所示。

（16）打开“识别歌词”对话框，点击“开始识别”按钮，识别歌词，如图4-31所示。

（17）开始识别歌词，并在界面顶部提示“歌词识别中...”，如图4-32所示。

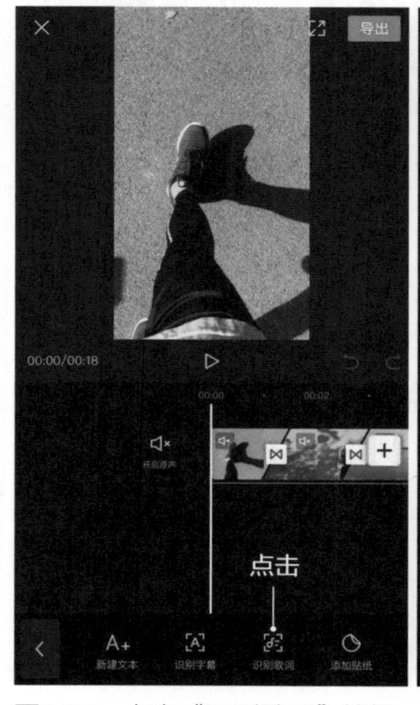

图4-30 点击“识别歌词”按钮

图4-31 识别歌词

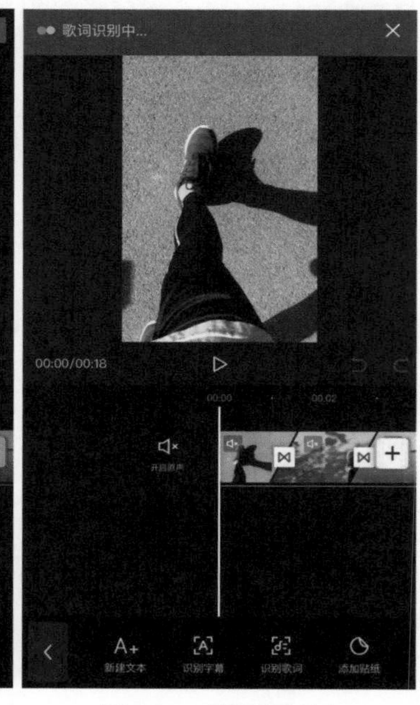

图4-32 歌词识别中

（18）歌词识别完成后，将在编辑窗格的音频条下面显示所有歌词。点击任意歌词，在下方工具栏中点击“样式”按钮，如图4-33所示。

（19）展开“文本”工具栏，在“样式”选项卡中点击“新青年体”按钮，为歌词设置文本样式，然后点击“确定”按钮，如图4-34所示。

（20）点击两次“返回”按钮，在编辑界面的工具栏中点击“特效”按钮。

（21）展开“特效”工具栏，点击“边框”选项卡，在下面的边框样式中选择“荧光边框”选项，然后点击“确定”按钮，添加边框，如图4-35所示。

图4-33　点击“样式”按钮　　图4-34　设置文本样式　　图4-35　添加边框

（22）在编辑窗格中选择插入的荧光边框对应的轨道，然后按住右侧的边框将其拖动到视频素材的最后，使边框与视频素材的展示时间相同，设置边框，如图4-36所示。

（23）点击两次“返回”按钮，在编辑界面的工具栏中点击“文本”按钮。

（24）展开“文本”工具栏，点击“新建文本”按钮。

（25）展开“新建文本”工具栏，在最上面的文本框中输入“努力成长”，对应的文字会出现在短视频中。拖动该文字对应的文本框到短视频上部的中间位置，并拖动文本框右下角的大小调整节点，将文字放大。在工具栏中点击“动画”选项卡，接着点击“出场动画”选项卡，在列出的选项中选择“展开”选项，最后点击“确定”按钮，添加标题动画，如图4-37所示。

（26）在编辑窗格中选择新建文本对应的轨道，然后按住轨道右侧的边框将其向左侧拖动，缩短其展示的时间，点击右上角的“导出”按钮，如图4-38所示。

（27）进入确认导出的界面，可以通过拖动滑块调整导出短视频的“分辨率”和“帧率”。这里保持默认设置，点击“确认导出”按钮，如图4-39所示。

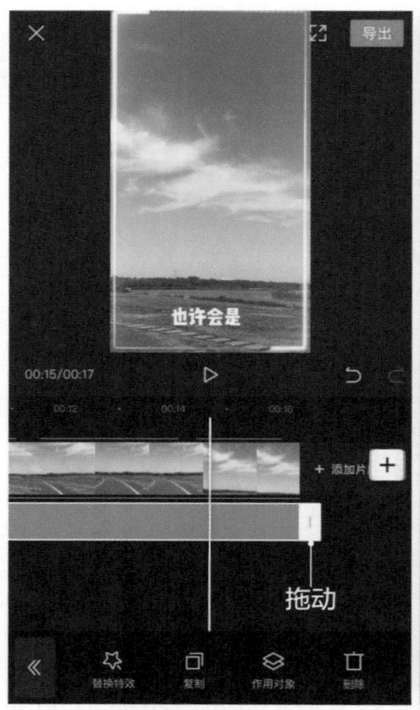

图4-36　设置边框

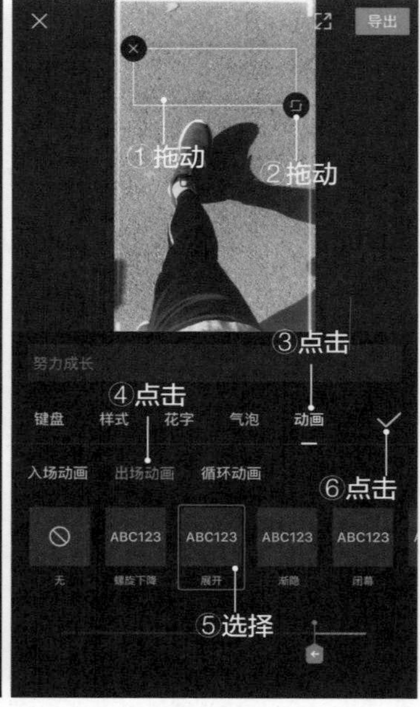

图4-37　添加标题动画

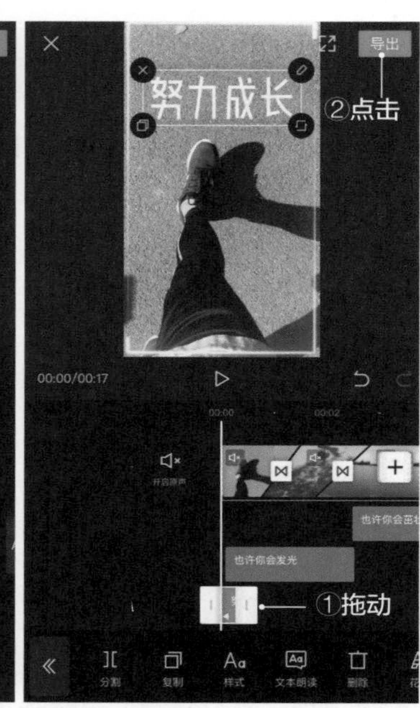

图4-38　点击“导出”按钮

（28）剪映开始按照相关的设置导出短视频，并显示导出进度，如图4-40所示。

（29）导出完成后，可以点击“一键分享到抖音”按钮，将剪辑好的短视频发布到抖音短视频平台。这里点击“完成”按钮完成剪辑，如图4-41所示。返回剪映主界面，在“剪辑草稿”选项卡中即可看到剪辑好的短视频，该短视频也会被自动保存到手机相册中。（配套资源：\效果文件\第4章\努力成长.mp4。）

图4-39　点击“确认导出”按钮

图4-40　导出短视频

图4-41　完成剪辑

4.2 VUE

慕课视频

VUE

VUE是一款专门用于拍摄和编辑原创Vlog的短视频剪辑App，允许用户通过简单的操作实现 Vlog的拍摄、剪辑和发布，记录与分享自己的生活。另外，用户还可以通过VUE社区直接浏览他人发布的Vlog，与Vloggers（利用VUE拍摄和发布Vlog的人）达人进行互动。

4.2.1 VUE的特点

VUE与剪映的主要区别在于VUE不但能拍摄和剪辑Vlog短视频，也能像在抖音短视频平台上一样浏览和发布短视频，确切地说，VUE其实是一个Vlog短视频平台。VUE在制作Vlog短视频方面非常专业，该款App中不仅自带Vlog模板，能够帮助用户快速制作Vlog，还有Vlog学院，可以教用户怎样制作Vlog，即便是有些功能需要充值缴费才能使用，但是使用免费功能简单地剪辑和制作Vlog也基本够用。表4-2所示为VUE作为短视频剪辑App的使用特点测试结果。

表4-2 VUE作为短视频剪辑App的使用特点测试结果

模板	特效	字幕样式	背景音乐	转场	贴纸	滤镜	色彩调节	水印	启动相机	是否收费
少许	无	很多	添加方便	10种左右	99种以上	10种以上	有	无	是	部分功能收费

由于VUE的本质是一个Vlog短视频平台，所以其综合了短视频类App和剪辑类App的一些特点，主要有以下6点。

- 视频拍摄。VUE具备剪映没有的视频拍摄功能，能够启动手机自带的相机进行视频拍摄，然后进行剪辑。
- 自由拍摄。VUE开放了视频拍摄功能，使用“自由模式”拍摄的短视频不限时长和分段数，相比很多短视频App限制拍摄时间，自由拍摄更容易获得用户的喜爱。
- 分镜头。通过点按改变视频的分镜数，从而实现简易的剪辑效果，让视频传达出更多的信息。
- Vlog社区。VUE中开辟了Vlog社区，包括综合、美食、旅行、摄影、宠物、日常等多个频道，用户可将制作好的视频根据不同主题上传至频道内，并在社区内进行交流和互动，如图4-42所示。
- Vloggers。VUE中开辟了Vloggers频道，能够向用户推荐相关的Vloggers，给平台中的普通Vloggers提供了更大的流量，培养了更多Vloggers，让Vloggers慢慢对平台形成黏性，如图4-43所示。
- 学院。VUE在App中开辟了教学频道，向用户提供Vlog拍摄和剪辑的各种教程，从普通拍摄到高级剪辑技巧，如图4-44所示。

图4-42 Vlog社区 图4-43 Vloggers频道 图4-44 学院频道

4.2.2 VUE的功能介绍

VUE在短视频剪辑方面的功能主要有3种，分别是普通剪辑、智能剪辑和主题模板。

1. 普通剪辑

VUE的剪辑功能与剪映类似，操作差别不大，在VUE主界面中点击“拍摄和剪辑”按钮，打开选择视频界面，依次选择视频素材，然后点击“导入”按钮，进入VUE的短视频编辑界面，在下方工具栏中包含以下7种主要的功能。

- 剪辑。点击“剪辑”按钮，展开“剪辑”工具栏，通过对应的按钮可以进行截取画面、设置镜头速度、分割视频、复制视频和删除视频等操作，如图4-45所示。
- 分段。分段是VUE中的主要剪辑功能，点击“分段”按钮，展开“分段”工具栏，其中包括静音、滤镜、画面调节、美肤、旋转裁剪、变焦、倒放、替换和原声增强等功能，如图4-46所示。

图4-45 剪辑

图4-46 分段

- 文字。点击“文字”按钮，展开“文字”工具栏，通过对应的按钮可以进行大字设置、时间地点设置、添加标签和添加字幕等操作，如图4-47所示。
- 贴纸。点击“贴纸”按钮，展开“贴纸”工具栏，在其中选择对应的样式可以为短视频添加贴纸，如图4-48所示。

图4-47　文字

图4-48　贴纸

- 边框。点击“边框”按钮，展开“边框”工具栏，在其中选择对应的样式可以为短视频添加边框，如图4-49所示。
- 音乐。点击“音乐”按钮，在编辑窗格中点击“点击添加音乐”轨道，进入“添加音乐”界面，在其中可以选择音乐添加到短视频中；点击“点击添加录音”轨道，在3秒倒数后即可通过手机录音的方式将录音添加到短视频中。
- 画幅。在短视频编辑界面的视频画面左侧点击“画幅”按钮，展开“画幅”工具栏，在其中可以设置短视频的画面比例和背景颜色，如图4-50所示。

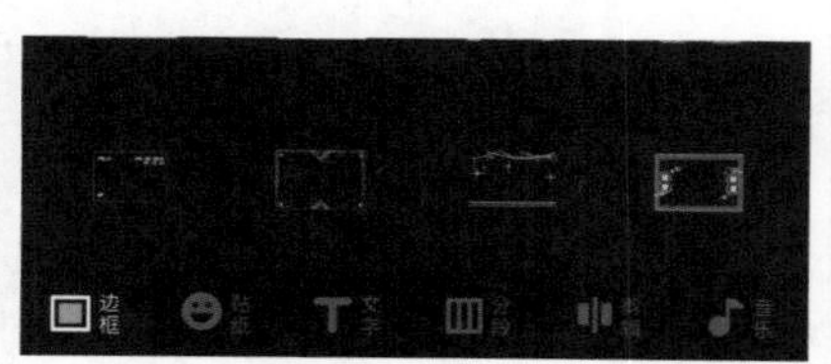

图4-49　边框

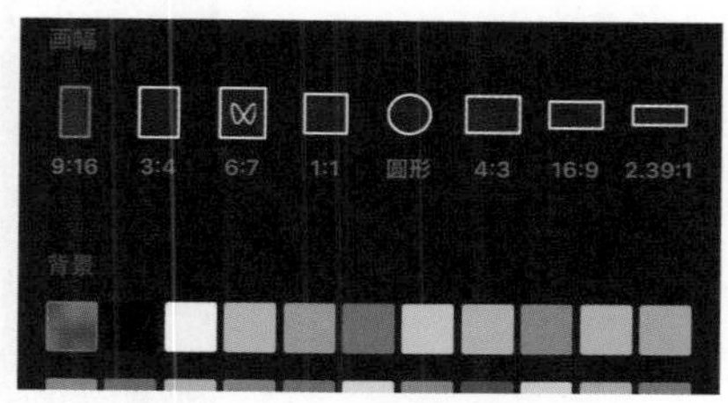

图4-50　画幅

> **知识补充**
>
> **在VUE中进行短视频剪辑的操作与在剪映中进行的操作基本相同，点击相应的选项或按钮，即可将该功能应用到短视频中；在展开的工具栏中点击左上角的“返回”按钮←，即可返回上一级功能的工具栏。**

2. 智能剪辑

智能剪辑是VUE的一个对新手非常友好的短视频剪辑功能，使用该功能剪辑Vlog短视频首先需要导入至少4段视频素材，然后选择一个Vlog短视频模板，该模板中已经剪辑好了各种视频效果，用户只需在修改其中的文字后点击“下一步”按钮，再按照提示操作即可完成Vlog短视频的剪辑制作工作。当然，在智能剪辑过程中，用户也可以选择视频素材，然后按照普通剪辑的操作对短视频进行剪辑。

3. 主题模板

主题模板是VUE已经设置和剪辑完成的Vlog短视频，用户只需要根据主题模板的样式，添加对应的短视频，并修改其中的文字，然后将其剪辑后（也可以不剪辑）制作成Vlog短视频。主题模板与智能剪辑最大的不同是模板数量较少（只有6个），且模板中的短视频时长是固定的，导入的视频素材只能保留模板中固定好的时长。

4.2.3 实战案例：使用VUE剪辑《路遇小动物的一天》Vlog

下面使用VUE剪辑一个名为《路遇小动物的一天》Vlog短视频，涉及主题模板和普通剪辑的相关操作，其具体操作步骤如下。

慕课视频

使用 VUE 剪辑《路遇小动物的一天》Vlog

（1）在手机中点击VUE App的图标，打开VUE主界面。

（2）点击“拍摄和剪辑”按钮，打开“拍摄和剪辑”界面，点击“主题模板”按钮，如图4-51所示。

（3）打开“视频模板”界面，选择“我的一天”模板选项，如图4-52所示。

（4）打开“我的一天”模板预览界面，点击“开始创作”按钮，如图4-53所示。

图4-51　选择操作　　图4-52　选择模板　　图4-53　模板预览界面

（5）打开“编辑视频和图片”界面，选择“封面视频”选项，如图4-54所示。

（6）打开选择封面视频的界面，这里选择一张图片（配套资源：\素材文件\第4章\小动物封面.jpg），点击“导入”按钮，如图4-55所示，导入封面图片。

（7）打开“封面视频”界面，保持默认设置，点击“确定”按钮✓，确认封面，如图4-56所示。

（8）返回“编辑视频和图片”界面，选择“我的一天”选项。

（9）打开“我的一天”Vlog视频素材的界面，首先点击“视频”选项卡，然后在下面的列表框中选择3个拍摄的短视频（配套资源：\素材文件\第4章\动物1.mp4、动物1.mp2、动物3.mp4），再点击“导入”按钮，导入视频素材如图4-57所示。

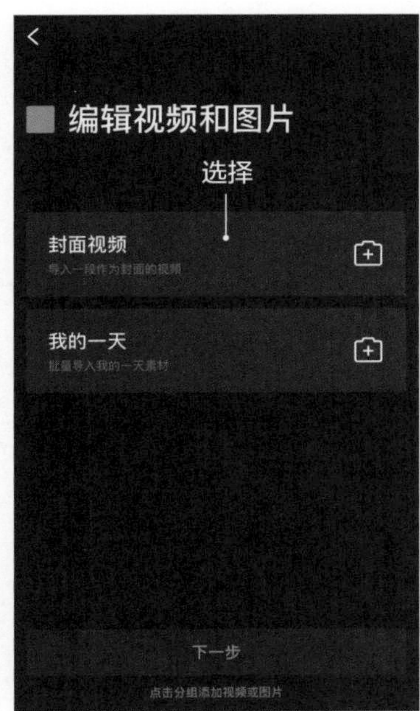

图4-54　编辑视频和图片

图4-55　导入封面图片

图4-56　确认封面

（10）打开编辑视频素材的界面，在这里可以调整视频素材的顺序，也可以继续添加视频或照片，并为每个视频添加基本的文字介绍。分别在文本框中输入文字内容，这些文字将作为短视频中的字幕，点击“确定”按钮✓，如图4-58所示。

（11）返回“编辑视频和图片”界面，即可看到设置完成的封面和Vlog的视频内容，点击“下一步”按钮，完成视频导入如图4-59所示。

图4-57　导入视频素材

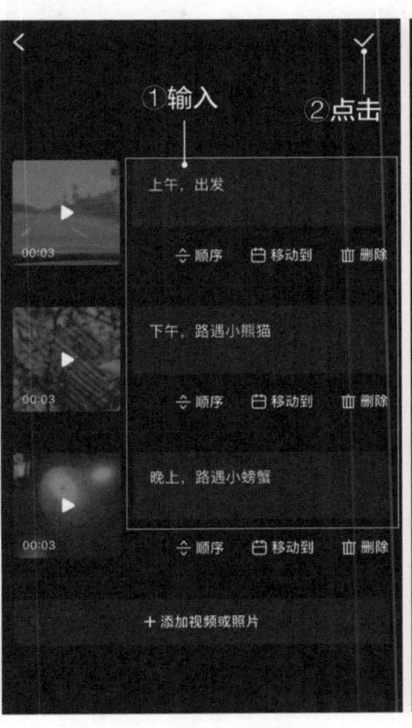

图4-58　输入字幕文本

图4-59　完成视频导入

（12）打开“添加其他信息”界面，在“标题”文本框中输入“路遇小动物的一天”，在“友情客串”文本框中输入“小熊猫、小螃蟹”，点击“生成视频”按钮，如图4-60所示。

（13）打开“视频编辑”界面，VUE将自动播放按照主题模板生成的Vlog短视频。由于使用的是主题模板中的时间，因此这里需要进行修改。在编辑窗格中选择第2个视频素材，点击“文字”按钮，在展开的工具栏中点击“时间地点”按钮，如图4-61所示。

（14）视频素材中的时间将显示编辑框，点击编辑框右下角的“编辑”按钮，打开时间菜单，滑动选择上午9：08的时间选项，点击“完成”按钮，修改时间，如图4-62所示。

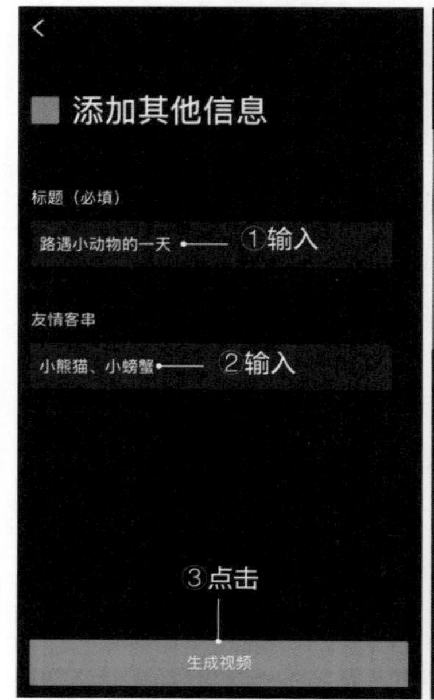

图4-60　添加其他信息

图4-61　点击“时间地点”按钮

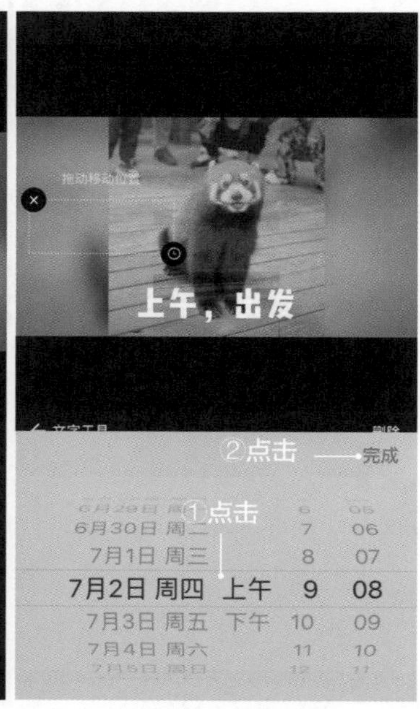

图4-62　修改时间

（15）在视频素材中即可看到修改好的时间，点击“下一段”按钮，如图4-63所示。按照相同的方法修改其他两个视频素材中的时间，分别将其设置为下午2：57和下午9：16，设置完成后，在工具栏左上角点击“返回”按钮<。

（16）返回“视频编辑”界面，点击“音乐”按钮，如图4-64所示。

（17）展开“音乐”工具栏，在编辑窗格中选择主题模板中自带的音乐，在工具栏中点击“替换”按钮，替换音乐，如图4-65所示。

（18）打开“添加音乐”界面，选择添加音乐的类型，这里选择“欢快”选项，如图4-66所示。

（19）打开欢快类型的音乐界面，这里选择《我是你的小情歌》选项，试听该音乐，然后点击“使用”按钮，添加音乐，如图4-67所示。

（20）返回“视频编辑”界面，可以看到该音频已经被添加到编辑窗格，由于该音乐在开始部分有一段无声音频，因此需要对其进行调整。这里在工具栏中点击“编辑”按钮，如图4-68所示。

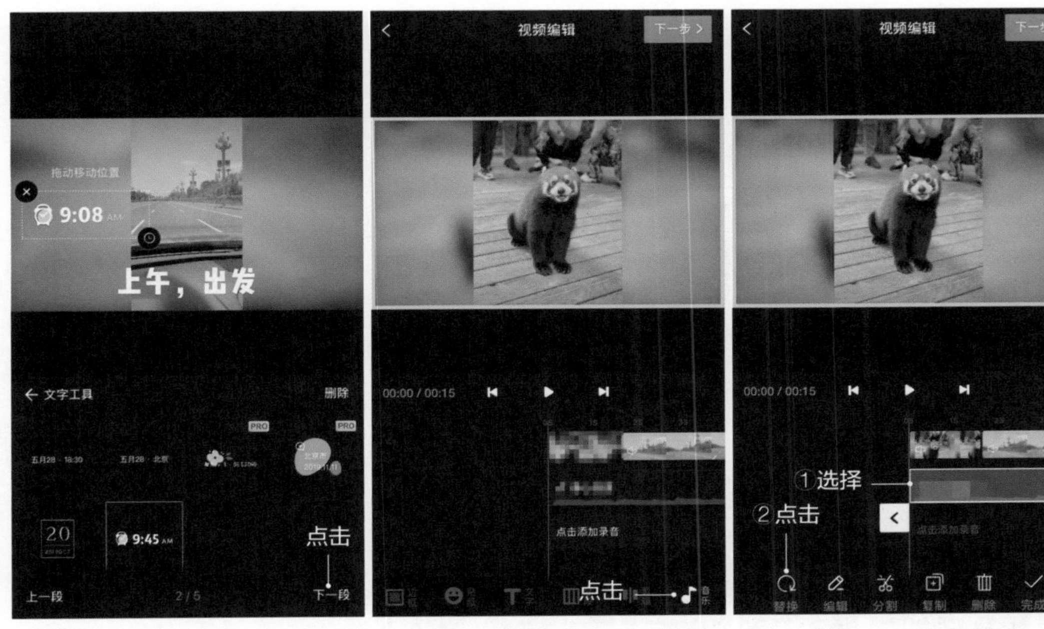

图4-63　点击“下一段”按钮　　图4-64　点击“音乐”按钮　　图4-65　替换音乐

图4-66　选择添加音乐的类型

图4-67　添加音乐

图4-68　点击“编辑”按钮

（21）打开编辑音频界面，在上方音频起始设置画面中把音频轨道向左侧拖动，将音乐发音的起始点拖动到视频播放的起始点，点击“返回”按钮，如图4-69所示，然后在工具栏中点击“完成”按钮。

（22）返回“视频编辑”界面，在编辑窗格中的视频轨道中点击左下角的“原声”按钮，打开设置原声的对话框。拖动“原声”滑块，将其设置为“0%”，点击“应用到全部分段”按钮，最后点击右上角的“下一步”按钮，关闭原声，如图4-70所示。

（23）打开Vlog的发布界面，如图4-71所示，在其中可以输入Vlog的“标题”和“描述”等，点击“保存并发布”即可将其发布到VUE平台（配套资源：\效果文件\第4章\路遇小动物.mp4）。

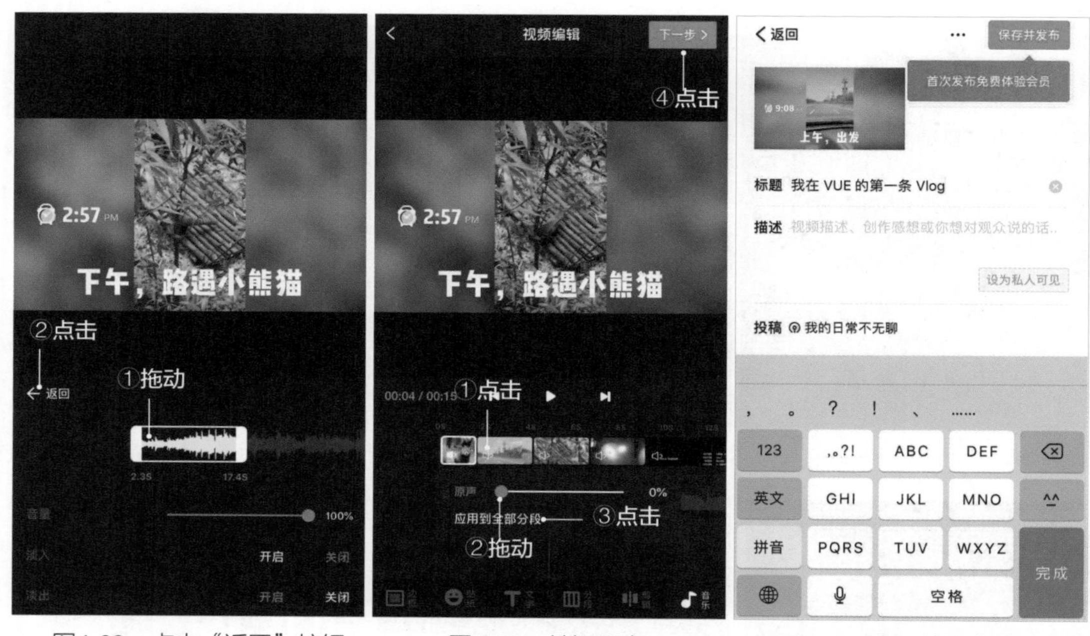

图4-69　点击“返回”按钮　　　图4-70　关闭原声　　　图4-71　Vlog的发布界面

 4.3 巧影

慕课视频

巧影

巧影可以说是功能齐全，近乎可以与PC端短视频剪辑软件相媲美的一款专业级移动端短视频剪辑App。巧影的剪辑、特效和背景抠像功能非常强大，而且操作简单、极易上手，适合需要制作较为专业效果的短视频新手使用。

4.3.1 巧影的特点

巧影同样支持启动手机相机进行短视频拍摄，而且为了更好地进行剪辑操作，巧影的操作界面都为横屏模式。巧影除了拥有短视频剪辑的基本功能外，还拥有不少短视频剪辑的高级功能，例如很多短视频剪辑App所不具备的关键帧编辑，视频素材的画中画剪辑，以及多图层（包括图片、效果、字体、手写和视频等多种图层）剪辑等，甚至还拥有一些PC端短视频剪辑软件独有的功能，例如色键功能（可以轻松实现在视频中的背景抠像，创作混合性的视频）。巧影可供用户免费和付费使用，当用户付费购买巧影高级版后，水印将被移除，并解锁多种高级功能，而且可以获得下载巧影素材商店中全部高级版素材资源的权限。表4-3所示为巧影作为短视频剪辑App的使用特点测试结果。

表4-3 巧影作为短视频剪辑App的使用特点测试结果

模板	特效	字幕样式	背景音乐	转场	贴纸	滤镜	色彩调节	水印	启动相机	是否收费
99种以上	无	很多	添加方便	150种以上	250种以上	62种以上	有	有	是	部分功能收费

巧影在短视频剪辑方面的特点如下。

- 多图层编辑。巧影最多支持两个视频层和4个音频轨道的编辑，此外，还可以任意增加图片和文字，甚至是手写手绘。
- 精准剪辑。巧影在剪辑视频时能够精准地定位帧位置，对该视频进行剪辑和调整。
- 分段调节速度。巧影可以调节不同视频片段的速度，慢动作和快进的效果也可以实现。
- 自带视频拍摄。巧影可以启动手机录制视频和声音，并将拍摄、配音、后期、字幕等剪辑操作同时完成，还可以实时预览视频效果。
- 背景抠像。巧影自带色键，支持单色背景抠图，可以在单色背景下拍摄短视频，然后使用其他的视频层进行叠加，从而切换视频的背景。
- 一键变声。巧影支持一段音频在不同时间点上的音量变化，以及分割和分段编辑。巧影还自带自动滤波器，提供了多种变声素材，可实现一键变声。

4.3.2 巧影的功能介绍

巧影的功能其实与前面介绍的两个短视频剪辑App类似，但由于其操作界面是横屏，所以其短视频剪辑的主要工具都位于界面右上部分，中上部为剪辑的视频，下面为编辑窗格，最左侧为设置工具栏，下面分别介绍剪辑的主要工具和设置工具栏。

1. 剪辑的主要工具

由于巧影与PC端的短视频剪辑软件类似，所以其剪辑的主要工具放置在一个类似遥控器的圆形区域中，如图4-72所示，其中的主要工具的功能如下。

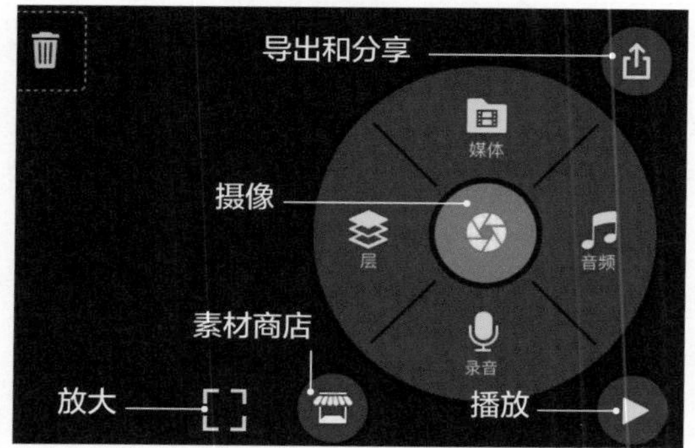

图4-72 巧影的剪辑工具

- 摄像。点击“摄像”按钮，即可使用手机自带的相机进行视频拍摄。
- 媒体。点击“媒体”按钮，在展开的对话框中可以选择视频和照片，并将其导入巧影中进行剪辑。
- 层。层是巧影中最重要的功能之一，点击“层”按钮，将展开5个功能按钮，包括“媒体”“特效”“文本”“叠加”“手写”。点击任意功能按钮，将打开对应的对话框进行功能设置，如图4-73所示。

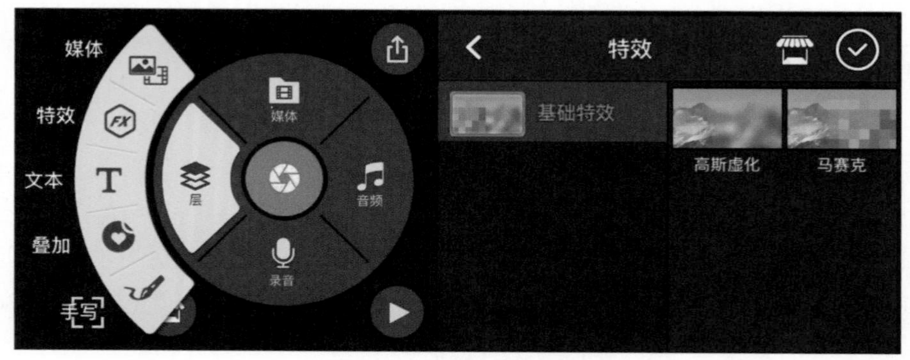

图4-73　巧影的层功能

- 录音。点击“录音”按钮，即可使用手机录制音频作为短视频的音频素材。
- 音频。点击“音频”按钮，即可使用多种方式为短视频添加音频素材。
- 导出和分享。点击“导出和分享”按钮，打开“导出和分享”界面，在其中可以设置短视频的分辨率、帧率和质量等。
- 播放。点击“播放”按钮，即可播放和预览当前剪辑的短视频效果。
- 素材商店。点击“素材商店”按钮，打开“素材商店”界面，其中包含特效、转场、叠加、字体、音频和模板等多种素材。
- 放大。点击“放大”按钮，即可放大当前剪辑的视频，帮助用户预览实时效果。

知识补充

在巧影中进行短视频剪辑的操作与前面两个App基本相同，单击“确定”按钮⊙可以确认操作，点击“返回”按钮<即可退出当前操作界面。

2. 设置工具栏

巧影的设置工具栏位于操作界面的左侧，主要有以下3种功能。

- 撤销和重做。点击“撤销”或“重做”按钮，可以撤销或重复上一步的操作，其功能和大多数软件的撤销或重复功能一致。
- 截图。点击“截图”按钮，将会弹出菜单，可在其中选择保存截图，或者将截图添加为剪辑或图层。
- 项目设置。点击“项目设置”按钮，打开“项目设置”界面，在其中可以对巧影中剪辑的视频或音频，以及剪辑的默认时长和缩放模式等进行基础设置，如图4-74所示。

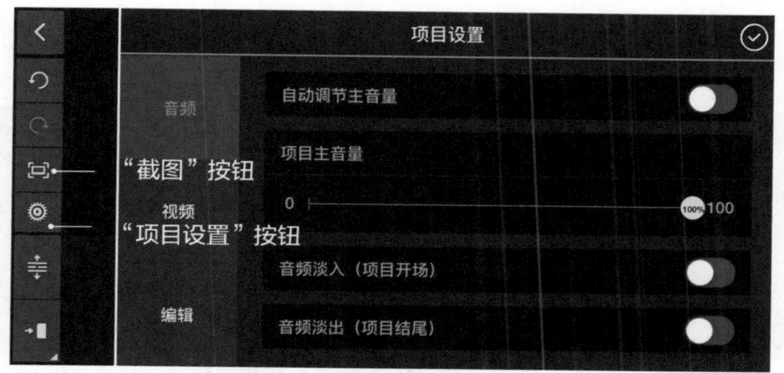

图4-74 "项目设置"界面

4.3.3 实战案例：使用巧影剪辑《我是隐形人》短视频

下面使用巧影剪辑《我是隐形人》短视频，涉及使用色键抠图和图层的相关操作。在拍摄本短视频的视频素材时，最好将拍摄设备固定在某个位置，先拍摄几秒空白场景的视频素材，然后再拍摄一段有人物的视频素材，其剪辑的具体操作步骤如下。

慕课视频

使用巧影剪辑《我是隐形人》短视频

（1）在手机中点击巧影App的图标，启动巧影。

（2）进入巧影的主界面，点击"剪辑"按钮，如图4-75所示。

（3）打开"选择视频比例"界面，选择"9∶16"选项，如图4-76所示。

图4-75 选择操作

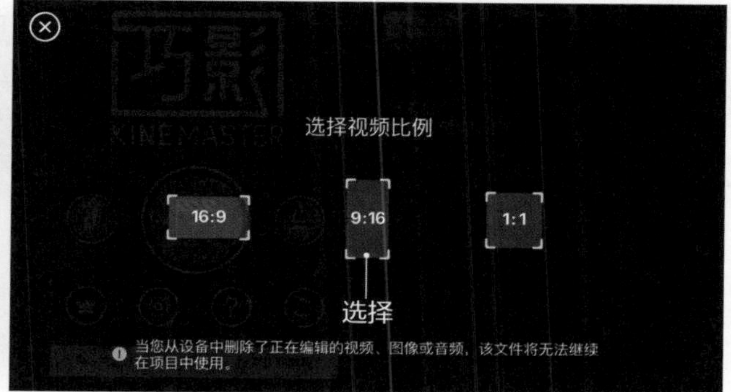

图4-76 选择视频比例

（4）打开"视频"界面，在"专辑"栏中选择"全部"选项。

（5）打开"全部"界面，选择空白场景的视频素材（配套资源：\素材文件\第4章\隐形1.mp4），点击"确定"按钮，导入视频素材如图4-77所示。

（6）进入巧影的短视频剪辑界面，即可看到该视频素材已经被导入编辑窗格中。在剪辑工具区域点击"层"按钮，在展开的功能按钮中点击"媒体"按钮，将再次打开"视频"界面。在"专辑"栏中选择"全部"选项，打开视频的"全部"界面，选择有人物出现的另一个视频素材（配套资源：\素材文件\第4章\隐形2.mp4），点击"确定"按钮。

（7）返回短视频剪辑界面，新导入的视频素材将作为一个新的图层被置于前一个视频

素材的上面。拖动其画面左下角的控制按钮，使其与前一个视频素材的画面重合，如图4-78所示。

图4-77　导入视频素材

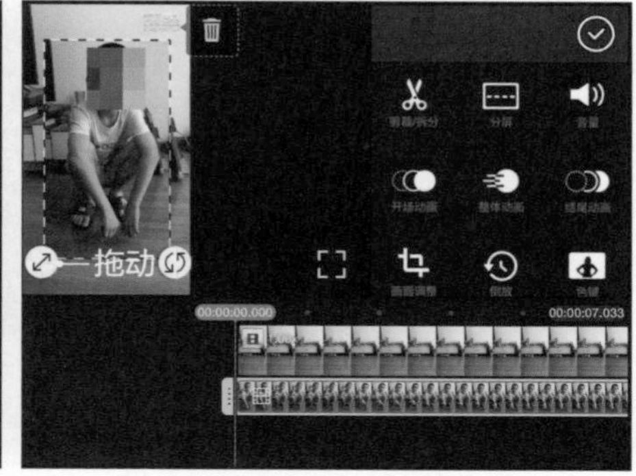

图4-78　添加并调整图层

（8）在编辑窗格中拖动播放指针，将其定位到人物抬起手的时间点，在右上角的工具栏中点击“剪裁/拆分”按钮，如图4-79所示。

（9）在打开的“剪裁/拆分”对话框中选择“在播放指针处拆分”选项，如图4-80所示。

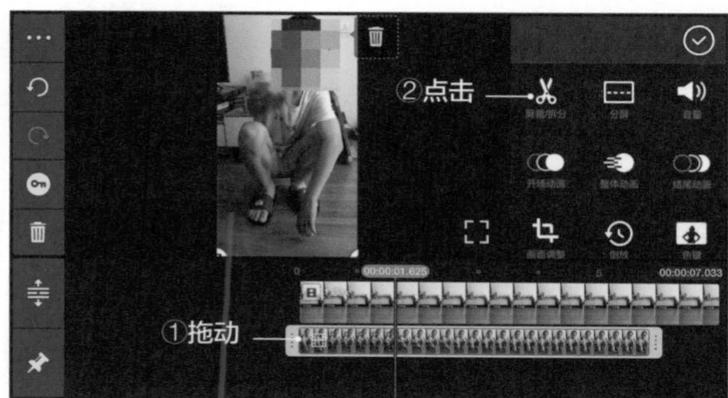

图4-79　点击“剪裁/拆分”

图4-80　拆分视频

（10）选择播放指针右侧的视频编辑条，在工具栏中点击“色键”按钮，如图4-81所示。

（11）打开“色键”对话框，打开“启用”按钮，然后拖动下面的滑块调整该图层视频中人物颜色和背景颜色的参数，将人物隐藏，再点击“确定”按钮，如图4-82所示。

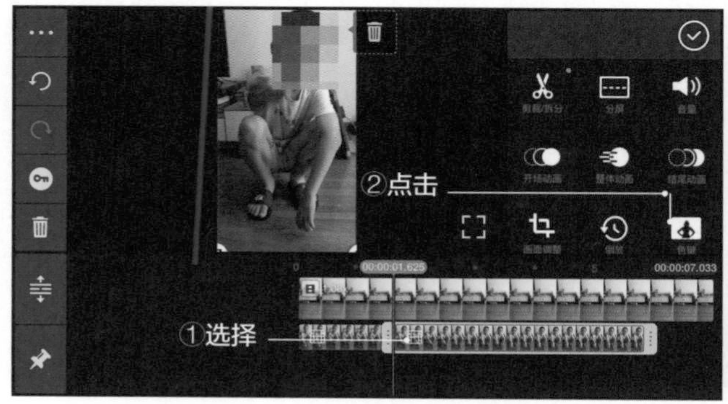

图4-81　点击“色键”按钮

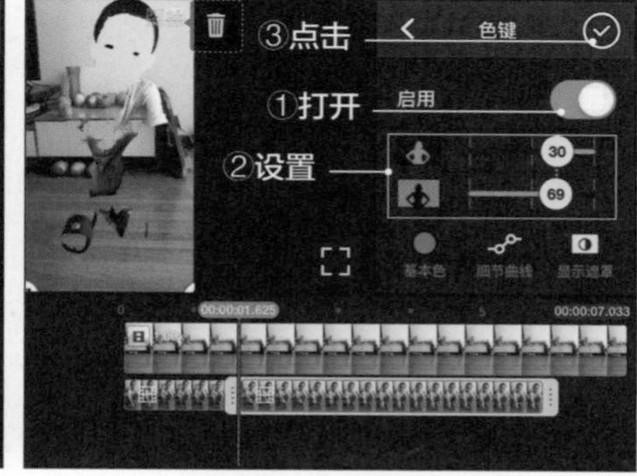

图4-82　调整参数

（12）在剪辑工具区域点击“音频”按钮，打开“音频”界面，在左侧的工具栏中点击“音效”按钮，在右侧窗格中点击“获取音效”按钮，如图4-83所示。

（13）打开素材商店的“音频”界面，在其中选择任意一个音频，即可试听该音频。点击“下载”按钮，如图4-84所示，再点击右上角的“关闭”按钮。

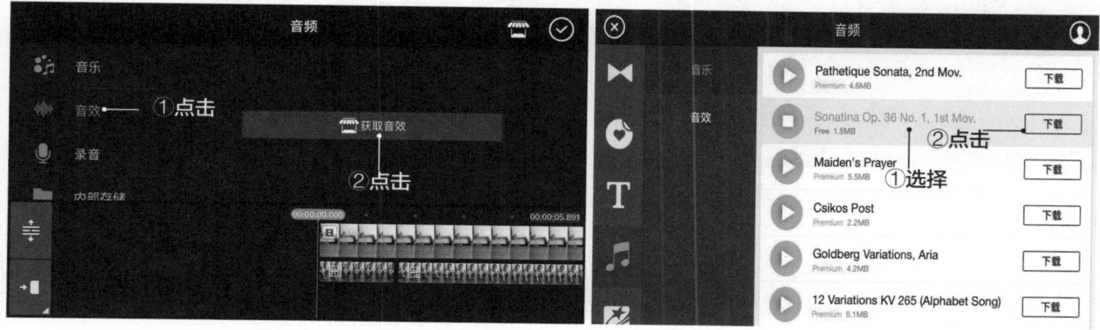

图4-83 获取音效

图4-84 下载音效

知识补充

巧影中的大部分音频素材都需要付费下载，只有显示“Free”文字的才能免费下载。

（14）返回“音频”界面，点击“音乐”按钮，然后选择下载的音乐，再点击“添加”按钮，如图4-85所示。

（15）返回编辑窗格，在右上角的音频工具栏中点击“确定”按钮，返回短视频剪辑界面。在剪辑工具区域中点击“层”按钮，在展开的功能按钮中点击“文本”按钮。

（16）打开文本编辑界面，输入“我是隐形人”，点击“确定”按钮，如图4-86所示。

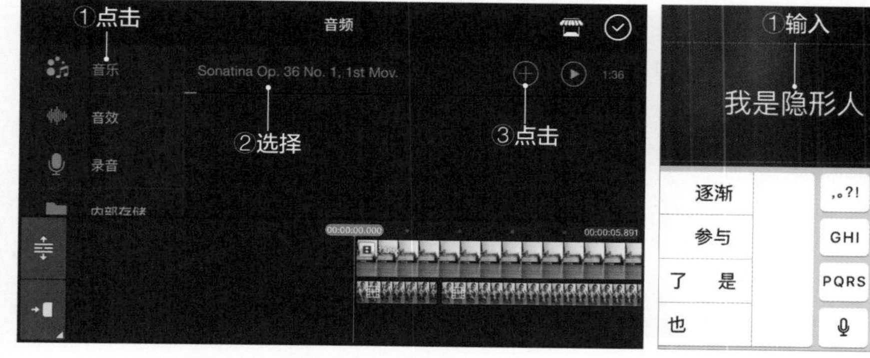

图4-85 点击“添加”按钮

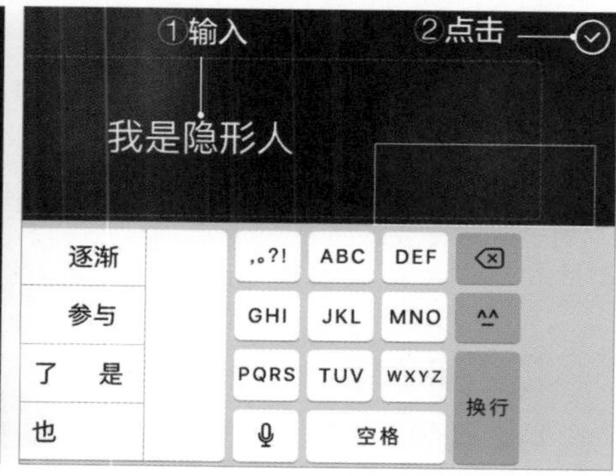

图4-86 输入文本

（17）将插入的文本拖动到视频画面的下侧，点击“确定”按钮，调整文字位置，如图4-87所示。

（18）返回短视频剪辑界面，点击“导出和分享”按钮，打开“导出和分享”界面。在“分辨率”和“帧率”栏中设置导出短视频的参数，这里保持默认设置，点击“导出”按钮，如图4-88所示，导出短视频后完成整个短视频剪辑操作（配套资源：\效果文件\第4章\隐形人.mp4）。

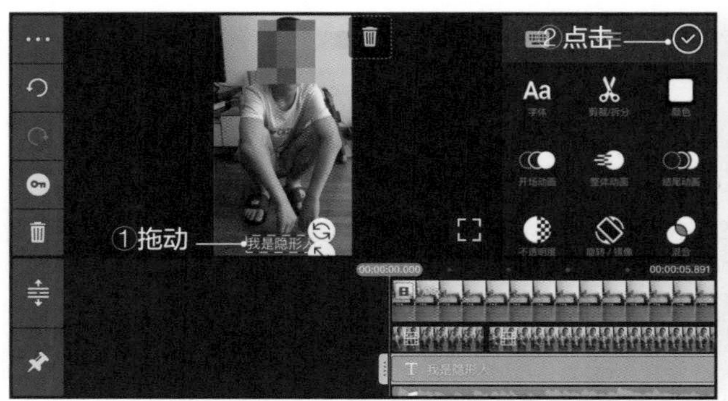

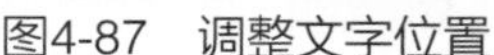
图4-87　调整文字位置

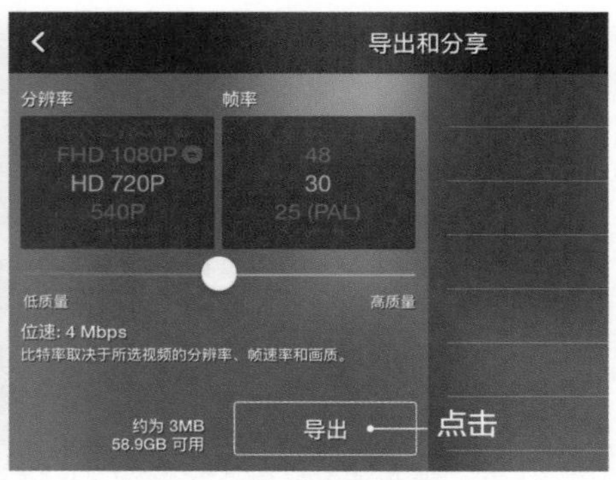

图4-88　导出短视频

项目实训——使用VUE剪辑美食制作类短视频

本实训将根据第3章中拍摄的美食制作类短视频和前面撰写的该美食短视频的脚本，并利用智能剪辑功能，剪辑一个名为《美食日记-咖喱鸡》的短视频。由于VUE的智能剪辑功能会自动为视频素材应用模板，所以本实训中可以省略设置转场、文字样式和边框，以及调整画面色彩等操作。最重要的两个操作就是对导入的各个视频素材按照前面撰写好的脚本进行剪辑（利用剪辑功能增加或删除内容），然后根据脚本为每段视频添加文本字幕。

慕课视频

项目实训

导入视频素材

由于第3章中拍摄的视频素材较多，所以这里导入的视频需要选择一些有代表性，且符合脚本项目内容要求的素材，具体操作步骤如下。

慕课视频

使用 VUE 剪辑美食制作类短视频

（1）在手机中点击VUE App的图标，打开VUE主界面。

（2）点击“拍摄和剪辑”按钮，打开“拍摄和剪辑”界面，点击“智能剪辑”按钮。

（3）打开选择导入视频的界面，在“相机胶卷”选项卡中选择需要的短视频（配套资源：\素材文件\第4章\咖喱鸡1.mp4~15.mp4），点击“导入”按钮。

选择模板

导入视频素材后，直接进入选择智能剪辑模板的界面，具体操作步骤如下。

（1）选择短视频的模板样式，点击样式对应的选项即可，样式中会显示模板的字体样式，并可以在界面上方预览最终的短视频效果。

（2）选择短视频的背景音乐，点击“上一首”按钮，选择《熊宝宝的下午茶》音乐。

（3）由于模板对导入视频素材的时长有限制，所以这里点击“长”按钮设置时长。

（4）选择“视频标题”选项，在打开的界面中输入“美食日记-咖喱鸡”，点击“确定”按钮，返回选择模板的界面，点击“下一步”按钮。设置智能剪辑模板如图4-89所示。

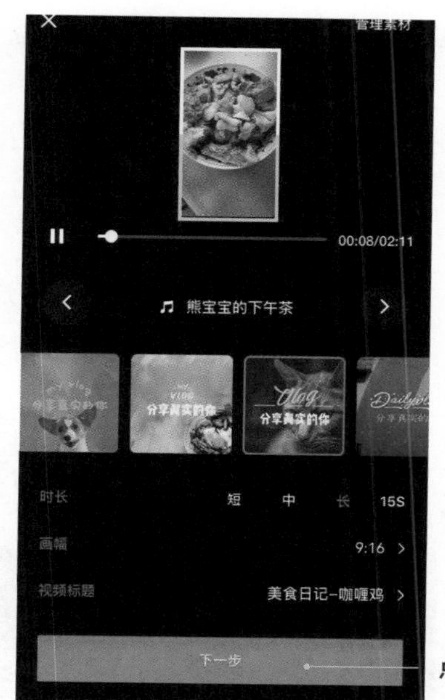

图4-89 设置智能剪辑模板

剪辑分段视频

接下来就需要对导入的视频素材进行剪辑。由于模板固定了视频素材的时长，为了体现脚本中的项目内容，就需要对大部分的视频素材进行剪辑，包括删除多余的内容，保留或增加符合脚本的内容。下面就来剪辑视频素材，具体操作步骤如下。

（1）打开“视频编辑”界面，在下方工具栏中点击“剪辑”按钮，在编辑窗格中选择导入的第2段视频素材。向右拖动其下方右侧的扩展按钮，将该视频素材恢复到最初的时长，如图4-90所示。

（2）在编辑窗格中拖动播放指针，将其定位于“5s”处，在下方工具栏中点击“分割”按钮；继续拖动视频编辑条，将播放指针定位于“8s”处，在下方工具栏中点击“分割”按钮。

（3）选择5s~8s处的视频片段，点击“删除”按钮，如图4-91所示，此时会弹出提示框，询问“删除所选分段？”，点击“删除”按钮，将该视频片段删除。

（4）用同样的方法，继续在导入的第2段视频素材中删除10s~15s、18s~27s、29s~最后这3个时间段范围的视频片段。

（5）用同样的方法，删除导入的第3段视频素材中15s~最后时间范围的视频片段。

（6）用同样的方法，删除导入的第4段视频素材中16s~最后时间范围的视频片段。

（7）用同样的方法，删除导入的第5段视频素材中17s~最后时间范围的视频片段。

（8）用同样的方法，删除导入的第6段视频素材中21s~最后时间范围的视频片段。

（9）用同样的方法，删除导入的第7段视频素材中23s~最后时间范围的视频片段。

（10）用同样的方法，删除导入的第8段视频素材中23s~25s时间范围的视频片段。

（11）用同样的方法，删除导入的第9段视频素材中25s~最后时间范围的视频片段。

（12）用同样的方法，删除导入的第10段视频素材中27s~最后时间段范围的视频片段。

（13）用同样的方法，删除导入的第11段视频素材中30s~最后时间段范围的视频片段。

（14）用同样的方法，删除导入的第12段视频素材中30s~32s、34s~最后这两个时间段范围的视频片段。

（15）用同样的方法，删除导入的第13段视频素材中35s~最后时间段范围的视频片段。

（16）用同样的方法，先将导入的第14段视频素材恢复到最初的时长，然后删除其中的35s~45s、48s~最后这两个时间段范围的视频片段。

（17）点击导入的第15段视频素材，向左拖动其下方右侧的扩展按钮，缩减该视频素材的时长，如图4-92所示，完成对视频素材的视频剪辑操作。

图4-90　恢复原视频时长　　图4-91　点击“删除”按钮　　图4-92　缩减视频时长

输入文本字幕

接下来需要为短视频添加文本字幕，具体操作步骤如下。

（1）在编辑窗格中选择第一个视频片段，在下面的工具栏中点击“文字”按钮，在展开的文字工具栏中点击“大字”按钮。

（2）展开“文字工具”工具栏，在其中选择一种大字样式。在视频画面中拖动文字将其移动到画面上部，点击“返回”按钮←。设置大字如图4-93所示。

（3）返回“视频编辑”界面，在文字工具栏中点击“字幕”按钮，打开“字幕”界面。按住“长按加字”按钮不放，如图4-94所示。

（4）松开后打开文字输入界面，输入“土豆、胡萝卜、洋葱”，换行继续输入“大葱、

姜、蒜”，点击“确定”按钮✓。

（5）点击输入的文字编辑条，向右拖动其下方右侧的扩展按钮，使之与第1个视频片段重合。在视频画面中拖动文字将其移动到画面下部，点击“完成”按钮。编辑字幕如图4-95所示。

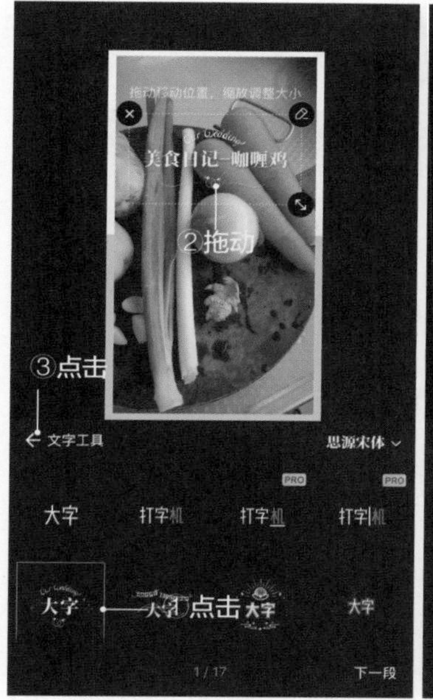

图4-93　设置大字

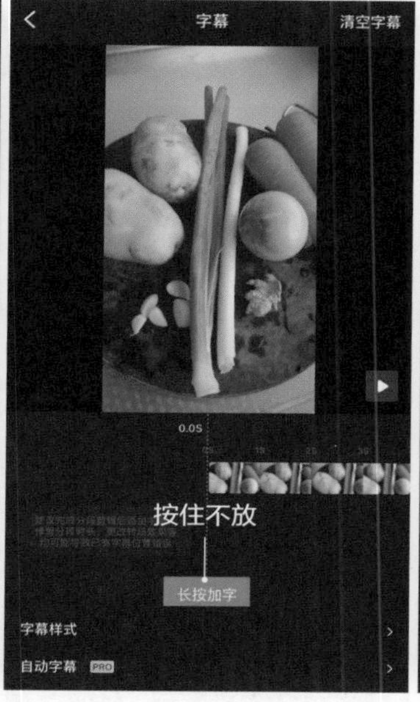

图4-94　按住“长按加字”按钮不放

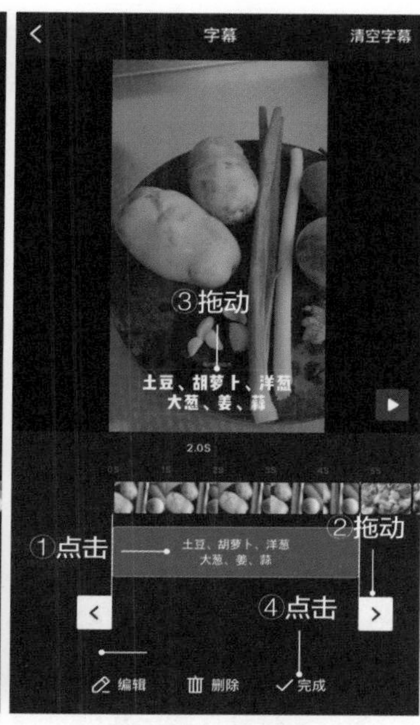

图4-95　编辑字幕

（6）用同样的方法在第2个视频片段中输入“将鸡肉切成小块”。

（7）用同样的方法在第3、4、5个视频片段中输入“加入盐、料酒和胡椒粉”。

（8）用同样的方法在第6个视频片段中输入“抓拌均匀，腌制10分钟”。

（9）用同样的方法在第7、8个视频片段中输入“葱、姜、蒜切片，配菜切块”。

（10）用同样的方法在第9个视频片段中输入“将鸡肉、葱、姜、蒜和料酒放入锅中”。

（11）用同样的方法在第10个视频片段中输入“水开两分钟后捞出鸡肉”。

（12）用同样的方法在第11个视频片段中输入“起锅烧油，油热后放入葱、姜、蒜爆香”。

（13）用同样的方法在第12个视频片段中输入“倒入鸡肉翻炒，并加入生抽和盐”。

（14）用同样的方法在第13个视频片段中输入“加入土豆、胡萝卜、洋葱，继续翻炒”。

（15）用同样的方法在第14个视频片段中输入“加入清水”。

（16）用同样的方法在第15个视频片段中输入“刚好没过所有食材”。

（17）用同样的方法在第16个视频片段中输入“水开后放入咖喱”。

（18）用同样的方法在第17个视频片段中输入“食材软糯后大火收汁”。

（19）用同样的方法在第18个视频片段中输入“盛出装盘，咖喱香气非常浓郁”。

（20）点击“返回”按钮<，返回“视频编辑”界面，完成短视频的文本字幕添加操作。

添加结尾

最后为短视频添加一个结尾视频，具体操作步骤如下。

（1）在工具栏中点击“分段”按钮，再在编辑窗格中所有视频片段的最右侧点击“添加片尾”按钮，如图4-96所示。

（2）打开“选择片尾样式”界面，在其中选择一种片尾样式，如图4-97所示。

（3）在打开的界面中预览该样式的结尾视频，点击“选择此样式”按钮，如图4-98所示。

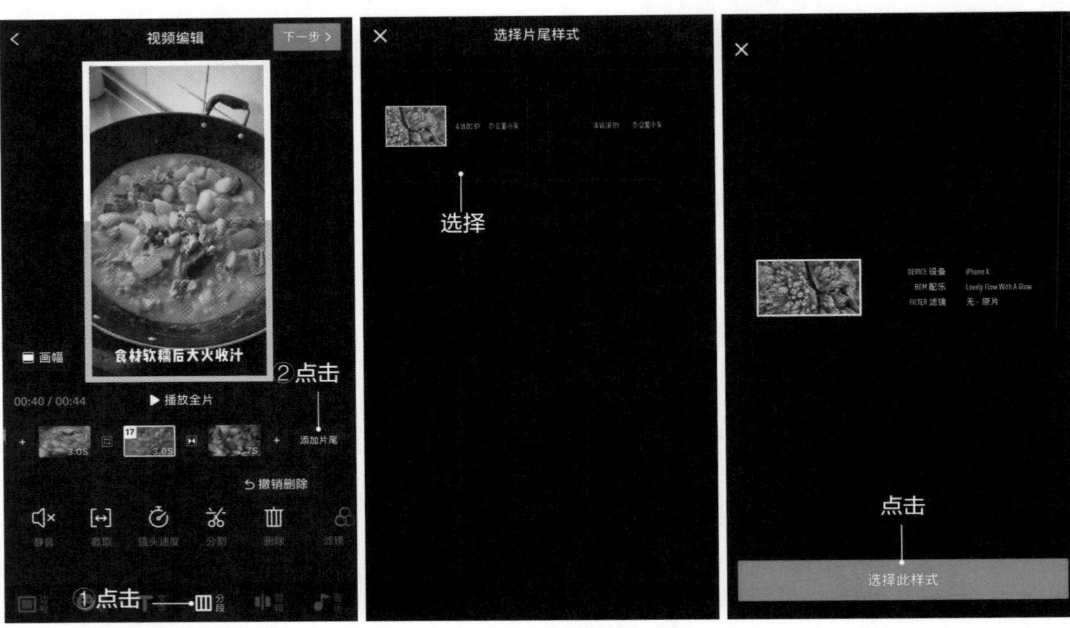

图4-96　点击“添加片尾”按钮　　图4-97　选择片尾样式　　图4-98　预览片尾

（4）返回“视频编辑”界面，点击“下一步”按钮，打开发布界面。设置视频的参数后点击“保存并发布”按钮，将剪辑好的短视频发布到VUE平台（配套资源：\效果文件\第4章\制作咖喱鸡.mp4）。

思考与练习

1. 收集其他常用的短视频剪辑App，试用后说说与本章所介绍的App的不同之处。

2. 使用VUE拍摄一个风景介绍Vlog。

3. 试试使用巧影的多图层功能剪辑一个双胞胎视频（主角是同一个人，固定场景，拍摄两个人在场景中的不同位置的视频素材，然后将其叠加）。

4. 使用剪映剪辑一个抖音短视频中常见的卡点类短视频。

Chapter 5

第5章 PC端短视频剪辑

短视频制作的常用软件有哪些？

短视频制作的辅助软件有哪些？

短视频制作有哪些常用剪辑手法？

如何用Premiere制作短视频？

<table>
<tr><th colspan="4">学习引导</th></tr>
<tr><td></td><td>知识目标</td><td>能力目标</td><td>素质目标</td></tr>
<tr><td>学习目标</td><td>1. 了解PC端常用的短视频剪辑软件
2. 了解PC端常用短视频剪辑的辅助软件
3. 学习短视频制作的常用剪辑手法
4. 学习使用Premiere制作短视频</td><td>1. 能够使用美图秀秀制作短视频封面
2. 能够使用快剪辑制作《回家的路》短视频
3. 能够使用Premiere剪辑搞笑短视频</td><td>1. 提升使用PC端软件剪辑短视频的专业能力和职业适应能力
2. 领悟剪辑是一门艺术，需要发挥自己的创意</td></tr>
<tr><td>实训项目</td><td colspan="3">使用Premiere剪辑美食制作类短视频</td></tr>
</table>

移动端的短视频剪辑App学习起来较简单，内容创作者可以根据模板和特效直接生成短视频，而且移动设备方便携带，可随时进行短视频剪辑，非常适合短视频新手学习和应用。但是，这类App对视频自定义的可操控空间相对有限，而且移动设备的存储空间远远不如计算机，保存视频素材比较麻烦，对于较复杂的视频剪辑起来也比较麻烦。所以，要想制作出更专业的效果，剪辑出更具有个性化特质的短视频，通常还需要学习和使用PC端的短视频剪辑软件。

在PC端进行短视频编辑时，可能会涉及视频剪辑和图片处理两个方面的内容，图片处理通常需要使用Photoshop、Illustrator等软件，这些软件被称为短视频剪辑的辅助软件。本章在介绍短视频制作的常用软件时，同样会介绍这些辅助软件。另外还会介绍短视频剪辑的一些常用手法，重点介绍使用Premiere制作短视频的方法，帮助大家学习专业的短视频剪辑操作。

5.1 短视频制作的常用软件

慕课视频

短视频制作的常用软件

俗话说“工欲善其事，必先利其器”，在短视频的设计与制作过程中，后期的剪辑工作对短视频最终的成片效果起到了非常重要的作用。因此，内容创作者在制作短视频时，应该选择一些能够提升视频质量，并能制作出多种创意效果的短视频剪辑软件。下面将介绍4款在短视频平台中，大多数短视频达人的制作团队常用的短视频剪辑软件。

5.1.1 会声会影

会声会影是COREL公司开发的一款功能强大的视频编辑软件，具有图像抓取和编修功能，可以抓取和实时记录抓取的画面文件，并提供超过100多种编制功能与效果，可导出多种常见的视频格式和MOV透明格式，而且支持无缝转场和变形过渡，自带2000多种特效、转场、标题和样本，还具备LUT一键调色和多机位编辑功能。

会声会影将专业视频剪辑软件中的许多复杂操作简化为几个功能模块，整个软件界面简洁易懂，非常适合有一定视频制作基础的用户使用。用户只需按照软件向导的菜单顺序操作，便可轻松完成从视频素材的导入、编辑到导出的一系列复杂操作过程。会声会影制作短视频的简单步骤如图5-1所示。

图5-1　会声会影制作短视频的简单步骤

会声会影不仅几乎满足了短视频制作的各种需求，甚至可以进行专业级的影视片段剪辑工作。虽然无法与Adobe Premiere和Sony Vegas等专业级别的视频剪辑软件媲美，但其以简单易用、功能丰富的特点赢得了很多短视频达人和团队的青睐，在短视频制作领域的使用率较高。

5.1.2 Premiere

Premiere简称Pr，是由Adobe公司开发并推出的一款视频编辑软件，是视频剪辑爱好者和视频制作专业人士必不可少的视频编辑工具。Premiere被广泛地运用于电视节目、广告和短视频等视频剪辑制作中，适合电影制作人、电视节目制作人、新闻记者、学生和专业视频制作人员使用。Premiere提供了采集、剪辑、调色、美化音频、字幕添加、输出等一整套视频剪辑流程，而且能与Adobe系列的其他软件配合使用，例如，可以直接通过After Effects（专业特效编辑软件）中的功能在Premiere中打开动态图形模板并进行自定义设置。这些功能足以解决内容创作者在短视频编辑和制作工作中遇到的大部分问题，满足内容创作者高质量、有创意的短视频需求。

对需要学习和使用短视频剪辑软件的短视频达人和团队来说，Premiere是很好的选择。首先，Premiere能够提升短视频剪辑的创作能力和自由度，其现在已经成为影视和短视频行业中专业剪辑的标配软件。其次，Premiere的功能一应俱全，而且可以非常细致地调节参数，导出各种格式的高质量短视频，这是很多其他剪辑软件和剪辑App无法实现的功能。最后，Premiere虽然是一款专业级的视频剪辑软件，但其学习和操作难度不比业余的剪辑App高太多，是一款易学、高效和精确的视频剪辑软件。

5.1.3 爱剪辑

爱剪辑是一款免费的视频剪辑软件，具有给视频添加字幕、调色、添加相框等功能，并具备操作简单、画质高清、运行速度快、影院级特效、专业的风格滤镜效果和炫目的视频切换效果等特点，甚至可以制作卡拉OK功能的短视频。爱剪辑创新的人性化界面功能丰富、布局紧凑，所有功能在软件打开的第一屏页面上都有展示，可让用户快速掌握视频剪辑技术，无须花费大量的时间学习。爱剪辑的操作界面如图5-2所示。

图5-2 爱剪辑的操作界面

5.1.4 快剪辑

快剪辑则是一款与爱剪辑类似的短视频剪辑软件，其功能永久免费，且没有像爱剪辑那样的官方强制使用的片头和片尾，相比其他视频剪辑软件来说，快剪辑的操作更快速、高效，只要剪辑完成就可以发布上传。快剪辑的操作界面相比爱剪辑更简约大气、清晰易懂，而且每个按钮都有一目了然的功能标注。除此之外，快剪辑还分为专业模式和快速模式两种，专业模式适合精细剪辑，快速模式方便快速完成任务，图5-3所示为快剪辑的专业模式界面。

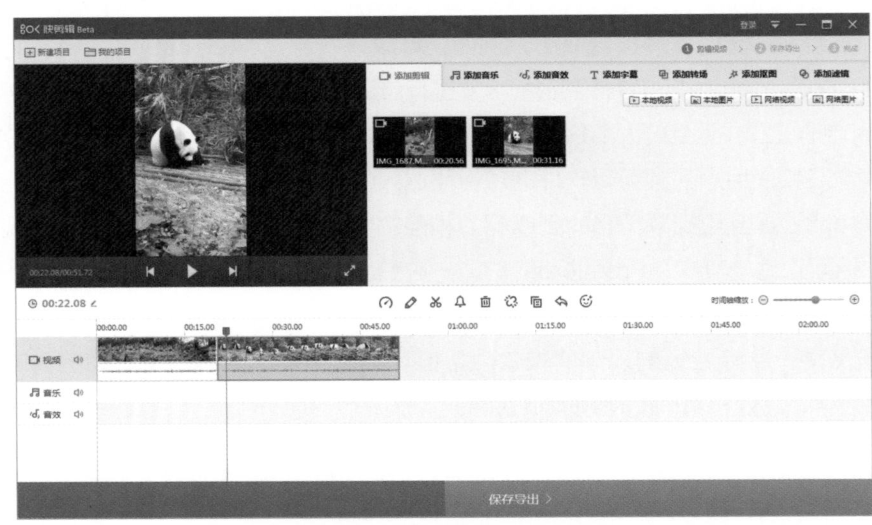

图5-3 快剪辑的专业模式界面

知识补充

快剪辑是免费软件，虽然功能不那么齐全，但完全可以满足短视频制作新用户和普通短视频剪辑制作用户的需求。如果想做出吸引眼球且个性化的短视频，需要应用比较高阶的功能，则可以选择会声会影和Premiere这两款收费软件。

5.2 短视频制作的辅助软件

慕课视频

短视频制作的辅助软件

互联网时代是一个读图时代，网络平台中的编辑通常都会尽量使用图片来代替长篇的文字内容。在短视频平台中，有一大部分短视频模板都是利用图片来制作的，例如，抖音中的影集和剪映中的剪同款等，用户只需要将制作好的图片导入这些模板，就可以制作出画面精美的短视频。所以，在短视频剪辑过程中，需要对图片进行裁剪、美化和拼接等操作，而这些操作都可以利用专业的图片编辑软件来轻松完成，这类软件被称为短视频制作的辅助软件。下面介绍两款常用的辅助软件。

5.2.1 Photoshop

Photoshop是一款专业的图像处理软件，在短视频的内容制作中应用广泛，包括短视频的封面与结尾制作、图片处理和海报制作等。利用Photoshop的图像处理和特效功能，可以将一些质量较差的图片处理成效果精美的图片，也可以将多张图片合成为一张图片，还可以把图片原来的颜色调整为任何颜色，这些都与短视频通过画面和内容吸引用户的目标完全一致。所以，Photoshop是一款短视频制作中需要掌握的辅助软件，图5-4所示为Photoshop的操作界面。另外，由于Photoshop也是Adobe公司开发的软件，其可以与Premiere配合使用，所以Photoshop在短视频剪辑中属于非常实用的辅助软件。

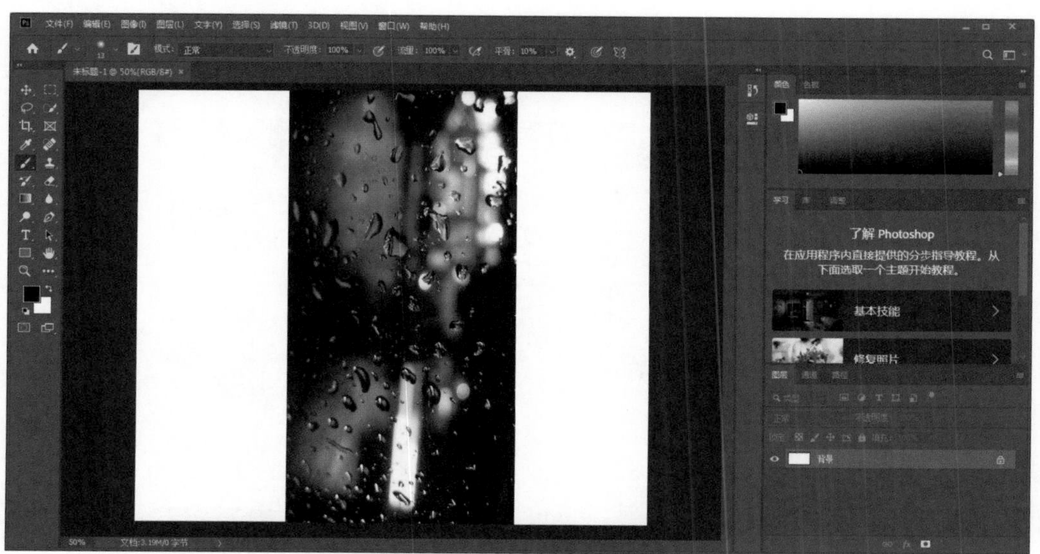

图5-4　Photoshop的操作界面

5.2.2 美图秀秀

美图秀秀是一款简单易用的图片编辑软件，具有图片美化、人像美容、添加文字、贴纸饰品、添加边框、拼图和抠图等功能，能够对在短视频中使用的图片进行多种操作。图5-5所示为美图秀秀的操作界面。

图5-5　美图秀秀的操作界面

5.2.3 实战案例：使用美图秀秀制作短视频封面

慕课视频

使用美图秀秀制作短视频封面

下面就使用美图秀秀为美食制作类短视频制作封面图片，主要运用美图秀秀的海报拼图功能，其方法是将两张素材图片拼接成海报图片，并将其设置为短视频封面的比例大小，具体操作步骤如下。

（1）首先在PC端启动美图秀秀，在其操作界面中单击“拼图”选项卡，打开拼图功能对应的界面，单击“打开图片”按钮，如图5-6所示。

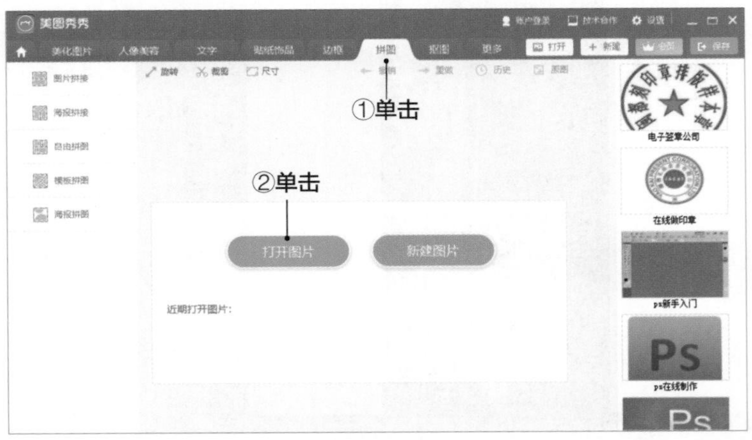

图5-6　单击“打开图片”按钮

（2）打开“打开图片”对话框，在其中选择一张图片（配套资源：\素材文件\第5章\封面1.jpg），单击“打开”按钮，返回操作界面，在左侧单击“海报拼图”选项卡。

（3）打开“拼图”对话框的“海报拼图”选项卡，在右侧的样式栏中选择一种海报拼图模板，然后在海报拼图模板中需要添加图片的位置双击，如图5-7所示。

图5-7　选择海报拼图模板

（4）打开“打开图片”对话框，在其中选择另一张图片（配套资源：\素材文件\第5章\封面2.jpg），单击“打开”按钮。

（5）返回“海报拼图”选项卡，在展示的海报拼图模板中即可预览添加图片后的拼图效果。同时，美图秀秀会打开“图片设置”对话框，在其中可以设置“图片大小”“旋转角度”等参数，这里保持默认设置，然后单击“确定”按钮，如图5-8所示。

图5-8　图片设置

（6）返回拼图功能对应的界面，在界面左上角单击“尺寸”按钮。

（7）打开“尺寸”对话框，在“修改尺寸”栏中重新设置图片尺寸，使其与短视频尺寸一致。取消勾选“锁定长度比例”复选框，在“宽度”文本框中输入“720”，在“高度”文本框中输入“1280”，单击“确定”按钮，如图5-9所示。

（8）返回拼图功能对应的界面，在界面的右上角单击“保存”按钮，打开“保存”对话框。在“保存路径”栏中设置图片的保存位置，在文本框中输入图片名称，单击“保存”按钮保存图片，如图5-10所示，完成短视频封面的制作（配套资源：\效果文件\第5章\美食封面.jpg）。

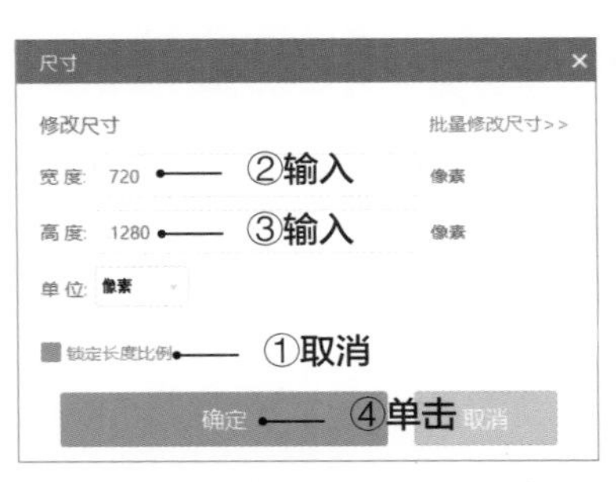

图5-9 重新设置图片尺寸

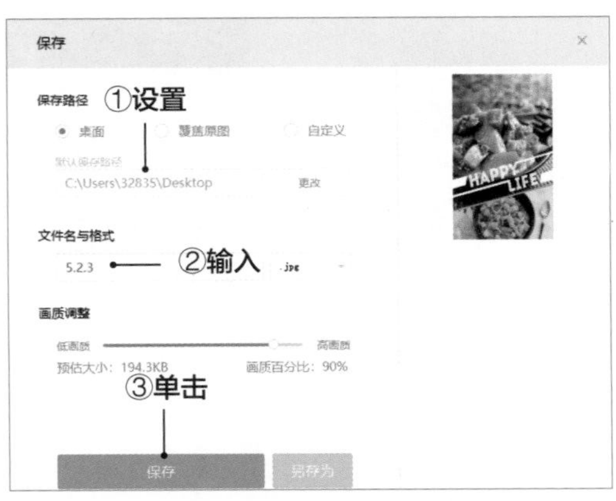

图5-10 保存图片

 5.3 短视频制作的常用剪辑手法

慕课视频

短视频制作的常用剪辑手法

在短视频制作过程中，剪辑的本质是将拍摄的大量视频素材，经过分割、删除、组合和拼接等操作，最终形成一个连贯流畅、立意明确、主题鲜明并有艺术感染力的短视频。简单地说，剪辑就是将多个视频画面进行连接，而在剪辑过程中通常需要合理利用剪辑的手法，这些手法可以改变短视频画面的视角，推动短视频内容向创作者的目标方向发展，同时让短视频更精彩。

5.3.1 标准剪辑

标准剪辑是短视频制作中最常用的剪辑手法，就是将视频素材按照时间顺序进行拼接组合，制作成最终的短视频。对于大部分没有剧情，且只是由简单时间顺序拍摄的短视频来说，一般都采用标准剪辑手法进行短视频的制作。

5.3.2 匹配剪辑

匹配剪辑连接的两个视频画面通常动作一致或构图一致。匹配剪辑经常用于短视频转场，因为影像有跳跃动感，可以从一个场景跳到另一个场景，从视觉上形成酷炫的转场特效。简单地说，匹配剪辑就是让两个相邻的视频画面中主要拍摄对象不变，但进行场景切换，例如旅游类短视频中常见的卡点类短视频，如图5-11所示。

图5-11 匹配剪辑

5.3.3 跳跃剪辑

跳跃剪辑可对同一镜头进行剪辑，也就是两个视频画面中的场景不变，但其他事物发生变化，其剪辑方式与匹配剪辑正好相反。跳跃剪辑通常用来表现时间的流逝，也可以用于关键剧情的视频画面中，增加镜头的急迫感，例如换装类的卡点短视频，如图5-12所示。

图5-12 跳跃剪辑

5.3.4 J Cut

J Cut是一种声音先入的剪辑手法，是指下一视频画面中的音效在画面出现前响起，达到一种“未见其人，先闻其声”的效果，适合给视频画面引入新元素。在短视频制作过程中，J Cut的剪辑手法通常不容易被用户所发现，但经常被使用。例如，内容创作者制作旅游类短视频时，可在风景的视频画面出现之前，先响起山中小溪的潺潺流水声，吸引用户的注意力，让用户先在其脑中想象出小溪的画面。

5.3.5 L Cut

L Cut是一种上一视频画面的音效一直延续到下一视频画面中的剪辑手法，这种剪辑手法在短视频制作中也很常用，例如一些角色间的简单对话。

J Cut和L Cut两种剪辑手法都是为了保证两个视频画面之间的节奏不被打断，让短视频有一个完美的过渡，起到承上启下的作用，用音效去引导用户关注短视频的内容。

5.3.6 动作剪辑

动作剪辑指视频画面在人物角色或拍摄主体仍在运动时进行切换的剪辑手法。需要注意的是，动作剪辑中的剪辑点不一定在动作完成之后，内容创作者可以根据人物动作的方向、人物转身或拍摄主体发生明显变化的镜头设置进行切换。例如，在剪辑求婚的短视频时，在前一视频画面中男主角拿出戒指并准备下跪时，就可以利用动作剪辑的手法，在下一刻出现女主角一脸惊喜并激动落泪的画面。其实，动作剪辑一般用于动作类型的短视频或影视剧中，其能够较自然地展示人物的动作交集画面，但在很多其他类型的短视频中也可以使用这一剪辑手法，以增加短视频的故事性和吸引力。

5.3.7 交叉剪辑

交叉剪辑是指视频画面在两个不同场景间来回切换的剪辑手法，通过频繁地来回切换画面来建立角色之间的交互关系，例如，在影视剧中大多数打电话的镜头通常都使用交叉剪辑的手法。在短视频制作中，使用交叉剪辑能够提升短视频内容的节奏感，增加内容的张力并产生悬念，从而引导用户情绪，使其对短视频内容产生兴趣。例如，某短视频中主角需要选择午餐，视频画面就在牛肉盖浇饭和回锅肉之间频繁地来回切换，既能表现主角纠结、复杂的内心情感，也能吸引用户关注，并使其对主角的最终选择产生好奇，吸引用户继续观看视频。

5.3.8 蒙太奇

蒙太奇（Montage，原文是法语，是音译的外来语）原本是建筑学语言，意为构成、装配，后来被广泛用于电影行业，意思是“剪辑”。这里的蒙太奇是指当短视频在描述一个主题时，可以将一连串相关或不相关的视频画面组合在一起，来衬托和表达这个主题，产生暗喻的作用。例如，为了表现出某食物的美味，在视频中展示吃了该食物的男主角穿上裙子和纱衣，在沙滩上舞蹈和嬉戏的画面，既带给用户喜剧的感觉，又从另一个方面展示出该食物美味得让人疯狂的特点，这就是蒙太奇的剪辑手法。图5-13所示为一个使用蒙太奇剪辑手法的厨房产品广告，其中通过制作和品尝美食时的各种动作与现实中相同的精彩动作的对比，展示出各种精美的画面，同时也衬托出该产品的优良品质。

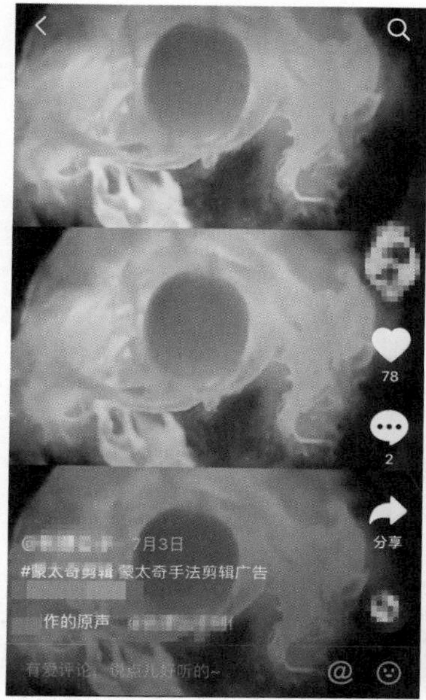

图5-13　使用蒙太奇剪辑手法的厨房产品广告

知识补充

在剪辑短视频时，可以根据短视频内容发展和主题，任意组合使用多种剪辑手法，例如，动作剪辑+L Cut，交叉剪辑+匹配剪辑等。这样可以强化短视频画面的张力，使画面更丰富，更好地突出短视频的内容和主题。

5.3.9 实战案例：使用快剪辑制作《回家的路》短视频

慕课视频

使用快剪辑制作《回家的路》短视频

本案例使用快剪辑制作《回家的路》短视频，其中使用了J Cut、标准剪辑和匹配剪辑等剪辑手法，具体操作步骤如下。

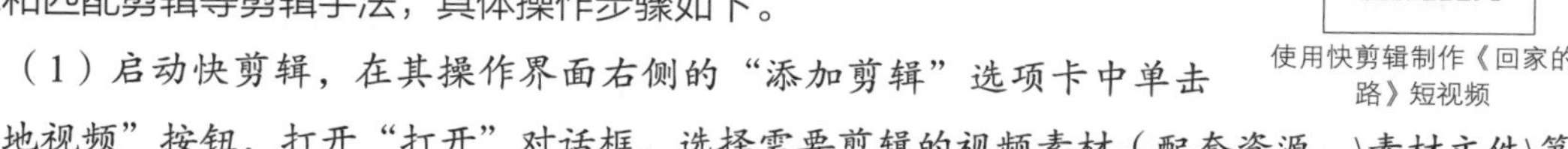

（1）启动快剪辑，在其操作界面右侧的“添加剪辑”选项卡中单击“本地视频”按钮，打开“打开”对话框。选择需要剪辑的视频素材（配套资源：\素材文件\第5章\回家1.mp4~4.mp4），单击“打开”按钮添加视频素材，如图5-14所示。

（2）在“添加剪辑”选项卡中即可看到添加的视频素材，分别将其拖曳至操作界面下面的视频编辑条中（依次为“回家4.mp4”“回家1.mp4”“回家2.mp4”“回家3.mp4”）。选择第2个视频素材，将时间指针定位到“00:18”的位置，单击“分割”按钮，选择时间指针左侧的视频片段，单击“删除”按钮，打开确认提示框，询问是否删除该片段，单击“确定”按钮，如

图5-15所示。

图5-14　添加视频素材

图5-15　分割和删除视频片段

（3）用同样的方法分割最后一个视频素材，保留前面10秒左右的视频片段，删除剩余视频片段。

（4）在视频编辑条左侧单击“音量”按钮，在打开的音量调节栏中勾选“静音”复选框，如图5-16所示，关闭视频素材的原有声音。

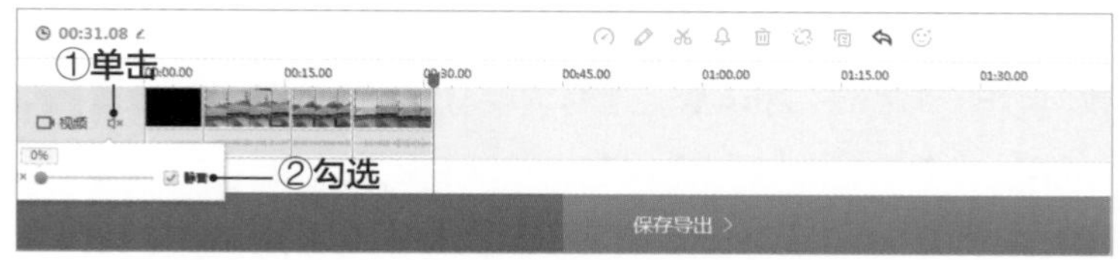

图5-16　关闭视频素材的原有声音

（5）选择第3个视频素材，单击“调速”按钮，在打开的速度调节栏中拖曳滑块，将视频播放速度调整为“0.50X”，如图5-17所示。

（6）用同样的方法将第4个视频素材的视频播放速度调整为“0.50X”。

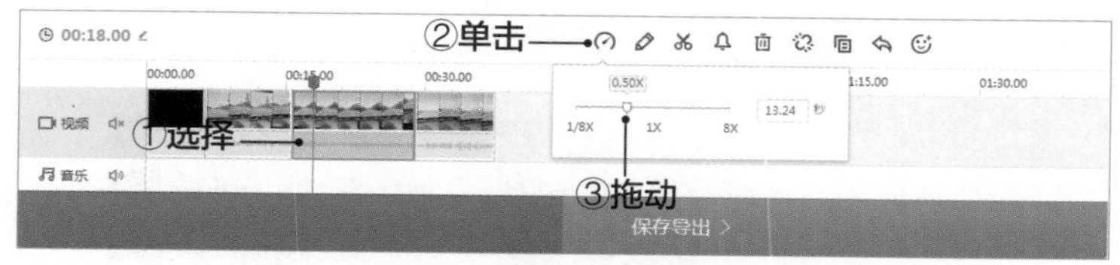

图5-17　调整视频素材的视频播放速度

（7）选择第1个视频素材，在操作界面中单击“添加转场”选项卡，在其中单击“交融”效果右上角的“添加”按钮，在前两个视频之间添加转场效果。在视频编辑条中拖曳该转场效果的扩展按钮，将其时长扩展为“03.20秒”，如图5-18所示。

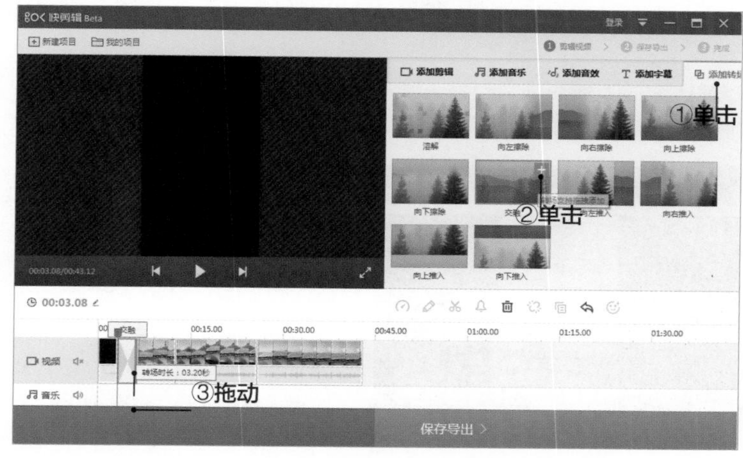

图5-18　添加转场效果

（8）用同样的方法分别为第2个和第3个视频素材添加“交融”转场效果，并将其时长都扩展为“03.20秒”。

（9）将时间指针定位到视频开始位置，在操作界面中单击“添加字幕”选项卡，然后继续单击“VLOG”选项卡，选择一种字幕样式。单击该样式右上角的“添加”按钮，如图5-19所示。

（10）打开“字幕设置”对话框，先在预览栏中拖曳文本框到合适的位置，然后在文本框中输入“回家的路”，并拖曳文本框四周的控制点，调整文本框的大小。继续在下面的时间编辑条中拖动扩展按钮，将文本应用到所有时间中，单击“保存”按钮。字幕设置如图5-20所示。

（11）在操作界面中单击“添加音乐”选项卡，然后继续单击“舒缓”选项卡，选择一首歌曲，单击该歌曲右侧的“添加”按钮，然后在音乐编辑条右侧拖曳滑块，将音频的时长调整到与视频相同，单击操作界面右下角的“保存导出”按钮，如图5-21所示。

（12）打开“保存导出”的界面，在左侧的窗格中可以预览视频效果，在下面的设置栏中设置视频的“保存路径”“文件格式”“导出尺寸”“视频比特率”“视频帧率”“音频质量”等参数，这里保持默认设置。在操作界面右侧单击“特效片头”选项卡，设置片头和片尾，这里选择“黑底白字”片头样式，在“标题”和“创作者”文本框中输入文本，单击取消勾选“片头使用快剪辑Logo”复选框，单击“开始导出”按钮。导出设置如图5-22所示。

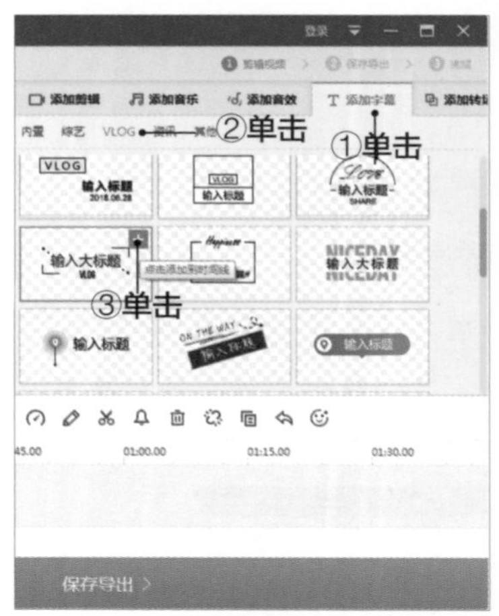

图5-19　选择字幕样式

图5-20　字幕设置

图5-21　添加音乐

图5-22　导出设置

（13）打开“填写视频信息”对话框，在“标题”和“简介”文本框中输入短视频的基本信息，然后设置短视频的标签和分类，并选择一张截图作为短视频封面，再单击“下一步”按钮，如图5-23所示。

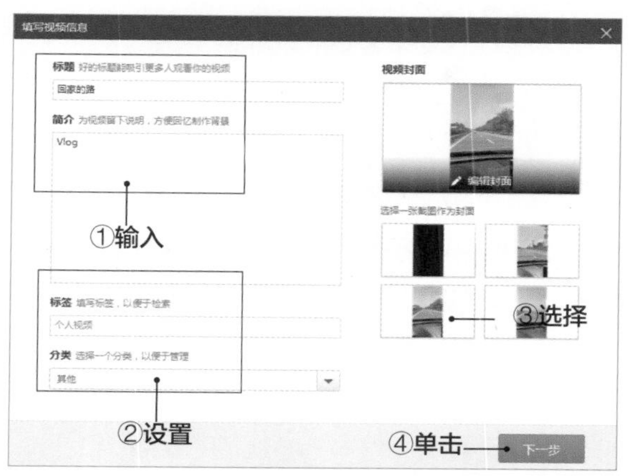

图5-23　填写视频信息

（14）打开“导出视频”对话框，快剪辑开始导出剪辑完成的短视频，并显示导出进度，完成后可以直接播放导出的短视频，单击“完成”按钮完成本案例的制作（配套资源：\效果文件\第5章\回家的路.mp4）。

慕课视频

使用Premiere制作短视频

 5.4 使用Premiere制作短视频

Premiere是短视频制作和剪辑中的常用软件，其操作界面通常由多种不同的面板组成，其中最常用的是“项目”面板、“源”面板、“时间轴”面板和“节目”面板，如图5-24所示。

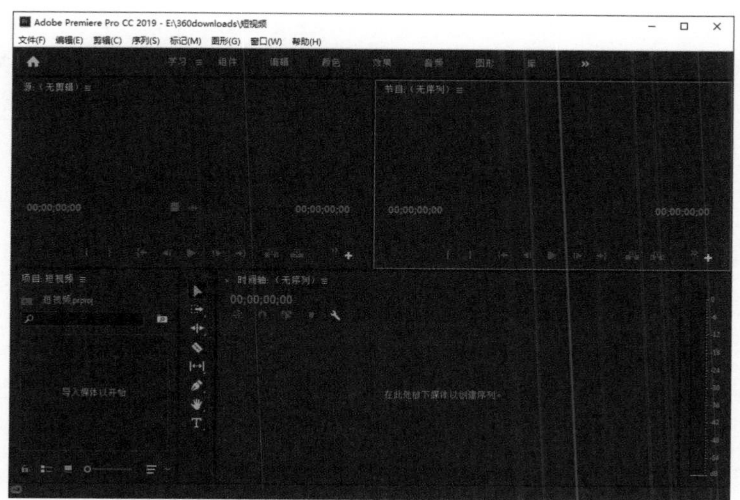

图5-24　Premiere的操作界面

- “项目”面板。“项目”面板的主要功能是进行视频素材管理，导入视频素材和新建的

素材都可以在“项目”面板中进行管理，也可以在其中建立序列文件。

- “源”面板。在“项目”面板中双击某一个视频素材，可以在左上角的“源”面板中预览该视频素材，也可以对该视频素材进行简单的标记。
- “时间轴”面板。“时间轴”面板的主要功能是使用“时间轴”面板左侧工具栏中的工具对视频素材进行剪辑和制作各种效果，前提是将“项目”面板中的素材拖曳到“时间轴”面板中。
- “节目”面板。“节目”面板的主要功能是预览剪辑的视频效果。

知识补充

Premiere的操作界面可以根据内容创作者自己的需求进行设置。在操作界面编辑区和菜单栏之间有一个功能区，单击功能区中的某个功能按钮，将在编辑区中展开对应的功能面板。

5.4.1 导入素材

素材是指制作短视频的原始视频、图片或音频，通常只有导入“项目”面板的素材才能在视频剪辑或制作过程中使用。将素材导入“项目”面板后，“项目”面板中会显示文件的详细信息，如名称、属性、大小、持续时间、文件路径和备注等。在菜单栏中选择“文件”/“导入”命令或双击“项目”面板的空白处，可打开“导入”对话框，在其中选择所需的图片、视频或音频素材，然后单击“打开”按钮，选择的素材将被导入“项目”面板中。

5.4.2 选择短视频素材的入点和出点

在剪辑短视频的时候，有时需要对视频素材进行分割和删除，在Premiere中可以通过设置入点和出点的方法来精确处理视频素材。入点就是视频分割的起点，出点则是视频分割的终点，也就是说，入点和出点之间的视频片段就是最终需要的视频素材。在“项目”面板中双击一个视频素材，然后在“源”面板的时间轴上将时间指针定位到需要添加入点的位置，在下面的工具栏中单击“标记入点”按钮，再将时间指针定位到需要添加出点的位置，在下面的工具栏中单击“标记出点”按钮，即可完成入点和出点的选择操作。在“项目”面板中将该视频素材拖曳到“时间轴”面板中，该用于剪辑的视频素材就只有入点和出点之间的视频片段，如图5-25所示。

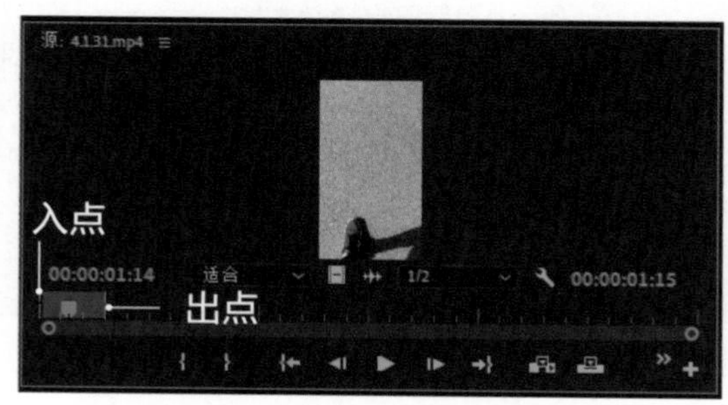

图5-25　选择入点和出点

知识补充

设置了入点和出点后，可在“源”面板的时间轴上将鼠标指针移动到入点或出点位置，当鼠标指针变成红色的可扩展状态时，拖曳即可调整入点或出点的位置。

5.4.3 添加并设置转场效果

Premiere提供了多种预定义的转场组，主要有“3D运动”“划像”“擦除”“沉浸式视频”“溶解”“滑动”“缩放”“页面剥落”等，每种转场组中又有多种转场效果。

添加并设置转场效果的操作方法是在功能区中单击“编辑”功能按钮，然后在“项目”面板中单击右上角的扩展按钮，在展开的菜单中选择“效果”选项，展开“效果”面板，在其中选择“视频过渡”选项，然后选择需要的转场效果，并将其拖曳到时间轴中的两段视频片段的中间位置。在该转场效果图标上单击鼠标右键，在弹出的快捷菜单中还可以设置转场效果的持续时间和清除转场效果，如图5-26所示。

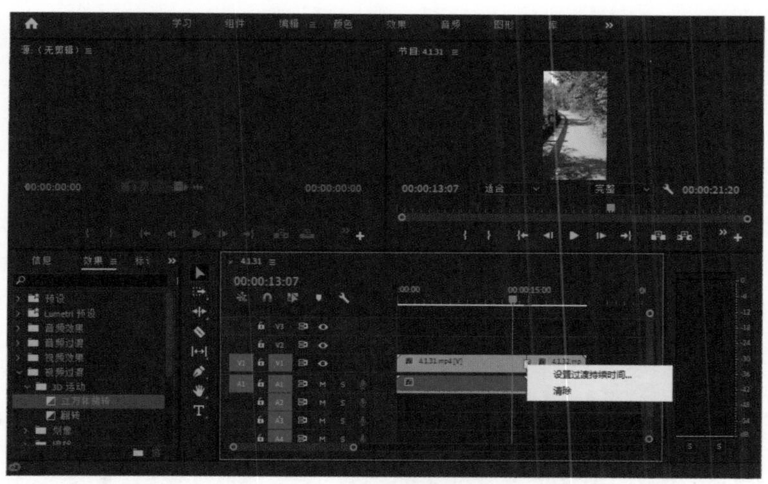

图5-26　设置转场效果

5.4.4 调整视频效果

Premiere为用户提供了很多专业的控制视频画面效果的参数，内容创作者可以通过调整这些参数来获得更精彩的画面效果。Premiere中有“变换”“图像控制”“实用程序”“扭曲”“时间”“杂色与颗粒”“模糊与锐化”“沉浸式视频”“生成”“视频”“调整”“过时”“过渡”“透视”“通道”“键控”“颜色校正”“风格化”等多种效果组，每种效果组中又有多种视频效果。添加视频效果的操作方法是在功能区中单击“效果”功能按钮，展开“效果”面板，在其中选择“视频效果”选项，然后选择需要的视频效果，将其拖曳到时间轴的视频片段中，即可添加视频效果。在功能区中单击“效果”功能按钮，展开“效果控件”面板，在其中选择添加的视频效果对应的选项，拖曳鼠标指针调整对应的效果参数，即可调整视频画面的效果，如图5-27所示。

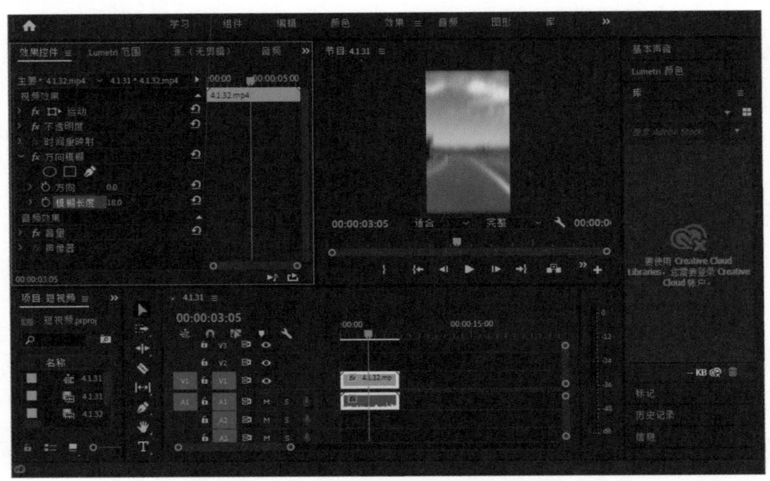

图5-27 调整视频画面的效果

5.4.5 添加合适的滤镜

Premiere中有“Filmstocks”“影片”“SpeedLooks”“单色”“技术”等多种滤镜组，每种滤镜组中又有多种滤镜效果。添加滤镜的操作方法是在功能区中单击“效果”功能按钮，展开“效果”面板，在其中选择“Lumetri预设”选项，然后展开需要的滤镜组，双击其中的滤镜选项即可为“时间轴”面板中的视频添加滤镜。在功能区中单击“效果”功能按钮，展开“效果控件”面板，在其中选择添加的滤镜对应的选项，即可调整该滤镜的相关参数，进行滤镜效果设置，如图5-28所示。

图5-28 滤镜效果设置

5.4.6 添加短视频字幕

Premiere中可以添加短视频字幕并设置字幕样式。添加短视频字幕的操作方法是在“时间轴”面板中将时间指针定位到视频中需要添加字幕的位置，然后在左侧的工具栏中单击“文字工具”按钮，在“节目”面板的视频画面中双击即可插入文本框，文本框中可以输入字幕文本。在功能区中单击“效果”功能按钮，展开“效果控件”面板，在其中展开“文本（输入字幕）”选项，即可进行字幕文本的相关设置，如图5-29所示。

图5-29　字幕文本的相关设置

5.4.7 添加短视频背景音乐

Premiere中可以为短视频添加背景音乐，并对背景音乐的相关参数进行设置。添加短视频背景音乐的操作方法是在“时间轴”面板中的视频片段上单击鼠标右键，在弹出的快捷菜单中选择“取消链接”命令，然后选择该视频的音频编辑条，按【Delete】键将其删除。双击“项目”面板空白处，打开“导入”对话框，在其中导入需要添加的背景音乐，并将其拖曳到“时间轴”面板中。在功能区中单击“音频”功能按钮，展开“音频”窗格，在其中可对该背景音乐的“响度”“持续时间”“音量”等进行设置，如图5-30所示。

图5-30　添加短视频背景音乐

5.4.8 导出短视频

Premiere中制作完成的短视频并不能一键分享到其他平台，因此还需要内容创作者进行导出操作。导出短视频的方法是在菜单栏中选择“文件”/“导出”/“媒体”命令，打开“导出设置”对话框。在左侧的窗格中预览短视频效果，在右侧的窗格中进行导出设置，包括导出视频的格式、名称、尺寸和帧率等，最后单击“导出”按钮导出短视频，如图5-31所示。

图5-31　导出短视频

5.4.9 实战案例：使用Premiere剪辑搞笑短视频

慕课视频

使用Premiere剪辑搞笑短视频

下面就使用Premiere剪辑一个搞笑短视频，其中涉及导入视频素材、调整视频效果、添加字幕和背景音乐，以及导出短视频等操作，具体操作步骤如下。

（1）首先启动Premiere，在菜单栏中选择“文件”/“新建”/“项目”命令，打开“新建项目”对话框，在“名称”文本框中输入“搞笑短视频”，然后单击“位置”下拉列表框右侧的“浏览”按钮，打开“请选择新项目的目标路径”对话框。在其中选择一个保存新建视频项目的文件夹，单击“选择文件夹”按钮。返回“新建项目”对话框，单击“确定”按钮，如图5-32所示，即可展开Premiere的操作界面和编辑区。

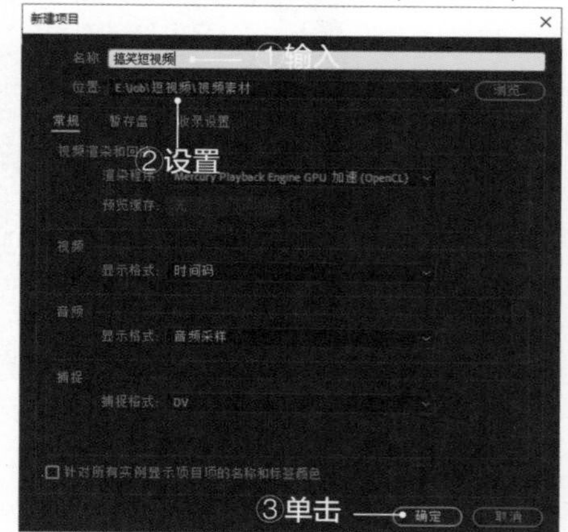

图5-32　新建项目

（2）在功能区中单击“编辑”功能按钮，双击“项目”面板的空白处，打开“导入”对话框，选择需要剪辑的视频素材（配套资源：\素材文件\第5章\熊猫素材.mp4），然后单击“打开”按钮，该短视频素材将被导入“项目”面板中。

（3）将“项目”面板中的视频素材拖曳到“时间轴”面板中，在“时间轴”面板的视频素材上单击鼠标右键，在弹出的快捷菜单中选择“取消链接”命令，然后选择视频素材下面的音频素材，按【Delete】键将其删除，如图5-33所示。

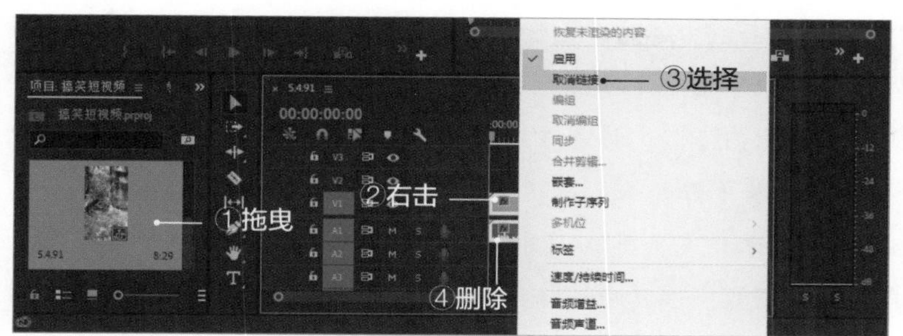

图5-33　删除原音

（4）用同样的方法打开“导入”对话框，将音频素材导入“项目”面板中，并将其拖曳到“时间轴”面板中。在功能区中单击“音频”功能按钮，展开“音频”面板；在“选择具有标记的剪辑”栏中单击“音乐”按钮，展开“基本声音”工具栏；在“剪辑音量”栏中拖曳音量滑块，将音频的音量设置为“-10.9分贝”。添加背景音乐如图5-34所示。

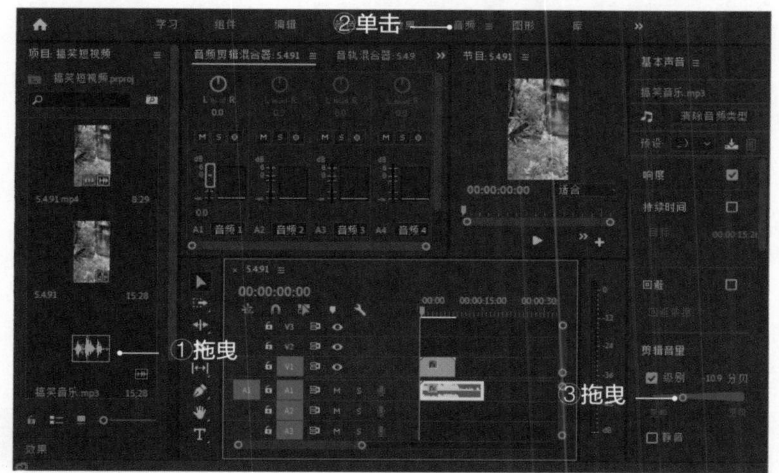

图5-34　添加背景音乐

（5）在功能区中单击“编辑”功能按钮，将鼠标指针定位到音频编辑条中第9秒左右的位置。在“时间轴”面板左侧的工具栏中单击“剃刀工具”按钮，然后在工具栏中单击“选择工具”按钮，选择音频素材中被分割后右侧的部分，按【Delete】键将其删除，如图5-35所示。

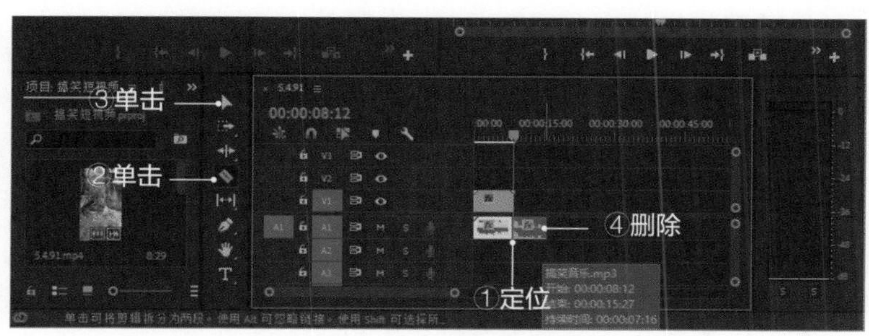

图5-35　删除多余音频素材

（6）在“时间轴”面板中将时间指针定位到需要添加字幕的位置，这里是00:00:00:24左右的位置，然后在工具栏中单击“文字工具”按钮，在“节目”面板的视频画面中双击插入文本框，并输入“好开心，出门了”。接着在功能区中单击“效果”功能按钮，展开“效果控件”窗格，在其中展开“文本（好开心，出门了）”选项，在下面的“字体”下拉列表框中选择“Muyao-softbrush”字体样式，再在“外观”栏中单击勾选“描边”复选框，并单击描边色块，打开“拾色器”对话框。在其中选择红色，单击“确定”按钮。最后在“节目”面板的视频画面中拖曳文本框，以设置文本的大小和位置。添加字幕如图5-36所示。

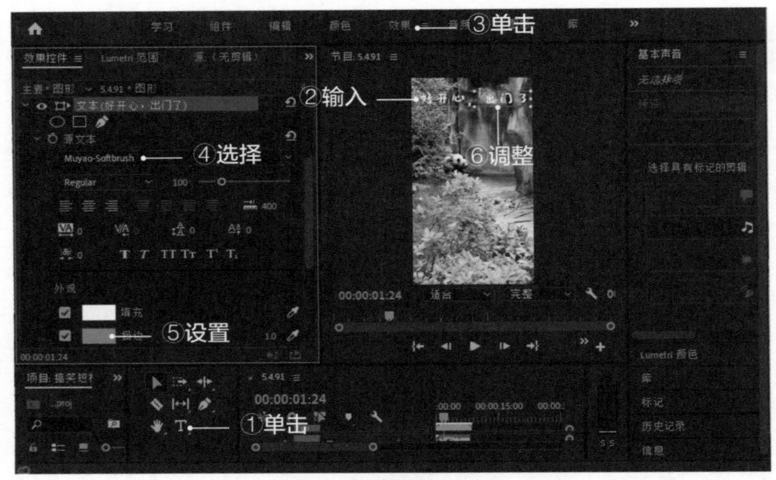

图5-36　添加字幕

（7）用同样的方法继续将字幕“糟糕！没带手机”添加到00:00:05:00的位置，并设置字幕的结束时间早于视频结束时间，其他设置与前一个字幕相同，如图5-37所示。

图5-37　继续添加字幕

（8）将鼠标指针定位到视频开始的位置，单击鼠标右键，在弹出的快捷菜单中选择“应用默认过渡”命令，如图5-38所示，用同样的方法在视频最后的位置添加默认过渡的视频效果。

（9）用同样的方法在视频的开始位置添加字幕“可爱的团子”，在“时间轴”面板中的该字幕编辑条上单击鼠标右键，在弹出的快捷菜单中选择“速度/持续时间”命令，打开“剪辑速度/持续时间”对话框。在“持续时间”文本框中输入“00:00:00:10”，单击“确定”按钮，设置字幕持续时间，如图5-39所示。

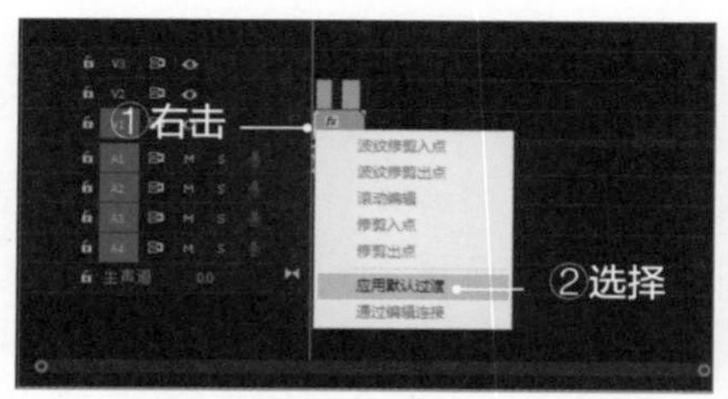

图5-38　选择“应用默认过渡”命令

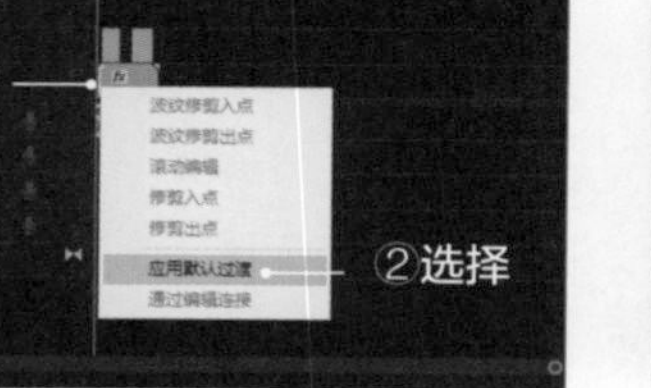

图5-39　设置字幕持续时间

（10）适当调整文本的位置，然后在菜单栏中选择“文件”/“导出”/“媒体”命令，打开“导出设置”对话框，在对话框右侧窗格“导出设置”栏的“格式”下拉列表框中选择“H.264”选项。单击输出名称后的“5.4.9.mp4”超链接，打开“另存为”对话框，在其中设置导出短视频的名称和保存位置，然后单击“保存”按钮，返回“导出设置”对话框，单击“导出”按钮，导出剪辑好的短视频，如图5-40所示，完成本操作（配套资源：\效果文件\第5章\可爱的团子.mp4）。

图5-40　导出剪辑好的短视频

项目实训——使用Premiere剪辑美食制作类短视频

本实训将使用Premiere来剪辑第4章编辑过的美食制作类短视频，同样需要根据第3章撰写的美食制作类短视频脚本，将拍摄的视频素材导入Premiere中，然后剪辑一个名为《咖喱鸡》的短视频。主要的操作包括通过入点和出点导入和剪切视频素材、添加字幕、添加背景音乐、添加转场效果和封面图片，以及导出短视频等。

慕课视频

项目实训

慕课视频

使用Premiere剪辑美食制作类短视频

通过入点和出点导入和剪切视频素材

在Premiere中通过入点和出点剪切视频素材比使用移动端的App剪切视频素材方便很多，

工作效率更高，具体操作步骤如下。

（1）首先启动Premiere，在菜单栏中选择“文件”/“新建”/“项目”命令，打开“新建项目”对话框。在“名称”文本框中输入“咖喱鸡”，然后单击“位置”下拉列表框右侧的“浏览”按钮，打开“请选择新项目的目标路径”对话框。在其中选择一个保存新建视频项目的文件夹，单击“选择文件夹”按钮，返回“新建项目”对话框，单击“确定”按钮，展开Premiere的操作界面和编辑区。

（2）在功能区中单击“编辑”功能按钮，双击“项目”面板的空白处，打开“导入”对话框，选择保存视频素材的文件夹，然后选择视频素材，这里选择“5.5（1）.mp4”文件（配套资源：\素材文件\第5章\5.5（1）.mp4），单击“打开”按钮，将该视频素材导入“项目”面板中。

（3）在“项目”面板中双击导入的视频素材，将其显示到“源”面板中，然后在“源”面板下面的时间轴中将时间指针定位到00:00:03:00位置。在时间轴下面的工具栏中单击“标记出点”按钮，最后在“项目”面板中拖曳设置好出点的视频素材到“时间轴”面板中，如图5-41所示。

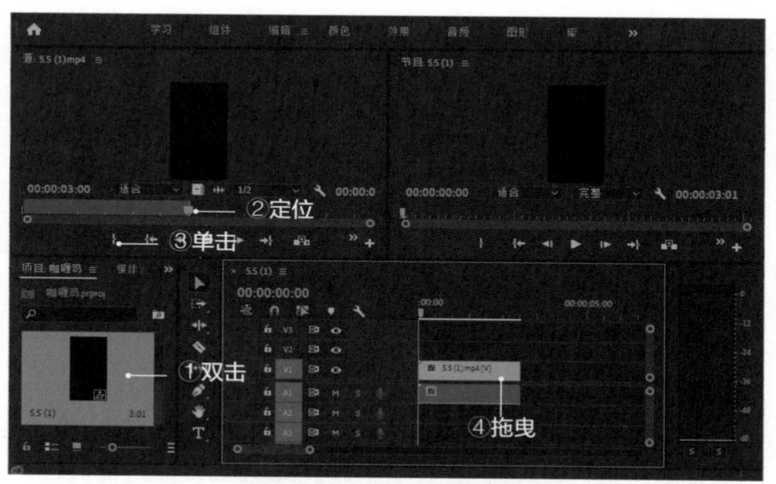

图5-41　通过入点和出点剪切视频素材

（4）用同样的方法将素材文件夹中的“5.5（2）.mp4”文件导入“项目”面板中，设置其出点为00:00:04:00，然后将剪切的视频素材拖曳到“时间轴”面板中前一个视频素材后面。

（5）用同样的方法将“5.5（3）.mp4”文件导入“项目”面板中，先设置其入点和出点分别为00:00:03:12和00:00:05:20，然后将剪切的视频素材拖曳到“时间轴”面板的前一个视频素材后面。接下来继续在“5.5（3）.mp4”视频素材中设置新的入点和出点分别为00:00:10:24和00:00:15:29，再将剪切的视频素材拖曳到“时间轴”面板的前一个视频素材后面。最后再分别设置一组新的入点和出点00:00:23:00和00:00:27:14，并将剪切的视频素材拖曳到“时间轴”面板的前一个视频素材后面，完成“5.5（3）.mp4”视频素材的剪切操作。

（6）用同样的方法依次将“5.5（4）.mp4”“5.5（5）.mp4”“5.5（6）.mp4”“5.5（7）.mp4”“5.5（8）.mp4”文件导入“项目”面板中，设置其出点依次为00:00:05:00、00:00:02:00、00:00:02:00、00:00:02:00、00:00:03:00，然后将依次将剪切的视频素材拖曳到“时

间轴”面板的前一个视频素材后面。

（7）用同样的方法将“5.5（9）.mp4”文件导入“项目”面板中，先设置其入点和出点分别为00:00:02:10和00:00:04:10，然后将剪切的视频素材拖曳到“时间轴”面板的前一个视频素材后面。接下来继续在“5.5（9）.mp4”视频素材中分别设置新的入点和出点00:00:09:10和00:00:15:10，再将剪切的视频素材拖曳到“时间轴”面板中前一个视频素材后面。

（8）用同样的方法将“5.5（10）.mp4”文件导入“项目”面板中，先设置其入点和出点分别为00:00:01:29和00:00:04:29，然后将剪切的视频素材拖曳到“时间轴”面板中前一个视频素材后面。接下来继续在“5.5（10）.mp4”视频素材中分别设置新的入点和出点00:00:11:08和00:00:12:15，再将剪切的视频素材拖曳到“时间轴”面板中前一个视频素材后面。最后分别设置一组新的入点和出点00:00:28:12和00:00:31:14，并将剪切的视频素材拖曳到“时间轴”面板中前一个视频素材后面，完成“5.5（10）.mp4”视频素材的剪切操作。

（9）用同样的方法将“5.5（11）.mp4”文件导入“项目”面板中，设置其出点为00:00:05:00，然后将剪切的视频素材拖曳到“时间轴”面板中前一个视频素材后面。

（10）用同样的方法导入“5.5（12）.mp4”文件，设置其入点和出点分别为00:00:01:29和00:00:04:29，并将剪切的视频素材拖曳到“时间轴”面板中前一个视频素材后面。

（11）用同样的方法将“5.5（13）.mp4”文件导入“项目”面板中，设置其出点为00:00:01:00，然后将剪切的视频素材拖曳到“时间轴”面板中前一个视频素材后面。

（12）用同样的方法导入“5.5（14）.mp4”文件，设置其入点和出点分别为00:00:07:04和00:00:11:28，并将剪切的视频素材拖曳到“时间轴”面板中前一个视频素材后面。

（13）用同样的方法将“5.5（15）.mp4”文件导入“项目”面板中，设置其出点为00:00:02:00，然后将剪切的视频素材拖曳到“时间轴”面板中前一个视频素材后面。

（14）用同样的方法导入“5.5（16）.mp4”文件，设置其入点和出点分别为00:00:01:25和00:00:04:15，并将剪切的视频素材拖曳到“时间轴”面板中前一个视频素材后面。

（15）用同样的方法导入“5.5（1）.mp4”文件，将其拖曳到“时间轴”面板的视频编辑条的最后，完成视频素材的导入和剪切操作。

添加字幕

接下来需要为短视频添加文本字幕，具体操作步骤如下。

（1）在“时间轴”面板中选择最前面的“5.5（1）.mp4”视频片段，然后在左侧的工具栏中单击“文字工具”按钮，在“节目”面板的视频画面中双击空白部分插入文本框，并输入“咖喱鸡”，使用同样的方法再插入一个文本框，输入“一分钟学会制作”。

（2）在工具栏中单击“选择工具”按钮，在“节目”面板中选择“咖喱鸡”对应的文本框，然后在功能区中单击“效果”功能按钮，展开“效果控件”面板。在其中展开“文本（咖喱鸡）”选项，在下面的“字体”下拉列表框中选择一种字体样式，再在“外观”栏中单击填充色块，打开“拾色器”对话框。在右侧的颜色文本框中输入“F68F09”，单击“确定”按

钮，为“咖喱鸡”文本设置颜色，如图5-42所示。

图5-42　设置文本颜色

（3）用同样的方法为“一分钟学会制作”文本选择字体样式，然后简单调整文本的大小，并在“时间轴”面板中拖曳字幕编辑条来调整两个字幕显示的时长，使其与“5.5（1）.mp4”视频片段的时长一致。

（4）用同样的方法为“5.5（2）.mp4”视频片段添加字幕“准备好食材，除了鸡肉外，还有土豆、胡萝卜、洋葱、葱、姜、蒜”，并选择一种字体样式。调整文本框大小和位置，并设置字幕展示时长与“5.5（2）.mp4”视频片段时长一致。

（5）用同样的方法为3个“5.5（3）.mp4”视频片段添加字幕“将鸡肉切成小块，加入盐、料酒和胡椒粉”，字幕展示时长应该与这3个视频片段的总时长一致。

（6）用同样的方法为“5.5（4）.mp4”视频片段添加字幕“抓拌均匀，腌制10分钟”。

（7）用同样的方法为“5.5（5）.mp4”和“5.5（6）.mp4”两个视频片段添加同一个字幕“葱、姜、蒜切片，配菜切块”。

（8）用同样的方法为“5.5（7）.mp4”视频片段添加字幕“将鸡肉，葱、姜、蒜和料酒放入锅中，加水煮开”。

（9）用同样的方法为“5.5（8）.mp4”视频片段添加字幕“水开两分钟后捞出鸡肉控干”。

（10）用同样的方法为两个“5.5（9）.mp4”视频片段分别添加字幕“起锅烧油，油热后放入葱、姜、蒜爆香”和“倒入鸡肉翻炒”。

（11）用同样的方法为3个“5.5（10）.mp4”视频片段添加同样的字幕“加入生抽、盐和胡椒粉”。

（12）用同样的方法为“5.5（11）.mp4”视频片段添加字幕“加入土豆、胡萝卜、洋葱，继续翻炒”。

（13）用同样的方法为“5.5（12）.mp4”和“5.5（13）.mp4”两个视频片段添加同一个字幕“加入清水，刚好没过所有食材”。

（14）用同样的方法为“5.5（14）.mp4”视频片段添加字幕“水开后6分钟放入咖喱”。

（15）用同样的方法为“5.5（15）.mp4”视频片段添加字幕“食材软糯后大火收汁”。

（16）用同样的方法为“5.5（16）.mp4”视频片段添加字幕“最后盛出装盘”。

（17）用同样的方法为最后一个视频片段“5.5（1）.mp4”分别添加字幕“谢谢观看”“脚本：平凡的世界 摄像：帆帆 剪辑：平凡的世界”。

添加背景音乐

下面为短视频添加背景音乐，具体操作步骤如下。

（1）双击“项目”面板的空白处，打开“导入”对话框，然后选择音频素材文件“美食.mp3”（配套资源：\素材文件\第5章\美食.mp3），单击“打开”按钮，将该音频素材导入“项目”面板中。

（2）将该音频素材拖曳到“时间轴”面板中，由于该音频素材时长较短，需要再次拖曳音频素材到“时间轴”面板中，然后将鼠标指针定位到第2个音频素材的最右侧，当其变成红色括号形状时，向左侧拖曳，使该音频素材的时长与短视频的总时长相同。添加背景音乐后的“时间轴”面板如图5-43所示。

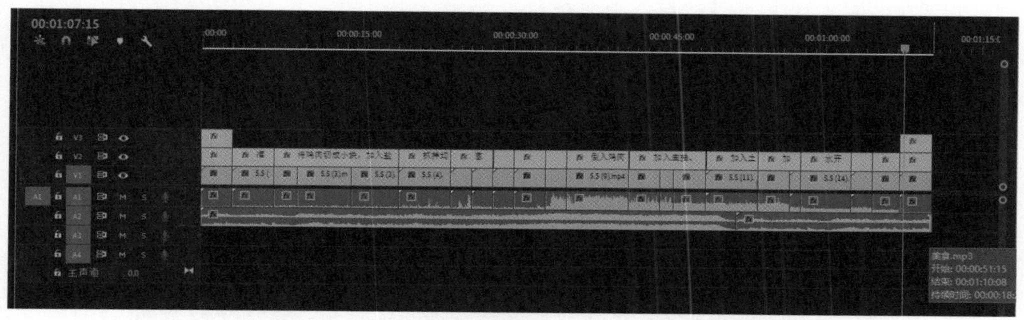

图5-43　添加背景音乐后的“时间轴”面板

添加转场特效

下面为短视频中各个片段和最后两个文本字幕添加转场特效，具体操作步骤如下。

（1）在“时间轴”面板中将鼠标指针定位到“5.5（1）.mp4”视频片段的结尾位置，单击鼠标右键，在弹出的快捷菜单中选择“应用默认过渡”命令，设置默认的“交叉溶解”转场特效。

（2）用同样的方法为除最后一个视频片段外的所有视频片段添加默认过渡的转场特效，并为最后一个视频片段对应的两个文本字幕添加默认过渡的转场特效。

添加封面图片

接下来为短视频添加封面图片，具体操作步骤如下。

（1）双击“项目”面板的空白处，打开“导入”对话框，然后选择图片素材（配套资源：\素材文件\第5章\5.5.jpg），单击“打开”按钮，将该图片导入“项目”面板中。

（2）在“项目”面板中选择该图片，并将其拖动曳“时间轴”面板中，调整图片的展示时长与“5.5（1）.mp4”视频片段时长相同。然后拖曳调整其位置到V2编辑条，其他两个文本字幕分别调整到V3和V4编辑条。添加图片素材后的“时间轴”面板如图5-44所示。

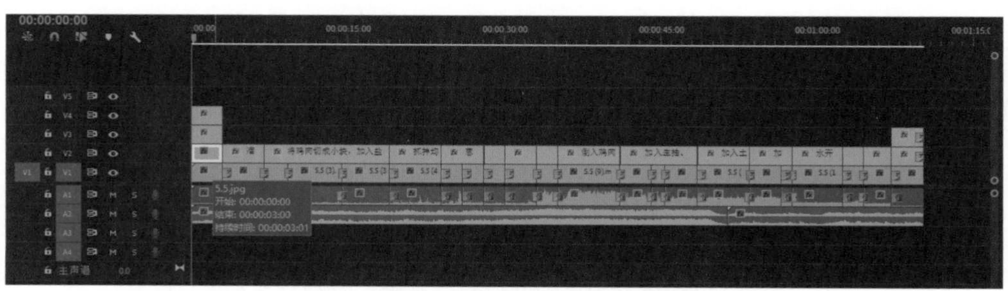
图5-44　添加图片素材后的“时间轴”面板

导出短视频

最后导出短视频，具体操作步骤如下。

（1）适当调整前两个字幕文本的位置，然后在菜单栏中选择“文件”/“导出”/“媒体”命令。

（2）打开“导出设置”对话框，在对话框右侧窗格“导出设置”栏的“格式”下拉列表框中选择“H.264”选项，单击输出名称后的“5.5.mp4”超链接，打开“另存为”对话框，设置导出短视频的名称和保存位置。然后单击“保存”按钮，返回“导出设置”对话框，单击“导出”按钮，导出剪辑好的短视频，如图5-45所示，完成本操作（配套资源：\效果文件\第5章\制作咖喱鸡.mp4）。

图5-45　导出剪辑好的短视频

思考与练习

1. 拍摄一个学习类短视频，并使用快剪辑进行剪辑，要求短视频的开头和结尾不能出现快剪辑的水印。

2. 使用Premiere剪辑一个短视频，要求使用美图秀秀为其制作片头和片尾图片，并在Premiere中至少运用两种不同的转场效果，导出的视频分辨率为720P。

Chapter 6

第6章 短视频的发布与推广

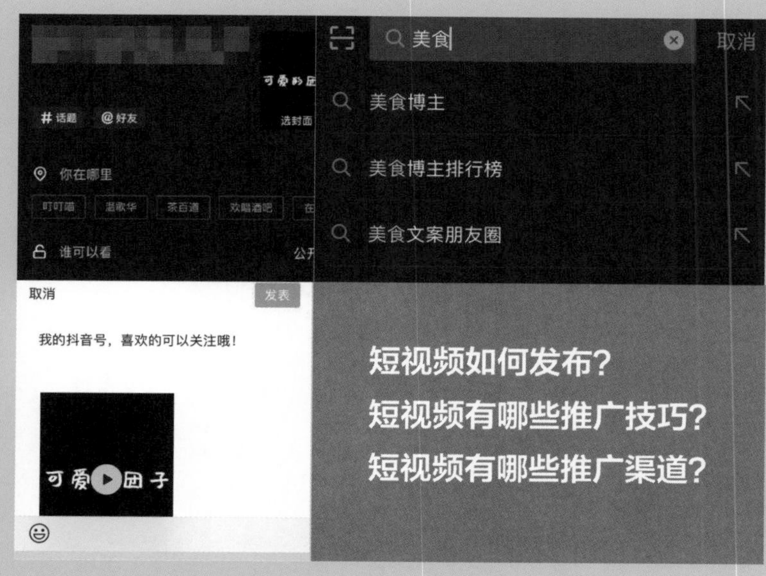

学习引导

	知识目标	能力目标	素质目标
学习目标	1. 掌握短视频发布的方法和技巧 2. 了解短视频推广的常用技巧 3. 了解短视频推广的常用渠道	1. 能发布《大熊猫》短视频 2. 能创作《大熊猫》短视频的文案 3. 能将抖音短视频推广到朋友圈	1. 培养市场环境观察与时机判断的能力 2. 培养项目推进的执行能力
实训项目	发布和推广美食制作类短视频		

每一个内容创作者设计和制作短视频的目的都不同，有的是展示自己的拍摄能力，有的是展示自己的剪辑水平，有的是与他人分享生活，还有的是实现变现、获取经济收益等，但实现这些目的都需要获得大量用户的关注。

短视频的内容策划、拍摄和剪辑固然重要，但想要大量用户观看并广泛传播，则需要将其发布到短视频平台中，并进行适当的推广。其实，在短视频平台中，有很多的短视频都非常有创意，其内容都是经过创作者精心拍摄和专业剪辑制作出来的，但发布后的播放量和用户关注度完全达不到预期，这就无法实现设计和制作短视频的目的。所以，短视频的发布与推广成为在完成策划、拍摄和剪辑等流程并制作出具备优质且原创的短视频内容后必不可少的后续环节。

本章将对短视频发布的基础知识和技巧、多种推广技巧和常见的推广渠道等进行系统讲解。通过对本章的学习，大家可以对短视频的发布和推广有一个基本的认识，并快速掌握短视频发布与推广的相关方法与技巧。

6.1 短视频的发布

慕课视频

短视频的发布

通常，制作好的短视频都要上传到短视频平台中进行发布，这样才能被用户观看，从而获得用户的关注。但短视频平台中每天都发布了大量的短视频，要想获得更多用户的关注，则需要学会一些发布的技巧，包括短视频的发布时间、结合@功能、地址定位和话题等。

6.1.1 短视频的发布时间

短视频的发布效果受到很多因素的影响，发布时间是其中至关重要的一个因素，即使是同一个内容创作者发布的同一个短视频，如果在不同的时间段发布，其获得的发布效果也可能会有极大的不同。图2-3所示为2020年1月抖音用户工作日和周末时间段活跃分布情况，根据图中的数据并结合实际情况，可以将短视频发布的最佳时间归纳为以下8个特点。

- 一般内容的短视频的发布时间通常为工作日的9点～23点，因为这个时间段用户对短视频的搜索和播放较为频繁，而且在这段时间里，短视频创作者都会在线工作，更利于在发布短视频后互动、共享和传播。
- 无论是工作日还是周末，短视频发布高峰期都出现在11点～12点和17点～19点，其中傍晚时段表现更加活跃，这一时间段正好稍微提前于用户活跃时段，也就是晚高峰20点，这样发布的短视频更容易被用户观看。而且，与周末相比，在工作日17点～19点发布视频数量更多。
- 无论是工作日还是周末，内容创作者发布短视频的时间整体相差不大。不同的是在傍晚的发布时间中，粉丝数量越高的内容创作者，其发布短视频的数量更多。
- 无论是工作日还是周末，由于碎片化时间多，在11点～12点和17点～18点发布的视频更容易获得用户的关注和互动，这两个时间段也是内容创作者与用户互动的高峰时期。另外，周末上午9点发布的短视频也容易和用户产生互动。
- 在工作日，17点～19点发布的短视频能够收获较多的用户互动。
- 在周末，短视频创作者18点发布的视频更容易收获用户互动。
- 短视频创作者在工作日17点～19点发布的短视频数量接近全天总量的一半，份额比周末同时段高出10%左右。
- 借势热点的短视频通常最佳发布时间为节假日或者特殊节日的23点～次日7点，因为这个时间段发布的短视频容易和第二天头版头条的热点事件相呼应，更容易得到用户的关注，宣传效果更明显。

总之，短视频的发布时间最好配合用户的活跃时间，通常情况下，在用户活跃高峰期发布的短视频内容有更大的概率会被更多的用户关注。

知识补充

在发布短视频时，内容创作者往往还要考虑发布的速度，以确保短视频能够及时、成功地发布，因为发布速度通常也会影响短视频内容输出的效果。例如，发布一个商品打折推广的短视频，该商品可能会被多个内容创作者同时推广，如果发布速度落后，可能该活动就已经结束了，这样用户会对该内容创作者产生不信任感，后续对该内容创作者发布的其他短视频就不再关注。

6.1.2 结合@功能

@功能是指在发布短视频时，设置@好友（@是网络中向指定账号发布信息的方式，@好友账号后，短视频App会在该好友账号中提示其观看某个短视频）或者@官方账号等。结合@功能发布的短视频如图6-1所示。通常@的这个目标都是自己关注的某个短视频达人，有可能该达人在收到提示后会观看该短视频，并进行转发，这样就能使发布的短视频被更多用户观看，从而获得更多的流量。

图6-1　结合@功能发布的短视频

6.1.3 地址定位

在短视频发布时还可以选择地址定位功能，将地点展示在短视频用户名称的上方。图6-2所示的两个短视频都开启了地址定位，左侧的短视频把短视频发布的地址定位到一个非常著名的旅游风景区，由于关注该地区的用户很多，因此该短视频的基础播放量就会获得一定程度的增加，右侧的短视频则把短视频发布的地址定位到一个著名的美食商家。由于地址定位功能本身也是一种私域流量入口，可用于商业推广，因此使用了地址定位的视频也会增加关注度。以上两种地址定位都会让观看该短视频的用户产生一种身份认同感，甚至是线下偶遇的期待。

6.1.4 话题

话题是指平台中的热门内容主题，通常在短视频界面的内容介绍中以#开头的文字就是话题，如“#美食制作”“#搞笑”“#挑战赛”等。被广大用户所关注的热门话题通常是短视频的重要流量入口，如果内容创作者在发布短视频时加入热门话题，就会有利于聚集更多用户的关注。在抖音短视频平台中的话题功能主要有以下两种。

- 普通话题。普通话题涉及用户生活的各个方面，如生活、娱乐、工作和学习等，如图6-2所示。添加适当的话题有助于平台识别短视频内容类型并对其进行精准推荐，因此内容创作者可以根据短视频内容选择适当的、热门的话题，以提升短视频的曝光度。
- 挑战赛话题。挑战赛是一种非常特别的话题，设置这种话题的主要目的是引起用户积极参与，挑战活动的传播度较高，能有效聚集流量，如图6-3所示。

图6-2　普通话题

图6-3　挑战赛话题

知识补充

短视频中有很多热点信息，如果内容创作者在发布时将这些热点信息以@达人、地址定位或话题的形式融入自己的短视频中，就能快速将大量关注该热点信息的用户转移到发布的短视频中，从而获得更多关注。在抖音短视频中，热点信息可以通过查看抖音热搜榜、人气榜单或百度搜索风云榜等方式获取，如图6-4所示。

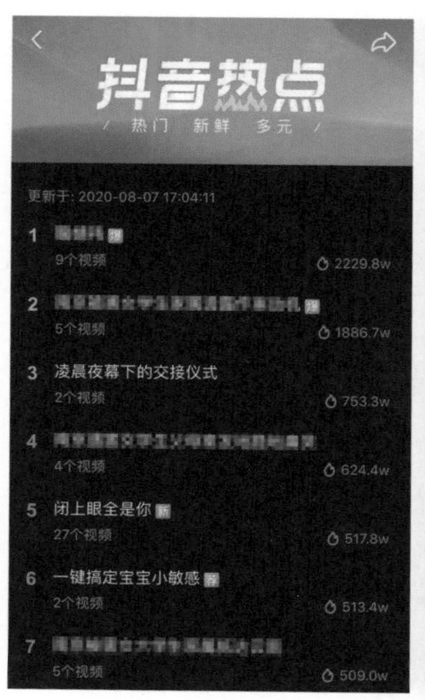

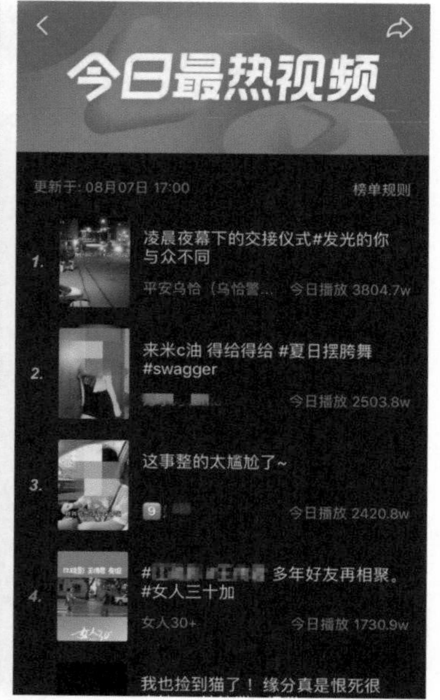

图6-4　抖音热搜榜和今日最热视频

6.1.5 实战案例：发布《大熊猫》短视频

慕课视频

发布《大熊猫》短视频

下面就将第5章制作的《大熊猫》短视频发布到抖音短视频平台中，结合@功能，并使用地址定位和话题来提升短视频被用户关注的概率，具体操作步骤如下。

（1）首先启动抖音短视频，进入抖音短视频的主界面，点击“开始拍摄”按钮。

（2）进入抖音短视频的短视频拍摄界面，点击“相册”按钮。

（3）打开“所有照片”界面，在下面的列表中选择需要发布的短视频，这里选择第5章制作好的“可爱的团子”短视频文件，然后点击“下一步”按钮。

（4）打开预览短视频界面，预览完成后，点击“下一步”按钮。

（5）进入视频剪辑界面，由于该短视频已经剪辑完成，这里直接点击“下一步”按钮。

（6）进入“发布”界面，点击“话题”按钮，在打开的话题列表框中选择一个播放次数较多的话题，这里选择“#大熊猫”话题。继续点击“话题”按钮，在下面弹出的话题列表框中选择“#宠物”话题，为该短视频添加两个话题，如图6-5所示。

（7）点击“@好友”按钮，进入“@好友”界面，在下面的列表中选择一个好友，这里选择“成都大熊猫繁育研究基地”，将其添加到话题后面。

（8）选择“你在哪里”选项，进入“添加位置”界面，在界面的文本框中输入“成都大熊猫繁育研究基地”，点击“搜索”按钮，在搜索到的位置列表中选择一个，这里选择“成都大熊猫繁育研究基地”选项。

（9）返回“发布”界面，点击“发布”按钮，即可将短视频发布到抖音短视频平台中，如

图6-6所示。

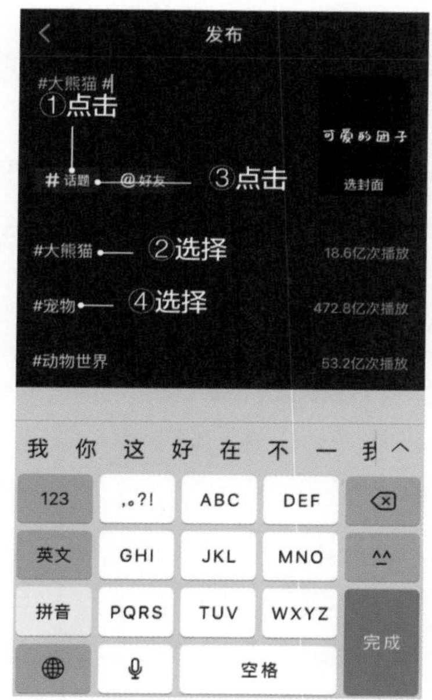

图6-5 添加话题

图6-6 发布短视频

 6.2 短视频的推广技巧

慕课视频
短视频的推广技巧

短视频的推广主要是利用各种网络推广方法，使该短视频尽可能被更多的用户播放和关注，从而实现短视频发布的目标。对于一些资金充足的短视频团队来说，它们通常会采用短视频平台提供的付费服务进行推广，例如，抖音短视频官方推出的“DOU+”服务，该服务能帮助短视频获取更多流量和曝光。但对大多数普通内容创作者来说，则可以通过撰写吸引人的标题、优化关键词和创作触动心灵的文案这3种实用的技巧来推广自己制作的短视频。

6.2.1 撰写吸引人的标题

标题具有唯一的代表性，且是用户快速了解短视频内容并产生记忆与联想的重要途径，即便是同一个短视频，也会因为标题的不同而获得截然不同的播放量。所以，想要短视频在海量信息的网络中脱颖而出，获取更高的播放量，标题至关重要。推广短视频首先需要撰写一个能够吸引用户关注的标题，标题的写作需要掌握以下3个方面的内容。

1. 短视频的推荐算法渠道

短视频平台通常会向用户推荐一些短视频，这些短视频由平台通过内置的推荐算法筛选出来，然后推荐给用户播放。推荐算法的基本流程如下。

机器解析→提取关键词→按照标签推荐→实际推送给相关用户→用户点击反馈。

短视频的推荐算法可以从以下两个层面进行分析。

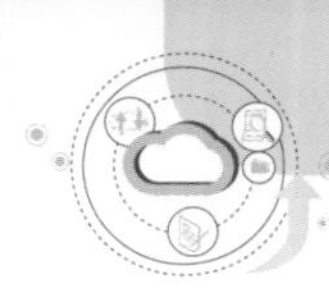

- 推广层面。现阶段的短视频平台对文字信息的解析能力和准确度都高于图片和视频，文字信息在短视频中的数量很大，在优先级上也比较高。而且，系统很难直接从短视频内容中获取相关的有效信息，所以，短视频平台在推广时，最直接、有效的信息获取途径就是短视频的标题、描述、标签和分类等。
- 用户层面。标题是短视频内容最直接的反馈形式，也是吸引用户关注和点击短视频的敲门砖。用户在播放短视频前，通常会直接搜索标题，所以根据推荐算法渠道的内容发放机制，推广短视频更应该重视标题。

2. 短视频标题的撰写原则

撰写短视频标题最重要的原则是真实，也就是符合短视频的内容主题，不能做“标题党”（在网络媒体中靠夸张、引人注目的标题来吸引用户注意力，以达到增加点击量或提高知名度的目的），短视频的标题必须与内容有关联，否则容易引起用户的反感。此外，撰写短视频的标题还需要遵循以下5点原则。

- 找到用户的痛点。撰写标题前一定要先从用户的角度出发，标题必须切中用户的需求，而且是用户的痛点。这也要求内容创作者平时要收集用户经常遇到的问题，把这些问题列出来，并和目标用户进行沟通，尽量提炼出与当前问题密切相关的词汇，使其与用户心理相契合。
- 给予用户好处。找到痛点只能引起用户的关注，要让用户真正观看或关注短视频，还需要提出解决该痛点的方法，也就是给予用户一定的好处，如图6-7所示。
- 激发用户的好奇。好奇心是用户观看短视频的主要驱动力之一，当用户的好奇心受到激发，就会去探寻问题的答案，图6-8所示的短视频标题中提出了一个问题，并告知用户“答案就在视频中”，这就让很多对该问题产生兴趣的用户选择继续观看短视频来寻找答案。

图6-7　给予用户好处的标题

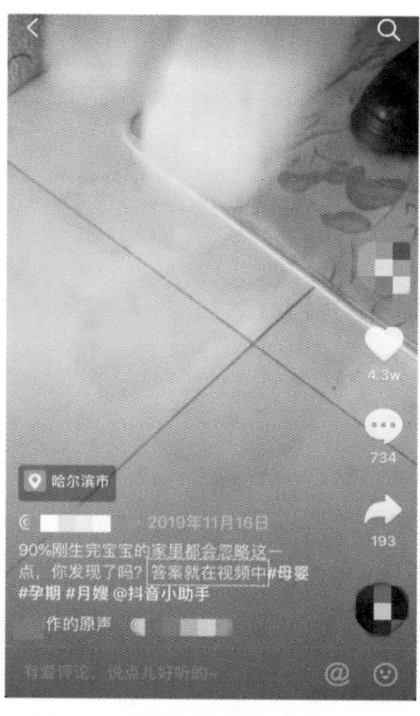

图6-8　激起用户好奇的标题

- 原创和流行结合。短视频的标题不但要原创、新颖，还要有一定的实时性，最好是与目前较为流行的词语结合。
- 不重复。标题千万不要与其他短视频重复，一旦重复，系统通常会优先推荐用户关注度较高的那个短视频。所以，内容创作者在写好标题后，可在短视频平台中输入标题关键词查看搜索结果，如果发现有重复就最好换个标题。

3. 高播放量的标题样式

相对于短视频的内容来说，其标题样式也非常重要，可以提升短视频的点赞量和评论数。下面就介绍7种高播放量的短视频标题样式。

- 借力借势。借力是指利用别的资源或平台，如政府、专家、社会潮流、新闻媒体或其他新媒体平台对短视频进行推广，从而能够快速提高该短视频的播放量。借势主要是指借助最新的热门事件和新闻，并以此为标题创作源头，图6-9所示为借势立秋节气的一个活动推广短视频。
- 提出疑问。利用用户的好奇心理，将短视频的标题变成一个简单的疑问句，能增加用户的点击欲望，从而提高短视频的播放量。图6-10所示的短视频中，其标题为疑问句，用户看到该标题后，脑海里就会蹦出“到底是什么车？”“她是谁？”“为什么要追回？”等类似的疑问，带着好奇心和内心的疑问，用户自然而然就会继续观看短视频。

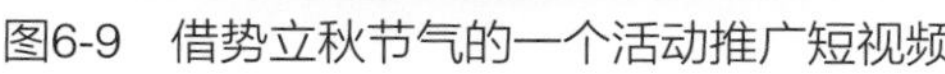
图6-9 借势立秋节气的一个活动推广短视频

图6-10 提出疑问的标题

- 符号。数字、标点和运算符号等的使用可以非常形象地表达出内容信息的主题思想。在短视频标题中，符号的使用除了将短视频内容更直观地摆在用户眼前外，还能让标题看起来更精确、简洁，给用户带来一种肯定的感觉。内容创作者可以灵活使用符号来撰写标题，使自己的标题更有吸引力和说服力。

- 名人效应。大多数用户都有一些名人情结，当用户看到以短视频达人或各领域的专业人士的消息作为短视频的标题时，大多会继续播放观看。如果标题中涉及专业人士或名人的观点，那么可以将其姓名直接加入标题中。
- 新鲜事物。用户通常对新鲜事物容易产生兴趣，并进行探究，把握住这个特征来撰写短视频标题就容易获得更多的关注度和播放量，如“2021新款……”“2021年新晋十大旅游胜地”“未来最受女孩子喜欢的生日礼物”等。
- 揭露秘密。除了对新鲜事物感兴趣外，人类的另一大特点——求知的本能也让用户更喜欢探索未知的秘密，因此在短视频标题中使用“揭秘”“探秘”等类似的标题往往更能引起用户的关注，如图6-11所示。
- 做成系列。将短视频做成系列可以持续地带来用户流量，这种方式也是目前很多内容创作者比较喜欢的创作形式。例如，在标题中加入“（一）”“（二）”等字样。图6-12所示为系列短视频“遇见ta的第X天”，当用户看到其中某一天短视频时，如果内容足够吸引人，自然会观看该系列中其他短视频。

图6-11　揭秘短视频

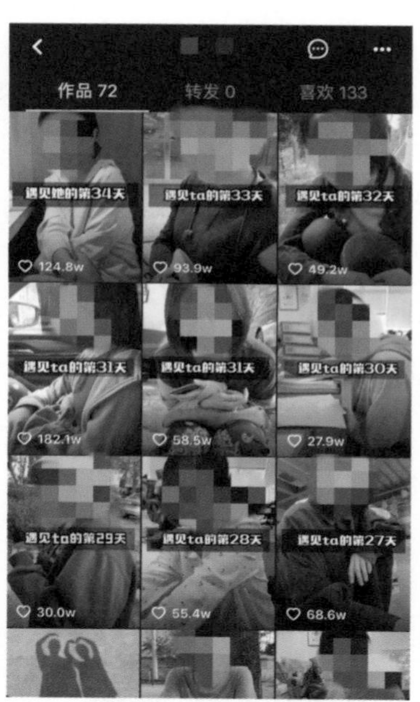

图6-12　系列短视频“遇见ta的第X天”

6.2.2 优化关键词

关键词的含义来源于英文单词keywords，特指单个媒体在制作使用索引时所用到的词汇。用户在搜索短视频的时候，主要就是通过“关键词”进行的。对短视频来说，关键词是表达主题内容的重要“桥梁”，正确、合理地给每一个短视频添加关键词能提高短视频的播放量和转发率，反之将会出现该短视频账号的曝光率下降、用户数量减少等一系列问题。因此，怎样正确给短视频添加并设置关键词，这个问题对所有进行短视频推广的内容创作者来说，都是一件费尽心思的事。

1. 关键词的类型

关键词主要是为了方便用户在使用当中区别各种短视频内容而进行的说明，其具体的分类方式很多，最常用的是按照搜索字词的热门程度或搜索量所进行分类的分类方式，主要包括热门关键词、一般关键词和冷门关键词3种类型。

- 热门关键词。热门关键词针对用户查询的网站，是用户查询时搜索结果中展现次数较多的关键词。通俗来说，热门关键词即搜索量比较大的关键词，这类关键词的竞争较大，是很多网站争夺的关键词。若是这类关键词的排名较高，就会获得非常可观的用户流量，但是相应地也会消耗大量的精力和资源。图6-13所示为抖查查网站中某24小时的热门短视频，在其中即可查看抖音短视频平台中最热门的短视频，从而查看相关的关键词。

图6-13　抖查查网站中某24小时的热门短视频

- 一般关键词。一般关键词是指有一定搜索量、但搜索量并不是很大（相对于热门关键词和冷门关键词）的关键词。这类关键词介于长尾关键词（不直接展示主题内容但也可以带来搜索流量的关键词，其特征是字数较多，通常由两三个词语，甚至是短语组成）和短尾关键词（通常字数在6个以内，其结构组成一般是“主品+修饰词”）之间，其竞争力没有热门关键词和大部分短尾关键词大。相对短尾关键词来说，一般关键词比较细分和精准，词量也比较大，进行适当的优化也可以获得不少的精准流量。
- 冷门关键词。冷门关键词是一种搜索量极低，可能只是偶尔有几次搜索的关键词。冷门关键词的词量非常大，在很多网络平台的搜索流量中，冷门关键词的搜索流量一般会占整个平台搜索流量的30%甚至更多。冷门关键词可能隔几天才能为短视频带来一两个访问，但是如果短视频账号的相关信息足够多，综合下来这部分关键词也会为其带来很可观的流量，而且产生转化的概率也比较高。

2. 关键词的设置方法

关键词对短视频推广有着至关重要的意义，只有选取了正确的关键词，才能够提升短视频的搜索排名，实现短视频制作的目标。设置关键词通常会根据短视频的主题和内容进行，但最能提升用户数量和播放量的方法却是从用户的角度来设置关键词。关键词一定是用户用来搜索的词语或短语，因此设置关键词应该站在用户的角度去思考。很多时候，关键词设置失败，归根结底还是太过注重理论，未按照实际情况考虑用户体验。所以，为了使关键词设置更精准，内容创作者需要做到以下两点。

- 考虑用户的需求。绝大多数短视频用户通过关键词进行搜索的目的其实很简单，就是想了解或获取相关的内容信息。如果用户想看美食类的相关短视频，则会在短视频平台中搜索“美食”关键词。例如，在抖音短视频中输入“美食”关键词后，其下方列表中通常会自动显示出相关关键词的扩展选项，如图6-14所示。在图中可以看到“美食博主”“美食文案朋友圈”“美食做法家常菜”“美食视频”等多个扩展选项，这些选项也是该短视频平台中的热门关键词。如果用户想观看美食短视频，则会选择“美食视频”“美食vlog”等关键词进行搜索；如果用户想观看美食制作相关的短视频，则会选择“美食做法家常菜”等关键词进行搜索。

图6-14 利用关键词搜索短视频

- 考虑用户的疑问。很多用户在通过关键词搜索短视频时，都希望通过搜索查询一下该关键词相关的视频中是否有达人或专业人士制作并发布的内容，可以给自己作为参考。根据这种方法设置关键词的时候，通常需要根据一些标准来挑选。例如，用户需要搜索制作雪糕的短视频，搜索“制作雪糕教程”“制作雪糕过程大全”“制作雪糕冰激凌”就会比“制作雪糕”更精准；用户想买汽车，想查找并播放专业人士发布的汽车推荐短视频，搜索“20万左右轿车推荐”“20万左右SUV推荐”“20万左右家用中型汽车推荐”就会比“20万左右汽车推荐”更精准。

3. 关键词的设置技巧

在网络中推广短视频，关键词的设置将直接影响短视频账户的访问量和短视频的播放量，所以掌握一些关键词设置的技巧，对短视频推广非常重要。

- 关键词的排列组合。设置关键词时可以将多个关键词放在一起进行排列组合，不同的排列顺序都能组成新的关键词，而且这个新的关键词会进一步精确搜索的范围，实现强强联合，从而起到“1+1＞2”的效果。
- 控制关键词数量。除此之外，关键词的数量也需要进行控制，关键词数量过多容易偏离短视频的主题。通常一个短视频只有一个主题，所以标题中的关键词数量不能多于3

个。在短视频内容中关键词最多出现两次或三次，切忌堆砌关键词，堆砌的效果只会适得其反。

- 添加区域关键词。很多用户更容易关注本地的短视频，因此很多短视频平台都设置了“同城”的项目，这就是关键词设置的就近原则。所以，在设置关键词时加上区域名称，可让关键词更精准，竞争更小，短视频也就更容易被用户关注。
- 确定目标关键词。既然是关键词，其目标性就应该集中，很多内容创作者为了追求更完美的效果或是提升关注度，喜欢在短视频标题中同时针对主题、视频效果和文案内容3个对象来设置3个关键词。但这样会导致短视频没有重点，从而让关键词的效果被稀释，最终的推广效果并不理想。所以，在进行短视频推广时，确定好主要的推广目标，是主题、视频效果还是文案内容，然后针对其一进行关键词选择，这样的关键词目标性更强，被搜索的概率也较高。

6.2.3 创作触动心灵的文案

文案的魅力不仅在于华美的辞藻，更重要的是其本身所具备的触动心灵的力量。在大部分短视频中，视频画面内容才是重心，文案只是陪衬，而正是这些陪衬起着画龙点睛的作用。文案能第一时间吸引用户，并让用户关注和播放该短视频。所以，如果能创作出触动用户心灵的文案，就能为短视频锦上添花，甚至将短视频推上热门。

1. 文案创作的基本形式

短视频文案的创作形式与其他类型文案的创作形式基本类似，如果抛开短视频的内容，单就文案本身来看，其依旧符合文案的基本原则：调性决定形式、瞄准用户痛点。所以，内容创作者在创作短视频文案时，可以按照文案创作的基本形式进行，主要有以下6种。

- 悬念。短视频通常以吸引用户为首要目标，所以，为了获取用户更长的停留时间，可以用抽象和晦涩的文字或者直接以悬念故事开头来创作文案，从而吸引用户长时间播放短视频来获取答案，例如“一定要看到最后”“最后那个笑死我了哈哈哈”等。
- 段子。“段子”本是相声行业的一个术语，指的是相声作品中一节或一段艺术内容。随着人们对“段子”一词的频繁使用，其内涵也发生了变化，融入了一些时代特色，因此现在该词除了有原来的意思外，还是各种有内涵的短文的俗称。段子是浓缩的故事，是将故事最重要的内容保留下来，然后再进行加工。段子的内容虽然简单，但却是一个故事的精华，段子甚至可以与视频内容无关，但大部分都有较强的场景感。例如，“三年的爱情扑了空，但愿一觉醒来就能往事随风”“走，一起坐船，没有篷的那种”“来上学吗？毕不了业的那种”等。
- 互动。内容创作者积极地与用户进行互动，可以形成好的互动氛围，有助于账号活跃度的提高，并提升用户的参与感。短视频文案中通常以疑问和反问来增加与用户的互动，这种文案创作形式往往能够激起用户强烈的好奇心，其引导效果比感叹句更好。例如，“你真的想买XXX？”“20万该选什么车？”等。图6-15所示的短视频中，以疑问的形式向用户提问“谁的眼睛大？”让用户比较两个网络达人的眼睛大小，然后在评论区与用户互动，获得了大量用户的关注。

- 叙述。叙述是大多数短视频常用的文案创作形式，是将短视频的内容和主题用平铺直叙的方式表述出来，偶尔在其中加入富有场景感的故事或“鸡汤”文案来吸引用户，这类文案创作形式与用户的互动性较差。例如，“手机坏了，去买手机的路上又摔了一跤，一个人的奋斗不容易啊！”“时刻激情四射的人生并不真实，但每天充满热情的生活是需要的”等，如图6-16所示。

图6-15　短视频的互动文案

图6-16　短视频的叙述文案

- 吓唬。这种文案创作形式通常出现在一些品牌、商家和产品的推广短视频中，其主要通过威胁性或颠覆性的文字，让用户产生一定的紧迫感，并使用户通过继续观看短视频来获取相关的信息，例如，“别让孩子输在起跑线上”“不吃饭比减肥更糟”等。
- 正能量。通常来说，用户对于传播正能量的短视频情有独钟，也更愿意播放和分享，希望用励志、同情、真善美等传播正能量的短视频来鼓励自己成为希望的样子，例如，“1个月，从180斤减到106斤，我能成为最好的自己”“你摔倒的样子真帅！”等。

2. 优秀文案的共同点

优秀的文案其实都有以下的共同点，在创作时只要把握住这些共同点，内容创作者就能创作出真正能吸引用户关注的短视频。

- 蹭热点。营销推广中最常用且简单易学的方法就是蹭热点，这种方法可以让短视频在短时间内获得非常高的播放量和用户关注度。短视频文案创作中的蹭热点需要注意两个问题：一是把文案内容与热点话题联系起来，两者之间要有一定的契合度，最好能完美契合；二是在利用一个热点话题创作文案时，需要抓住话题的关键点，另外还要学会创新转换，而不能一味地复制套用。
- 普通平凡。一篇老少皆宜的短视频文案也很有可能成为用户关注的热点，因为其传播成本非常低，而且能覆盖大多数人群。这种优秀文案的共同点就是普通平凡，也就是说，如果文案能涉及普通人生活中最关心的问题，其实更能吸引用户的关注，如食品卫生、环境污染、物价、交通出行、教育等。

- 产生共鸣。要让短视频推广产生很好的效果，还需要让短视频内容与用户产生共鸣。共鸣分为正向和反向两种类型：正向共鸣会让用户认同短视频的内容或主题，从而为短视频带来更多的关注度和播放量；反向共鸣则刚好相反，它可能会带来争论和互动。这两种共鸣都会带来大量的用户流量，从而带动播放量的增加，达到短视频推广的效果。
- 名人效应。名人对用户的生活有着足够的影响力，可通过娱乐化的方式和用户进行情感互动，在满足用户精神需求的同时传达自身的价值观，这也是一种优秀的文案。
- 逆向思维。逆向思维就是把事情颠倒过来，从相反的方面或因素去思考问题或提出解决办法。使用逆向思维创作文案可以提出与众不同的诉求点，使文案标新立异、出奇制胜。
- 真实。文案源自生活的体验，只有真实的文案才能注入情感、打动用户。
- 真情。对大多数用户来说，情感上的触动是其关注和播放短视频的重要因素。具有真情实感的文案就如同“水”一样，看似柔弱，却无孔不入，无坚不摧，让用户难以忘怀。

3. 文案的创作建议

以下9个最容易被用户关注的要点，内容创作者在创作短视频文案时，可以参考其中的内容，尽量多满足这些要点，以增强获得用户关注的可能性。

- 信息。包括有用的资讯、知识和技巧等。
- 观点。包括观点评论、人生哲理、科学真知和生活感悟等。
- 共鸣。包括价值共鸣、观念共鸣、经历共鸣、审美共鸣和身份共鸣等。
- 冲突。包括角色身份冲突、常识认知冲突、剧情反转冲突和价值观念冲突等。
- 利益。包括个人利益、群体利益、地域利益和国家利益等。
- 欲望。包括收藏欲、分享欲、食欲和爱情欲等。
- 好奇。包括为什么、是什么、怎么做、在哪里等。
- 幻想。包括爱情幻想、生活憧憬和移情效应等。
- 感官。包括听觉刺激和视觉刺激等。

6.2.4 实战案例：创作《大熊猫》短视频的文案

慕课视频

创作《大熊猫》短视频的文案

下面分别通过创作标题、优化关键词和文案创作的基本形式，分别为《大熊猫》短视频创作3个不同的文案内容，对该短视频进行推广，具体操作步骤如下。

（1）首先创作该短视频的标题，这里利用反问句的形式创作文案“这么可爱的团子为什么要突然回头？”，利用用户的好奇心理来增加用户的点击欲望和短视频的播放量。然后打开抖音短视频App，根据前面所学的操作进入“发布”界面，为“大熊猫”短视频输入该文案，添加话题后将其发布到抖音短视频平台，如图6-17所示。

（2）通过百度风云榜、抖音热点榜查看目前的热门关键词。这里选择两个关键词“戏精”“乘风破浪的姐姐们”，将其应用到文案中，创作文案“乘风破浪的姐姐们最爱，戏精一样的团子！”为“大熊猫”短视频输入文案，添加话题后将其发布到抖音短视频平台，如图6-18所示。

（3）最后，利用悬念来创作文案“一定要看到最后，最后那个笑死我了，哈哈哈”，从而吸引用户完整播放短视频来获取答案，为“大熊猫”短视频输入该文案，添加话题后将其发布到抖音短视频平台，如图6-19所示。

图6-17　创作标题　　图6-18　使用关键词　　图6-19　创作文案

6.3 短视频的推广渠道

慕课视频
短视频的推广渠道

推广是短视频获取用户关注必不可少的环节，在短视频发布后及时进行推广能有效地为其增加热度，从而获取更多的用户流量。内容创作者除了要了解短视频的推广技巧外，还需要了解短视频的推广渠道，在多渠道的支持下可以更有效率地提升用户流量和播放量。

6.3.1 短视频发布平台推广

每个短视频发布平台都有自己的推广渠道，以抖音短视频为例，其推广渠道分为收费和免费两种主要类型，下面分别进行介绍。

1. 收费推广渠道

抖音短视频官方推出的“DOU+”就是一项帮助内容创作者获取更多流量和曝光的付费推广服务。根据抖音短视频的官方定义，“DOU+”是一款短视频加热工具，购买并使用后可将短视频推荐给更多感兴趣的用户，并提升短视频的播放量与互动量。用户在“推荐”模式观看短视频时，有很大概率会观看到购买了“DOU+”服务推广的短视频。

内容创作者利用“DOU+”进行短视频推广的具体操作步骤如下。

（1）在抖音短视频主界面中点击“我”按钮，在打开的个人账号界面选择一个需要推广的短视频，点击右下角的“展开”按钮。

（2）打开分享和私信对应的界面，点击“上热门”按钮。

（3）打开“DOU+”速推版界面，首先点击选择智能推荐的人数，然后点击选择是提升点赞评论量还是粉丝量，再点击“支付”按钮，如图6-20所示，即可通过付费的形式，达到增加短视频播放量的目的。通常支付100元预计可以为该短视频增加5000左右的播放量。

知识补充

只有短视频内容能够通过抖音短视频平台审核的标准才能够获得“DOU+”推广服务资格，该标准主要包括社区内容规范、版权法律风险、未成年相关和具体规范等。另外，选择平台投放只能由系统自定义推荐给可能感兴趣的用户，而选择自定义投放是以账号个人的标准选择投放用户，可以设置包括人数、用户年龄、性别和所在地域等项目，图6-21所示为自定义投放设置人数的界面。

图6-20　设置推广项目

图6-21　自定义投放设置人数的界面

2. 免费推广渠道

免费推广渠道除了前面介绍过的几个外，比较常用的方式就是参加各种挑战赛，让短视频账号获得更多的曝光，从而推广账号中的各种短视频。抖音短视频官方的“抖音小助手”账号会定期推送平台中最热门的挑战赛，这些热门挑战赛的关注用户数量通常达到几千万甚至几亿。因此，关注“抖音小助手”账号，选择热门程度较高的挑战赛，参与挑战赛并录制和发布视频，就有可能获得较高点击率，从而为自己的短视频账号赢得较高的流量，也间接推广了自己发布的其他短视频。参与抖音挑战赛的具体操作如下。

（1）在抖音短视频主界面中点击“搜索”按钮。

（2）打开搜索界面，点击“话题”选项卡。

（3）打开话题界面，选择一项自己可以参加的挑战赛，选择对应的选项，如图6-22所示。

（4）打开该挑战赛的界面，点击底部的“立即参与”按钮参与挑战赛，如图6-23所示。

图6-22　选择挑战赛

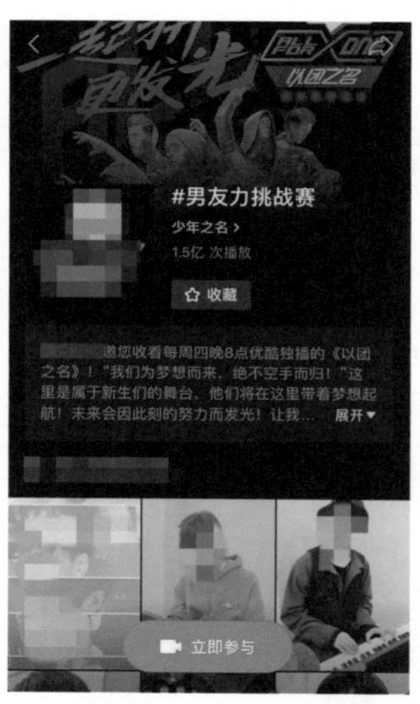

图6-23　参与挑战赛

（5）打开抖音短视频的视频拍摄界面，录制视频并发布即可参加该挑战赛。

知识补充

短视频评论区也是一个非常好的免费推广渠道，对很多短视频新手来说，其关注的用户有限，所以应该珍惜每一个在评论区留言的用户。最好能够及时地回复留言，并与留言用户积极互动，增加这些用户的黏性，以提升短视频的热度。

6.3.2 其他新媒体平台推广

除了在短视频平台进行推广外，其他一些新媒体平台也可以作为短视频的推广渠道，例如微博、QQ和微信等，推广方式主要是将发布的短视频分享和转发到这些新媒体平台中。下面就以微信平台为例，介绍短视频在微信平台的推广方式，主要包括公众号、微信群和朋友圈3种。

1. 公众号或小程序推广

微信公众号主要包括订阅号、服务号、企业号3种类型，其功能如下。

- 订阅号。订阅号具有信息发布和传播的功能，主要用于向用户传达资讯（类似报纸杂志），展示网站或商品的个性、特色和理念，以达到宣传效果。
- 服务号。服务号具有用户管理和提供业务服务的功能，能够实现用户交互，而且可以开通微信支付功能，这两项都非常符合短视频推广的需求。
- 企业号。企业号具有实现内部沟通与内部协同管理的功能，主要用于企业内部通讯。

微信小程序是一种开放功能，可以被便捷地获取与传播，适合有服务内容的企业。

普通内容创作者可以考虑申请服务号来推广短视频，而一些短视频团队或企业短视频内容创作者则可以开通订阅号、企业号或小程序来进行短视频推广。

2. 微信群推广

通过微信群推广短视频已经成为一种非常有效的短视频推广形式。内容创作者可以通过建立微信群，并在微信群中与用户交流和互动，增强用户黏性，对用户产生凝聚力，从而提高用户在短视频平台中的留存率。短视频新手则可以在一些微信群中定期发布和分享自己的短视频，增加自己的存在感和曝光率，慢慢引导微信群中的其他成员对自己产生关注。

但是，在微信群中推广短视频有一个非常重要的注意事项，那就是发布和分享的短视频一定要保证质量，而且不能频繁发送，以免被其他群内成员厌烦，甚至被群主踢出群。

3. 朋友圈推广

内容创作者也可以在朋友圈中发布短视频，引起朋友的关注和转发，达到推广的目的。其方法是直接将短视频分享到朋友圈，这样朋友圈中的好友就可以看到该短视频和自己的短视频账号，并通过短视频平台进行关注。当然，与微信群推广相同，朋友圈的推广也不能太频繁，否则会被微信好友屏蔽。

6.3.3 实战案例：将抖音短视频推广到朋友圈

慕课视频

将抖音短视频推广到朋友圈

下面就将6.2.4小节制作好的《大熊猫》短视频推广到朋友圈，具体操作步骤如下。

（1）在抖音短视频主界面中点击“我”按钮，打开个人账号界面，在“作品”选项卡中点击6.2.4小节中发布到抖音短视频平台中的《大熊猫》短视频。

（2）打开该短视频，在右下角点击“其他”按钮，展开转发和分享工具栏，在“分享到”工具栏中点击“朋友圈”按钮，如图6-24所示。

（3）抖音短视频会将该短视频自动下载到手机中，同时打开“朋友圈分享”对话框，点击“视频分享给好友”按钮，分享短视频，如图6-25所示。

（4）打开微信，进入“发现”界面，选择“朋友圈”选项。

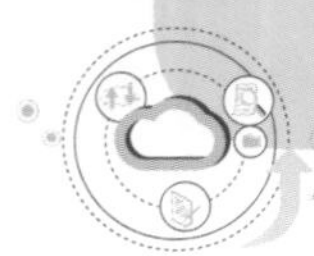

（5）打开自己的微信朋友圈界面，在右上角点击“拍摄”按钮，展开拍摄选项工具栏，在其中选择“从手机相册选择”选项。

（6）打开手机相册，选择步骤（3）下载的《大熊猫》短视频。

（7）打开预览该短视频的界面，在右下角点击“完成”按钮。

（8）打开发布朋友圈界面，在上面的文本框中输入文本内容，点击右上角的“发表”按钮，即可将该短视频发布到朋友圈中，如图6-26所示。

图6-24　点击“朋友圈”按钮　　图6-25　分享短视频　　图6-26　发布短视频

项目实训——发布和推广美食制作类短视频

本实训将根据本章所学的知识，将前面制作的《美食日记-咖喱鸡》短视频发布到抖音短视频平台中，并通过创作标题文案，以及分享到朋友圈和微博的方式来推广该短视频。主要操作包括利用热点关键词创作标题文案、设置热门话题、@美食达人并发布到抖音短视频平台、推广到朋友圈和微博等。

慕课视频

项目实训

利用热点关键词创作标题文案

首先搜索网络热点和关键词，可搜索到包括“姐姐们的最爱”“不香吗”等内容，将其应用到短视频文案中，具体操作步骤如下。

（1）启动抖音短视频，进入抖音短视频的主界面，点击“开始拍摄”按钮。

（2）进入抖音短视频的视频拍摄界面，点击“相册”按钮。

（3）打开“所有照片”界面，在下面的列表中选择需要发布的短视频，这里选择第4章制作好的“美食日记-咖喱鸡”短视频文件，然后点击“下一步”按钮。

（4）打开预览短视频界面，预览完成后，点击“下一步”按钮。

（5）进入短视频剪辑界面，由于该短视频已经剪辑完成，这里直接点击“下一步”按钮。

（6）进入“发布”界面，在文本框中输入“姐姐们的最爱，好吃不长肉！一分钟就能学会的咖喱鸡肉，不香吗？”。

设置热门话题

接下来需要为短视频设置热门话题，具体操作步骤如下。

（1）在“发布”界面中点击“话题”按钮，在下面打开的话题列表框中选择一个播放次数较多的话题，这里选择“#做饭”话题。

（2）继续点击“家常菜”按钮，在下面打开的话题列表框中选择“#宠物”话题。

（3）再次点击“家常菜”按钮，在下面打开的话题列表框中选择“#大厨养成记”话题，即可为该短视频添加3个热门话题。

@美食达人并发布到抖音短视频平台

接下来@美食达人并进行发布，具体操作步骤如下。

（1）点击“好友”按钮，进入“@好友”界面，在下面的列表中选择一个好友，这里选择一个著名的美食达人的账号，将其添加到话题后面。

（2）返回“发布”界面，点击“发布”按钮，发布短视频，如图6-27所示。

将短视频推广到朋友圈

下面将发布到抖音中的这个美食制作类短视频推广到朋友圈中，具体操作步骤如下。

（1）在抖音短视频主界面中点击“我”按钮，打开个人账号界面，在“作品”选项卡中点击前面发布的美食制作类短视频。

（2）打开该短视频，在右下角点击“其他”按钮，展开转发和分享工具栏，在“分享到”工具栏中点击“朋友圈”按钮。抖音会将该短视频自动下载到手机相册中，并打开“朋友圈分享”对话框，点击“视频分享给好友”按钮。

（3）打开微信，进入“发现”界面，选择“朋友圈”选项，打开自己的微信朋友圈界面。在右上角点击“拍摄”按钮，展开拍摄选项工具栏，在其中选择“从手机相册选择”选项。

（4）打开手机相册，选择下载的美食制作类短视频，打开预览该短视频的界面，在右下角点击“完成”按钮。

（5）打开朋友圈的发布界面，在上面的文本框中输入文本内容，点击“发表”按钮，即可将该短视频推广到朋友圈，如图6-28所示。

将短视频推广到微博

接下来可将发布到抖音中的这支美食制作类短视频推广到微博中，具体操作步骤如下。

（1）在抖音短视频主界面中点击“我”按钮，打开个人账号界面，在“作品”选项卡中点击前面发布的美食制作类短视频。

（2）打开该短视频，在右下角点击“其他”按钮，展开转发和分享工具栏，在“分享到”工具栏中点击“微博”按钮。抖音短视频会将该短视频自动下载到手机的相册中，并打开视频分享的对话框，点击“发送视频到微博”按钮。

（3）打开微博，进入“推荐”界面，在右上角点击“添加”按钮，在打开的列表中选择“视频”选项。

（4）打开手机相册，选择下载的美食制作类短视频，打开预览该短视频的界面，在右上角点击“下一步”按钮。

（5）打开“发微博”界面，在上面的文本框中输入文本内容，在下面的“标题”文本框中输入标题文本，在“专辑”栏中设置短视频的专辑内容，最后点击“发送”按钮，即可将该短视频推广到微博，如图6-29所示。

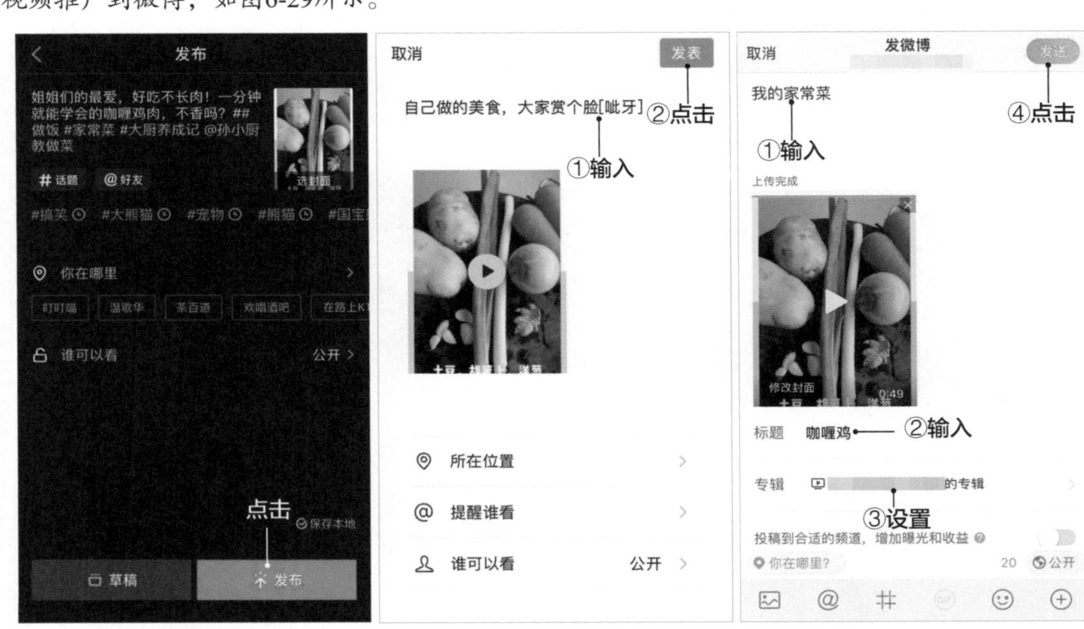

图6-27　发布短视频　　图6-28　推广到朋友圈　　图6-29　推广到微博

 思考与练习

1. 将自己拍摄和剪辑完成的短视频发布到抖音短视频平台中，要求创作疑问句式的标题文案，并添加话题和@抖音中粉丝数量超过100万的该短视频类型的达人。

2. 将发布到抖音中的所有短视频推广到不同的新媒体平台。

3. 在抖音短视频中参加一项抖音挑战赛。

Chapter 7

第7章 综合项目实战——拍摄与制作抖音短视频

设置封面

支持从视频截取

编辑封面

视频描述

大熊猫可爱还是小熊猫可爱？#宠物 #旅行 @成都大熊猫繁育研究基地

添加话题 @ 好友

视频分类 旅行 >

谁可以看 公开 >

- 体验抖音短视频的策划流程
- 体验抖音短视频的拍摄流程
- 体验抖音短视频的剪辑流程
- 体验抖音短视频的发布流程

学习引导

	知识目标	能力目标	素质目标
学习目标	1. 了解制作抖音短视频的前期准备工作 2. 掌握抖音短视频的拍摄、剪辑和发布方法	1. 能够策划、拍摄和剪辑一个完整的抖音短视频 2. 能够将短视频发布到抖音短视频平台	1. 体验实际项目工作过程 2. 适应面对挑战，分析问题，制订方案，推进实施的工作方式

本章将通过一个综合的项目实战来练习抖音短视频从策划、拍摄、剪辑，到最后发布的整个过程，进一步熟悉短视频制作的流程和相关操作。

慕课视频

短视频的策划

 7.1 短视频的策划

短视频的策划通常包括用户定位、内容定位、团队搭建和脚本设计这4项具体内容。本节主要是策划一个一日游形式的游记类短视频，选择的内容风格为Vlog，内容的形式以途中风景为主，团队为一个人（自己拍摄和剪辑），最后撰写一个拍摄提纲。

慕课视频

分析短视频用户

7.1.1 分析短视频用户

首先需要通过数据网站查看旅游类短视频的用户画像，包括用户的性别分布、地域分布和年龄分布等。下面在抖查查官网中查看最近一个月旅游和宠物类短视频的多个达人账号（由于这个短视频游记中会涉及一些宠物内容，所以这里还需要查看并分析宠物类短视频达人账号）的粉丝画像，然后根据粉丝画像来进行用户定位，具体操作步骤如下。

（1）打开抖查查官网，打开“达人”菜单，在下拉菜单中选择“达人总榜”选项。

（2）打开抖查查“抖音排行榜”页面，在“粉丝总榜”选项卡中，单击“月榜”按钮，在下面的“分类”栏中单击“旅行”按钮。

（3）单击某位短视频达人对应的选项右侧的“查看详情”按钮，进入该短视频达人的主页。单击“粉丝画像”选项卡，即可查看该达人的粉丝信息资料，系统将对该短视频达人的粉丝性别分布、年龄分布、地域分布、活跃时间分布等各项属性进行显示。

（4）返回“抖音排行榜”页面，在下面的“分类”栏中单击“宠物”按钮，再单击某位短视频达人对应的选项右侧的“查看详情”按钮，进入该短视频达人的主页。单击“粉丝画像”选项卡，即可查看该达人的粉丝信息资料，如图7-1所示。

（5）在两种类型的短视频中分别选择3位用户数量最多的达人，查看其粉丝画像，并对粉丝的性别分布、年龄分布和省份分布等相关数据进行记录和统计。

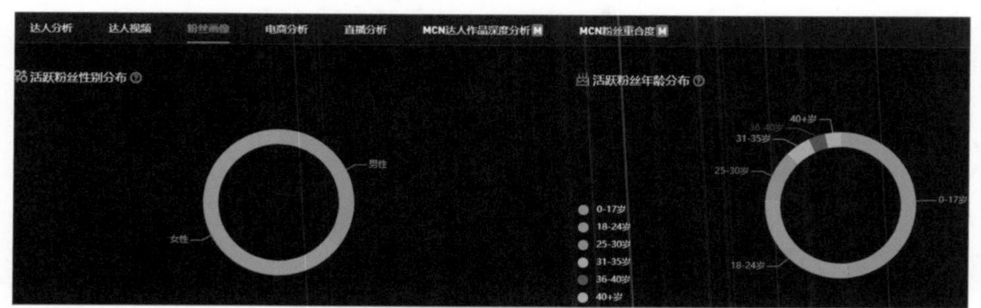

图7-1　粉丝数量超过千万的宠物类短视频达人的粉丝信息资料

综合以上相关信息，这里将本短视频的用户定位为女性为主，年龄为18~35岁，活跃地域主要在北京、上海、广州和深圳等一线城市。

7.1.2 明确短视频内容

明确了主要用户的相关信息后，就可以根据用户的特征和需求进行分析，明确本短视频的具体内容，具体操作步骤如下。

（1）根据用户定位，可以得出这类用户观看旅游和宠物类短视频的主要目的有两个：一是为了欣赏美景和宠物，获得美的享受，从而放松和愉悦自己的身心，同时也可以打发空闲时间，满足心理需求；二是从这些短视频中学习旅游攻略，或者饲养宠物的方法，积累经验知识。因此，本短视频选择制作“成都大熊猫繁育基地一日游”的Vlog，既能从风景上给予用户视觉享受，也能通过拍摄大熊猫和其他一些小动物来满足用户的休闲需求。在短视频中简单介绍景区的一些基本情况，为想去该景区的用户提供一些实际的帮助，这也满足了用户的实用需求。

（2）确定内容的风格。旅游类短视频内容的风格比较固定，特别是旅游攻略类的短视频，通常是以生活Vlog为主，在旅游的过程中会加入一些可爱动物等。为了更适合新手操作，这个短视频以具体的拍摄和制作为主，整个短视频拍摄简单且制作成本很低，而且拍摄的素材内容不需要太多，只需拍摄一些重要画面进行剪辑组合即可。

（3）确定短视频的内容形式。几乎所有旅游类短视频都是真人、肢体或语音为主的形式，考虑到制作成本和团队的问题，以及本短视频以风景和动物为主要内容，所以本短视频的内容形式将以风景和动物为主。

7.1.3 搭建短视频团队

由于本短视频的内容以拍摄风景和动物为主，因此为了保证短视频拍摄内容的连贯性和拍摄风格的一致性，选择组建一人的低配团队。内容创作者需要独立完成前期准备、脚本撰写、拍摄和剪辑，以及发布和推广的所有工作。另外，为了保证短视频能够获得足够的视频素材，内容创作者可以通过其他方式获得视频素材，如网上下载或从其他人拍摄的视频中截取。

7.1.4 撰写短视频拍摄提纲

由于本短视频是以风景和动物为主要内容，并不涉及真人出镜，没有太多的剧情，也不会涉及文学创作，所以脚本类型可以选择拍摄提纲。本短视频内容主要是介绍到某个风景区游览的游记Vlog，所以，各个镜头的使用也主要以游记的流程为主，拍摄提纲如表7-1所示。

表7-1 《旅游日记》短视频拍摄提纲

提纲要点	提纲内容
主要内容	游览成都大熊猫繁育研究基地
去基地的路上	在车上拍摄一段高速路的视频
到基地大门	基地门口的样子
	上山路上
看大熊猫	大熊猫的各种图片，展示大熊猫可爱的样子（可以配上一些比较搞笑的文字）
	大熊猫的视频，包括活动或饮食（配文）
休息、中午吃饭	太阳好大，介绍休息和吃饭的一些注意事项
看小熊猫	上山路上
	通过观景台远看
	由饲养员带过来近看，展示小熊猫的可爱
住宿	介绍住宿条件
晚上活动	拍摄一些活动素材
结尾	介绍短视频剪辑的一些信息内容

需要注意的是，拍摄的视频素材应该以提纲内容为主，要包含提纲中的所有内容，当然也可以拍摄一些比较漂亮的风景图片或者特别的画面，以丰富短视频的内容。剪辑时，内容创作者可以将提纲要点作为镜头顺序进行剪辑，依次添加需要的背景音乐和各步骤的文字，对于一些注意事项和不同之处可以通过醒目的文字展示给观众。

7.2 短视频的拍摄

慕课视频

短视频的拍摄

短视频的拍摄比较简单，首先需要选择一种拍摄工具，并准备一些相关的设备，然后设置拍摄的尺寸、大小、景别和构图等，最后进行短视频拍摄。

7.2.1 准备拍摄工具

其实拍摄游记最好使用单反相机，但考虑到很多短视频新手都使用智能手机，所以这里还是选择比较常见的iPhone 7 128GB作为拍摄设备，准备的具体操作步骤如下。

（1）首先给手机充满电，并准备一个充满电的充电宝。

（2）选择一张专业的镜头纸，擦拭手机的镜头与手机屏幕。

（3）接下来查看手机的存储空间是否足够。在手机主界面中点击“设置”图标，打开手机的“设置”界面，在其中选择“通用”选项。

（4）打开手机的“通用”界面，在其中选择“iPhone存储空间”选项。

（5）打开手机的“iPhone存储空间”界面，查看手机的存储空间是否足够。如果存储空间不足，可以卸载占用存储空间较大的App，清理其占用的存储空间；还可以启用iCloud照片和卸载未使用的应用，为手机扩展存储空间。

（6）由于拍摄季节为夏天，为了防止汗水模糊镜头或手机屏幕，以及手机过热等情况，可以准备湿纸巾，并使用自拍杆或稳定器。

7.2.2 拍摄前的设置和准备

接下来就在手机中设置拍摄短视频的尺寸和大小，并进行景别、运镜方式和构图等方面的设置，为拍摄短视频做最后的准备工作，具体操作步骤如下。

（1）在手机主界面中点击“设置”图标，打开手机的“设置”界面，在其中选择“通用”选项。打开手机的“相机”界面，在其中选择“录制视频”选项。

（2）打开手机的“录制视频”界面，在其中可以选择拍摄短视频的大小和尺寸，这里选择“1080p HD 60fps”选项。

（3）确定景别。由于拍摄的对象是风景和小动物，所以景别主要以远景为主。

（4）确定运镜方式。通常使用第一视角，并通过移和跟等方式进行拍摄。

（5）确定构图方式。比较适合风景类短视频的构图方式通常是中心构图，因此本项目也使用这种构图方式。

（6）调整手机显示屏的亮度。这里用手指从主界面底部向上滑动，打开手机的控制中心界面，将“亮度”调整块向上滑动，将亮度值调整到最大。

（7）根据短视频拍摄环境的光线情况，调整对焦和亮度。

7.2.3 进行短视频拍摄

根据撰写的提纲脚本拍摄短视频，注意在拍摄过程中至少需要拍摄7个与提纲中的要点对应的视频，或者是拍摄10个与提纲内容相对应的视频，再拍摄一些熊猫图片。本实战的拍摄并没有使用支架进行手机的固定，因此最好在拍摄前进行对焦，并进行曝光补偿的设置。

7.3 短视频的剪辑

本实战将拍摄的旅游视频素材制作为短视频，操作方法为按照7.1.4小节中撰写的拍摄提纲，将拍摄的视频素材导入VUE中，然后利用智能剪辑功能剪辑《旅游日记-成都大熊猫繁育研究基地》短视频。由于VUE的智能剪辑功能会自动为视频素材应用模板，所以本节中可以进行转场、文字样式和边框设置，以及调整画面色彩等操作。最重要的两个操作就是对导入的各个视频素材按照7.1.4小节撰写好的拍摄提纲进行剪辑，然后根据拍摄提纲为每段短视频添加文本字幕。

7.3.1 导入视频素材

慕课视频

导入视频素材

使用VUE的智能剪辑功能制作短视频的第一步是导入视频素材，具体操作步骤如下。

（1）在手机中点击VUE App的图标，打开VUE主界面。

（2）点击“拍摄和剪辑”按钮，打开“拍摄和剪辑”界面，点击“智能剪辑”按钮。

（3）打开选择导入的视频素材界面，在“相机胶卷”选项卡中选择需要进行剪辑的短视频（这里按照素材命名顺序进行选择），点击“导入”按钮，添加视频，如图7-2所示（配套资源：\素材文件\第7章\素材1~3.mp4、素材4~9.jpg、素材10~17.mp4）。

7.3.2 选择模板

慕课视频

选择模板

导入视频素材后，直接进入选择智能剪辑模板的界面，具体操作步骤如下。

（1）在智能剪辑模板界面中选择短视频的模板样式，点击样式对应的选项即可，模板样式中会显示模板的字体样式，并可以在界面上方预览最终的短视频效果。

（2）选择短视频的“背景音乐”选项，点击“上一首”按钮，选择《查汶海滩》音乐。在“时长”栏中点击“中”按钮，设置短视频时长。

（3）选择“视频标题”选项，在打开的界面中输入“旅游日记-成都大熊猫繁育研究基地”，点击“确定”按钮，视频标题设置完成，返回选择模板的界面，点击“下一步”按钮，如图7-3所示。

7.3.3 剪辑视频

慕课视频

剪辑视频

接下来就需要对导入的视频素材进行剪辑。为了体现拍摄提纲中的项目内容，需要对视频素材进行剪辑，删除多余和扩展的更多内容，保留或增加符合短视频脚本的内容。下面就来剪辑视频素材，具体操作步骤如下。

（1）打开“视频编辑”界面，在下面的工具栏中点击“剪辑”按钮，在编辑窗格中选择导入的第9段视频素材，然后向右拖动其下面右侧的扩展按钮，将该视频素材的时长延长到2.6s。

（2）在编辑窗格中选择导入的第10段视频素材，然后向右拖动其下面右侧的扩展按钮，并将该视频素材恢复到最初的时长。

（3）在编辑窗格中拖动播放指针，将其定位于“38s”位置处。选择播放指针右侧的视频片段，点击“删除”按钮，打开提示框，询问“删除所选分段？”，点击“删除”按钮，将该视频片段删除，如图7-4所示。

（4）用同样的方法，将导入的第11段视频素材恢复到最初的时长。

（5）用同样的方法，删除导入的第12段视频素材中45s~最后时间范围内的视频片段。

（6）在编辑窗格中选择已经编辑好的第3段视频素材，连续点击两次“复制”按钮，在其右侧复制两个相同的视频片段。

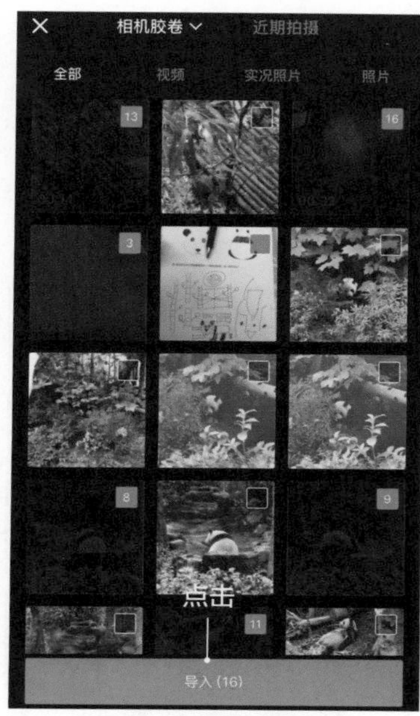

图7-2　添加视频

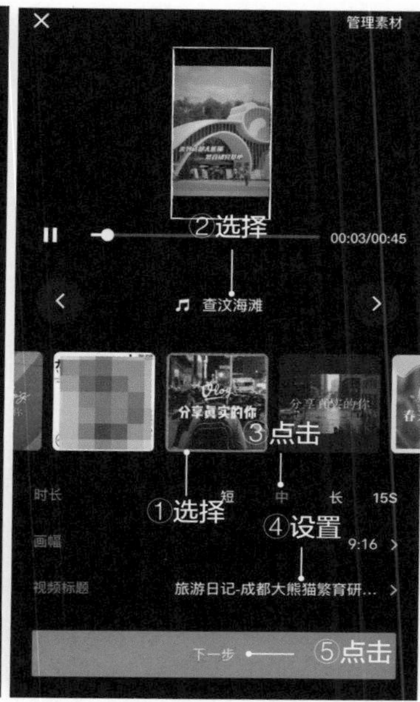

图7-3　选择模板

图7-4　剪辑视频

（7）用同样的方法复制导入第3段视频素材，单击编辑窗格右上角的“排序”按钮，打开“排序”界面。将复制的第4段视频素材拖动到第15段视频素材右侧，使其作为第15段视频素材。

（8）用同样的方法扩展第15段视频素材，将其恢复到最初的时长，然后删除其中50s~61s、72s~最后这两个时间范围内的视频片段。

（9）用同样的方法扩展第16段视频素材，将其恢复到最初的时长，然后删除其中63s~65s、77s~100s、102s~112s、113s~最后这4个时间范围内的视频片段。

（10）用同样的方法扩展第17段视频素材，将其恢复到最初的时长，然后删除其中78s~89s、101s~最后这两个时间范围内的视频片段。

（11）用同样的方法扩展第18段视频素材，将其恢复到最初的时长，然后删除其中90s~104s、121s~最后两个时间范围内的视频片段，完成对视频素材的剪辑操作。

7.3.4 添加文本字幕

慕课视频

添加文本字幕

接下来为短视频添加文本字幕，具体操作步骤如下。

（1）在编辑窗格中选择编号1的视频片段，在下面的工具栏中点击“文字”按钮，在展开的文字工具栏中点击“大字”按钮。

（2）展开“文字工具”工具栏，在其中选择一种大字样式。在视频画面中拖动文字位置，将其移动到画面上方，点击“返回”按钮，如图7-5所示。

（3）返回“视频编辑”界面，在文字工具栏中点击“字幕”按钮，打开“字幕”界面，按住“长按加字”按钮。

（4）松开后打开文字输入界面，输入“8点出发，一路阳光！”，点击“确定”按钮。

（5）选择输入的文字编辑条，拖动其下面的扩展按钮，使之与第1个视频片段重合，然后在视频画面中拖动文字，将其移动到画面下部，点击“完成”按钮，如图7-6所示。

（6）选择“字幕样式”选项，展开字幕设置工具栏，在其中选择一种字幕样式。选择“字体”选项，展开“字体”列表框，这里选择“喜鹊小轻松体”选项，如图7-7所示，点击“返回”按钮←返回“字幕”界面，再次点击“返回”按钮<返回文字编辑界面。

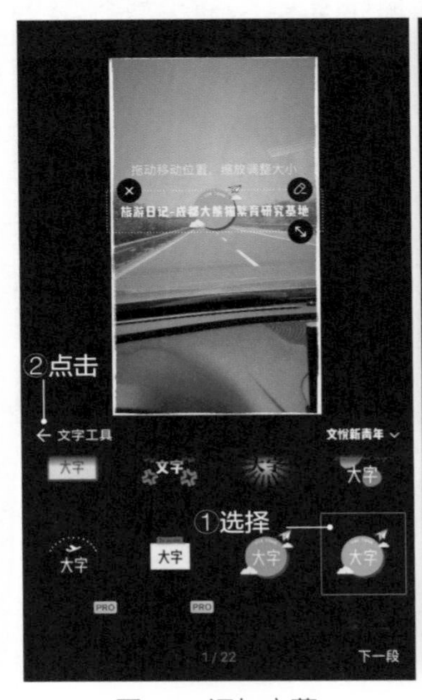

图7-5　添加字幕

图7-6　设置字幕时长

图7-7　设置字幕样式

（7）用同样的方法在编号3的视频片段中输入“徒步上山，清幽宁静，小溪潺潺”。

（8）用同样的方法在编号4的图片片段中输入“终于看到大熊猫了！团子们的生活就是……”。

（9）用同样的方法在编号5的图片片段中输入“吃！”；在编号6的图片片段中输入“睡！”；在编号7的图片片段中输入“吃！”；在编号8的图片片段中输入“泡澡！”；在编号9的图片片段中输入“太……幸福了！”。

（10）用同样的方法在编号10的视频片段中输入“坐着吃的，太香了！”。

（11）用同样的方法在编号11的视频片段中输入“躺着吃的，熊生幸福啊！”。

（12）用同样的方法在编号12的视频片段中输入“太阳有点大，找地方休息”。

（13）用同样的方法在编号13的视频片段中输入“吃个午饭，补充能量”。

（14）用同样的方法在编号14的视频片段中输入“注意：基地景区内没有对游客开放的餐厅，只能自带食物”。

（15）用同样的方法在编号15的视频片段中输入“时间：下午两点”，换行输入“继续上山，去看小熊猫”。

（16）用同样的方法在编号16的视频片段中输入“看到了，在家”。

（17）用同样的方法在编号17、编号18和编号19的视频片段中输入“被饲养员姐姐用它最爱的零食引诱过来了，好可爱！”。

（18）用同样的方法在编号20的视频片段中输入“驻地是基地的技术人员宿舍，也是熊猫主题的，好漂亮，可惜也不对外开放”。

（19）用同样的方法在编号21的视频片段中输入“晚上有基地小姐姐组织的活动，路遇一只小可爱，给今天的体验互动添加一个圆满的结尾，好希望再来”。

（20）点击“返回”按钮←，返回“视频编辑”界面，完成短视频的文字剪辑操作。

7.3.5 设置音乐和转场特效

慕课视频

设置音乐和转场

接下来需要设置音乐时长，并为复制和裁剪过的视频以及图片设置转场（VUE默认只为最开始导入的视频自动设置转场），具体操作步骤如下。

（1）在工具栏中点击“音乐”按钮，在编辑窗格中选择第2段音乐，然后向右拖动其下面右侧的扩展按钮，将该音乐恢复到原有的时长，如图7-8所示。

（2）在工具栏中点击“复制”按钮，复制该背景音乐。再次点击“复制”按钮，再次复制背景音乐，点击“完成”按钮，完成音乐的设置。

（3）在工具栏中点击“分段”按钮，在编辑窗格的编号3视频素材和编号4图片素材之间点击“添加”按钮+，在下面的分段工具栏中点击“转场效果”按钮，如图7-9所示。

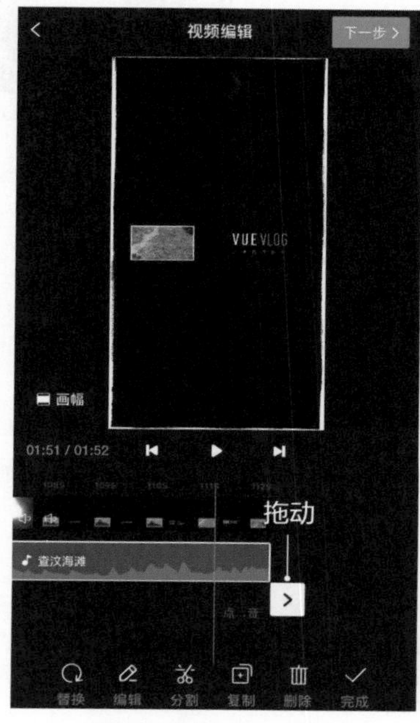

图7-8　设置音乐时长

图7-9　设置转场效果

（4）在展开的转场效果工具栏中点击“缩放”按钮，设置缩放转场效果。点击“返回”按钮<，返回分段界面。

（5）用同样的方法分别为编号5、编号6、编号7、编号8、编号9的图片素材设置缩放转场效果，在编号10和编号11、编号16和编号17、编号19和编号20、编号20和编号21的视频素材中间添加叠化转场效果。

慕课视频

设置结尾

7.3.6 设置结尾

最后为短视频添加一个结尾视频，具体操作步骤如下。

（1）在工具栏中点击“分段”按钮，在编辑窗格中的所有视频片段的最右侧点击“添加片尾”按钮。

（2）打开“选择片尾样式”界面，选择左侧的一种片尾样式。

（3）在打开的界面中预览该样式的结尾视频，点击“选择此样式”按钮。

（4）打开输入信息的界面，在“客串”文本框中输入“大熊猫梅兰、星语、福娃、小悦悦，小熊猫甲，小螃蟹乙”，点击“完成”按钮。

（5）在编辑窗格中选择编号22模板自带的结尾视频素材，在分段工具栏中点击“删除”按钮，在打开的提示框中选择“删除”选项，点击右上角的“下一步”按钮。

（6）在打开的发布界面中，点击“保存与发布”按钮左侧的“其他”按钮，在打开的提示框中选择“仅保存到相册”选项。

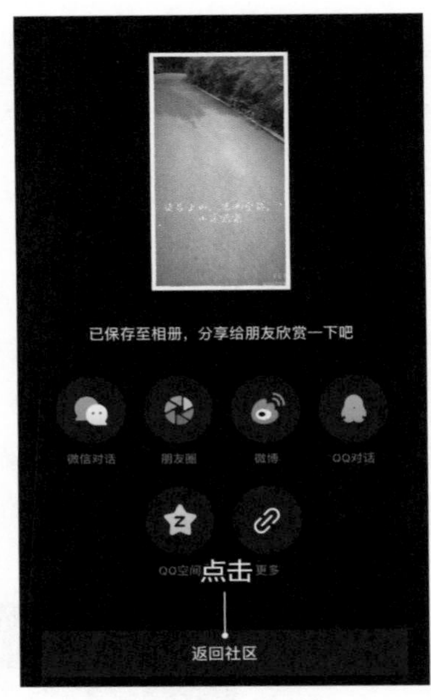

图7-10　完成剪辑

（7）VUE开始处理剪辑的短视频，并显示处理进度，完成后，点击“返回社区”按钮，如图7-10所示，返回VUE的主界面，完成短视频的剪辑操作（配套资源:\效果文件\第7章\旅游日记.mp4）。

7.4 短视频的发布

发布短视频基本上分为两种情况：一是发布到对应的短视频平台，二是分享到其他新媒体平台。下面将前面剪辑好的《旅游日记》短视频发布到抖音短视频平台，并分享到微信朋友圈。

7.4.1 发布到抖音短视频平台

慕课视频

发布到抖音短视频平台

下面就将前面制作的《旅游日记》短视频发布到抖音短视频平台中，并运用@功能分享给其他用户。由于该短视频时长超过1分钟，需要使用另外一种发布方式，具体操作步骤如下。

（1）启动抖音短视频，进入抖音短视频的主界面，点击“我”选项卡。

（2）进入抖音短视频的个人设置界面，点击右上角的“更多设置”按钮☰，在打开的窗格中选择“创作者服务中心”选项，如图7-11所示。

（3）打开个人短视频管理界面，在“通用能力”栏中点击“视频管理”按钮，如图7-12所示。

（4）打开“抖音视频”界面，点击“点击上传”按钮，在打开的提示框中选择“照片图库”选项，如图7-13所示。

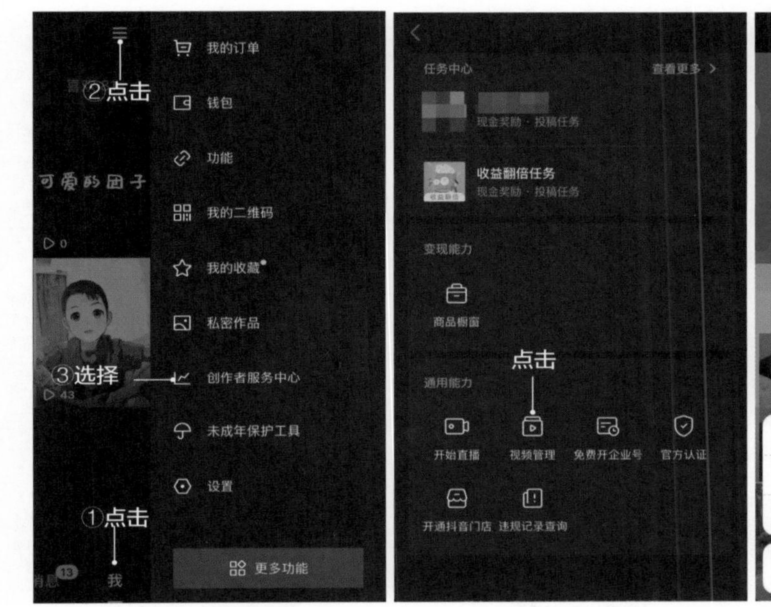

图7-11　选择操作　　图7-12　视频管理

图7-13　上传本地视频

（5）打开手机的照片图库，选择前面剪辑好的短视频。打开短视频预览界面，点击“选取”按钮，抖音开始压缩视频，并显示进度。

（6）完成后进入“发布”界面，在“设置封面”栏中点击“编辑封面”按钮，打开选择封面的界面，拖动选择封面后点击“保存”按钮。

（7）返回“发布”界面，在“视频描述”文本框中输入“大熊猫可爱还是小熊猫可爱？”。

（8）点击“添加话题”按钮，在搜索框中输入“宠物”，然后选择“#宠物”话题，继续点击“添加话题”按钮，在搜索框中输入“旅行”，然后选择“#旅行”话题，单击“完成”按钮，为该短视频添加两个话题。

（9）点击“好友”按钮，进入“@好友”界面，选择“成都大熊猫繁育研究基地”，将其添加到话题后面。

（10）选择“视频分类”选项，在打开的列表框中点击“旅行”按钮。

（11）返回“发布”界面，点击“发布”按钮，抖音短视频平台将对该短视频进行审核，审核通过即可将该短视频发布到平台中，如图7-14所示。

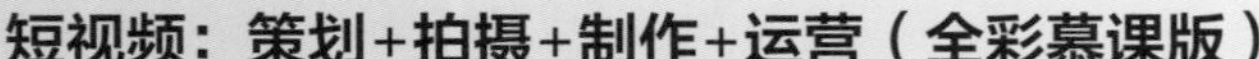

图7-14　发布和审核短视频

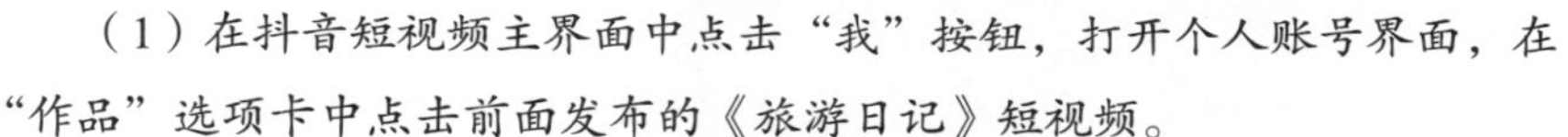

7.4.2 分享到朋友圈

慕课视频

分享到朋友圈

下面将发布的短视频分享到朋友圈中，具体操作步骤如下。

（1）在抖音短视频主界面中点击“我”按钮，打开个人账号界面，在“作品”选项卡中点击前面发布的《旅游日记》短视频。

（2）打开该短视频，在右下角点击“其他”按钮，展开转发和分享工具栏，在“分享到”工具栏中点击“朋友圈”按钮。抖音短视频会将该短视频自动下载到手机的相册中，并打开“朋友圈分享”对话框，点击“视频分享给好友”按钮。

（3）打开微信并进入“发现”界面，选择“朋友圈”选项，打开自己的微信朋友圈界面。在右上角点击“拍摄”按钮，展开拍摄选项工具栏，在其中选择“从手机相册选择”选项。

（4）打开手机相册，选择下载的《旅游日记》短视频，打开预览该短视频的界面，在右下角点击“完成”按钮。

（5）打开发布朋友圈的界面，点击上面的文本框并输入短视频的基本介绍，点击“发表”按钮，即可将该短视频分享到朋友圈中。

思考与练习

1. 自己设计制作一个记录一天的生活和学习的Vlog，并将其发布到抖音短视频和快手平台。

2. 设计制作一个剧情类短视频（例如找两个好友拍摄一个搞笑短视频），要求组建两个人或两个人以上的制作团队，分别负责脚本创作、拍摄和剪辑等不同的工作。

3. 设计制作一个短视频，按照前期策划、脚本撰写、视频拍摄、视频剪辑和发布推广这5个流程进行制作，要求使用Premiere进行剪辑，不限短视频类型。

Chapter 8

第8章 综合项目实战——拍摄与制作淘宝短视频

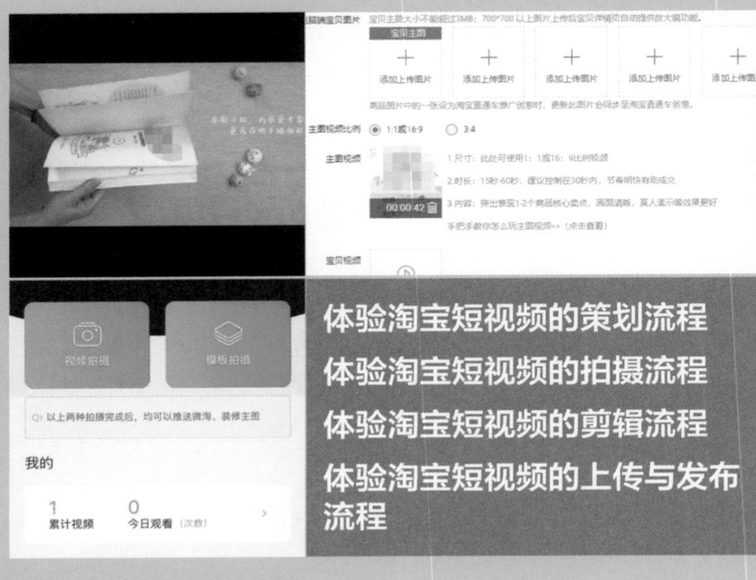

- 体验淘宝短视频的策划流程
- 体验淘宝短视频的拍摄流程
- 体验淘宝短视频的剪辑流程
- 体验淘宝短视频的上传与发布流程

学习引导			
	知识目标	能力目标	素质目标
学习目标	1. 了解制作淘宝短视频的前期准备工作 2. 掌握淘宝短视频的拍摄方法、剪辑方法和发布方式	1. 能够策划、拍摄和剪辑一个淘宝短视频 2. 能够通过PC端和移动端将短视频发布至淘宝网	1. 培养职业兴趣和职业综合适应能力 2. 提升创新能力和策划能力

本章将通过一个综合的项目实战来熟悉淘宝短视频从策划、拍摄、剪辑，到最后发布至淘宝网的整个流程，进一步熟悉短视频制作的流程和相关操作。

慕课视频

短视频的策划

 8.1 短视频的策划

短视频的策划通常包括用户定位、内容定位、团队搭建和脚本设计这4项具体内容，本章主要是策划一个淘宝电商商品介绍的短视频，选择的内容领域为干货类，内容的形式以肢体为主，团队为两个人（一个肢体出镜，一个负责拍摄和制作），最后撰写一个拍摄提纲。

8.1.1 明确短视频的内容

淘宝短视频也属于本书介绍的一种特殊类型的短视频，其本质是一种生活消费类短视频，主要内容是通过短视频体现商品卖点、功能亮点、用法技能技巧、购物经验等，有效刺激用户消费，并在一定程度上提升用户的消费满足感。简单地说，一个优质的淘宝短视频除了满足普通短视频都能够满足的用户需求外，还需要具备人格化、真实感和专业性这3个特性。

- 人格化。人格化的意思是让短视频的用户有场景带入感，简单来说，就是让用户有一种站在现场听讲解或观看商品实物的感受。首先，这就需要短视频的清晰度足够高，让用户在短视频中所看到的商品与真实商品一致。然后就是不能单纯地只展示商品，而是要从商家、达人或用户的某个角度出发介绍商品、用法或技能。
- 真实感。淘宝短视频通常需要将商品完整地展示给用户，因此必须突出真实感，这样才能拉近与用户之间的距离。因此，内容创作者通常会在淘宝短视频开头和结尾处插入商品广告，内容则以展示商品为主，这样可以避免广告生硬，舒缓用户对广告的排斥心理，也体现出真实感。
- 专业性。专业性就是指对商品卖点的提炼能力，淘宝短视频中对商品卖点的表达是短视频内容的核心。首先短视频内容中需要明确商品的卖点，然后在短视频内容中要通过肢体、语言或画面来展示卖点，而且最好简单、直白。例如，淘宝网中经常看到的手机销

售的短视频，视频中会将手机放到鱼缸里然后拨打电话，直接向用户展示该手机防水性能优秀的卖点。

综合以上知识点，根据用户的特征和需求进行分析，对本短视频的具体内容进行定位，具体操作步骤如下。

（1）淘宝短视频的用户观看短视频的主要目的大多只有一个，就是通过短视频了解商品，然后决定是否购买。本短视频主要是展示一本手绘图书，因此需要从图书的主要内容上给予用户“呆萌可爱”的感受，引起用户购买的欲望，再通过拍摄购书的大量赠品来满足用户的性价比需求，进一步提升用户购买的欲望。

（2）确定短视频内容的风格和形式。淘宝短视频的内容风格比较固定，通常以商品展示为主，并在展示过程中加入一些简单剧情或者真人、肢体的内容。为了更适合短视频新手，本短视频的内容形式将以商品本身为主，这样制作简单且成本很低，在很短的时间就可以拍摄并制作出足够好几期播放的短视频。

8.1.2 搭建短视频团队

本短视频的内容是以展示商品为主，为了拍摄内容的连贯性和拍摄风格的一致性，这里组建的是两个人的团队。一个人负责前期准备、脚本撰写、灯光和装备、拍摄和剪辑，以及发布和推广短视频的大部分制作工作，另一个人负责短视频中图书展示的手部出镜部分。

8.1.3 撰写短视频拍摄提纲

由于本短视频是以展示商品为主要内容，且没有剧情，所以脚本类型可以选择拍摄提纲。主要内容是展示图书的内容和丰富的赠品，所以各个镜头也主要按照商品展示的流程进行，拍摄提纲如表8-1所示。

表8-1 《手绘图书展示》拍摄提纲

提纲要点	提纲内容
主要内容	展示图书的主要内容和丰富的赠品
外观	封面和封底
赠品	拿出赠品进行展示和介绍
内容特色1	图书内容中比较有特色的部分（手绘萌物）
内容特色2	图书内容中另一个比较有特色的部分（制造萌物）
活动	展示该图书的前一版本，两本一起购买可以打折

需要注意的是，由于本短视频是淘宝短视频，所以需要在剪辑时制作封面图片。封面图片主要是商品海报，可在其中加入商品价格和主要卖点。封面图片可以使用Photoshop等软件进行制作。通常淘宝短视频没有结尾，但也可以用商品海报作为结尾，不过应注意不要与封面图片一样。

8.2 短视频的拍摄

短视频的拍摄比较简单，首先需要准备拍摄工具，接着进行拍摄前的设置和准备，如构图和布光灯等，最后选择三脚架来固定手机进行短视频拍摄。

慕课视频

短视频的拍摄

8.2.1 准备拍摄工具

本实战同样选择比较常见的iPhone 7 128GB作为拍摄设备，另外还准备了三脚架、布光灯和静物台等，具体操作步骤如下。

（1）用专业的镜头纸，擦拭手机的镜头，然后擦拭手机屏幕。

（2）给手机充满电，并准备一个充满电的充电宝。

（3）查看手机的存储空间是否足够，在手机主界面中点击“设置”图标，打开手机的“设置”界面，在其中选择“通用”选项。

（4）打开手机的“通用”界面，在其中选择“iPhone存储空间”选项，打开手机的“iPhone存储空间”界面，查看手机的存储空间是否足够。

（5）为了保证视频拍摄中的稳定性，本实战还为手机准备了一个三脚架，尽可能选择重的三脚架，在同等价位中重一点的三脚架稳定性更好。

（6）准备一盏600W的布光灯，并准备一个柔光板和一个反光板。

（7）准备一张办公桌，在上面铺上一层桌布，这里选择灰色的桌布。

8.2.2 拍摄前的设置和准备

在手机中设置拍摄短视频的尺寸和大小，并进行景别、运镜方式、构图和布光的设置，为拍摄短视频做好准备工作，具体操作步骤如下。

（1）在手机主界面中点击“设置”图标，打开手机的“设置”界面，在其中选择“通用”选项。打开手机的“相机”界面，在其中选择“录制视频”选项。

（2）打开手机的“录制视频”界面，在其中选择拍摄短视频的尺寸和大小，这里选择“1080p HD 60fps”选项。

（3）确定景别，由于拍摄对象是图书商品，需要将图书清晰地展示给用户，所以本短视频中的景别主要以特写和近景为主。

（4）确定运镜方式，本项目主要使用第一视角，并采用俯视的方式进行拍摄。

（5）确定构图方式，中心构图比较适合商品展示类短视频的拍摄构图方式，因此本项目也使用这种构图方式。

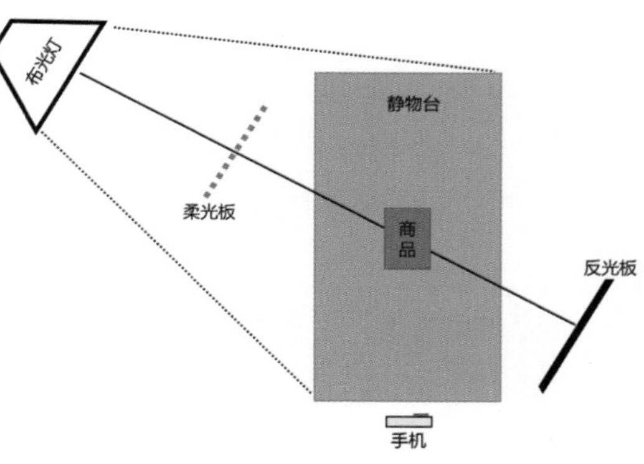

图8-1　布光

（6）进行布光，如图8-1所示。这样的布光可以基本呈现商品细节，整体也会有较好的明暗效果。

（7）最后，根据拍摄环境的光线情况，调整摄像的对焦和亮度。

8.2.3 进行短视频拍摄

进行短视频拍摄。由于是固定镜头，因此可以使用一镜到底的方式进行拍摄，也就是说从拿出图书展示外观开始，一直拍摄到短视频的最后，具体内容的取舍由剪辑人员决定。需要注意的是，拍摄过程中内容创作者要根据拍摄提纲的要点来进行拍摄，并且所有的要点都必须呈现在视频素材中。

8.3 短视频的剪辑

本实战将拍摄的视频素材制作成淘宝短视频，并按照前面撰写的脚本，将拍摄的视频素材导入Premiere中，然后将其剪辑为《手绘图书展示》短视频。主要使用通过入点和出点剪切视频素材、添加字幕、添加音乐、添加封面图片、设置转场，以及导出短视频等操作，完成短视频的剪辑。

慕课视频

通过入点和出点剪切视频素材

8.3.1 通过入点和出点剪切视频素材

首先通过入点和出点将多余的视频素材删除，具体操作步骤如下。

（1）启动Premiere，在菜单栏中选择“文件”/“新建”/“项目”命令，打开“新建项目”对话框，在“名称”文本框中输入“手绘图书展示”。单击“位置”下拉列表框右侧的“浏览”按钮，打开“请选择新项目的目标路径”对话框，在其中选择一个保存新建视频项目的文件夹。单击“选择文件夹”按钮，返回“新建项目”对话框，单击“确定”按钮，展开Premiere的操作界面和编辑区。

（2）在功能区中单击“编辑”功能按钮，双击“项目”面板的空白处，打开“导入”对话框，选择保存视频素材的文件夹。选择视频素材，这里选择“视频素材.mp4”文件（配套资源：\素材文件\第8章\视频素材.mp4），单击“打开”按钮，将该视频素材导入“项目”面板中。

（3）在“项目”面板中双击导入的视频素材，将其显示到“源”面板中，然后在“源”面板下面的时间轴中拖曳时间指针到00:00:01:22位置，在下面的工具栏中单击“标记入点”按钮。再次拖曳时间指针到00:00:04:30位置，在下面的工具栏中单击“标记出点”按钮，然后将剪切的视频素材拖曳到“时间轴”面板中。

（4）用同样的方法设置（2）中导入的视频素材的入点和出点分别为00:00:05:08和00:00:09:09，然后将剪切的视频素材拖曳到“时间轴”面板的前一个视频素材后面。

（5）用同样的方法设置（2）中导入的视频素材的入点和出点分别为00:00:55:07和00:00:58:15，然后将剪切的视频素材拖曳到“时间轴”面板的前一个视频素材后面。

（6）用同样的方法设置（2）中导入的视频素材的入点和出点分别为00:01:23:42和

00:00:58:15，然后将剪切的视频素材拖曳到“时间轴”面板的前一个视频素材后面。

（7）用同样的方法设置（2）中导入的视频素材的入点和出点分别为00:01:13:11和00:01:19:27，然后将剪切的视频素材拖曳到“时间轴”面板的前一个视频素材后面。

（8）用同样的方法设置（2）中导入的视频素材的入点为00:01:56:44、出点为最后，然后将剪切的视频素材拖曳到“时间轴”面板的前一个视频素材后面，完成视频素材的剪切操作，如图8-2所示。

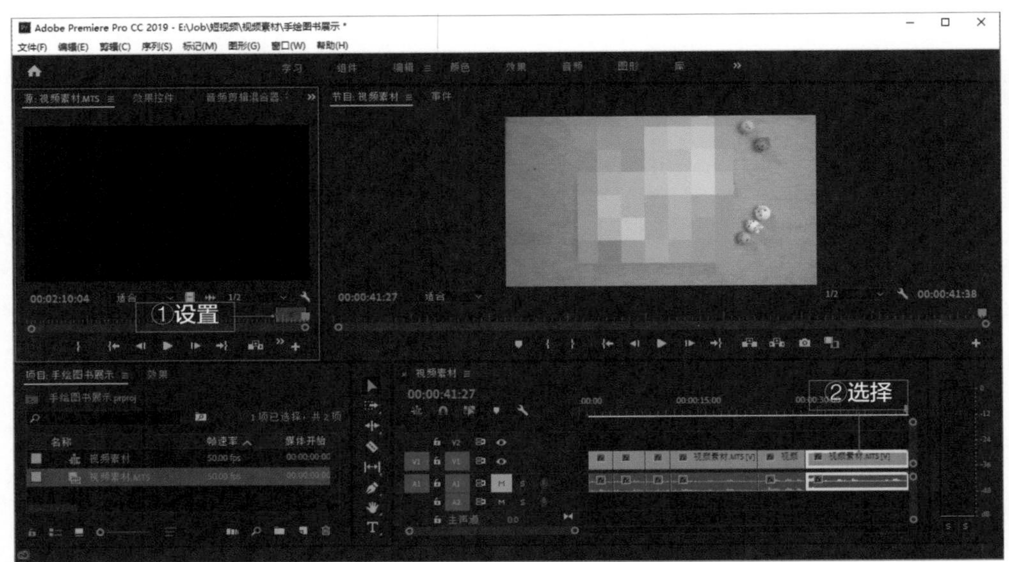

图8-2　视频素材的剪切

8.3.2 添加字幕

接下来为短视频添加字幕，具体操作步骤如下。

（1）在“时间轴”面板中选择第1个视频片段，然后在左侧的工具栏中单击“文字工具”按钮。在“节目”面板的视频画面中选择不遮挡图书的位置双击插入文本框，并输入“全裸背+护封装订设计”，然后换行输入“可平摊，更美观”。

（2）在工具栏中单击“选择工具”按钮，在“节目”面板中选择该文本框。在功能区中单击“效果”功能按钮，展开“效果控件”面板，在其中展开“文本（全裸背+护封装订设计　可平摊，更美观）”选项，在下面的“字体”下拉列表框中选择一种字体样式。在“外观”栏中单击填充色块，打开“拾色器”对话框，在右侧的颜色文本框中输入“E3F494”，单击“确定”按钮，为文本设置颜色。

（3）在“时间轴”面板中拖曳字幕编辑条来调整字幕显示的时长，使其与第一个视频片段的时长一致。

（4）用同样的方法为第2个视频片段添加字幕“全新升级，内容更丰富”，换行继续输入“更多萌物手绘教程”，调整文本框大小和位置，并设置时长与第2个视频片段时长一致。

（5）用同样的方法为第3个视频片段添加字幕“好多赠品！书签、贴纸、幸运卡，还有限量签名卡”，字幕时长应该与这个视频片段的时长一致。

（6）用同样的方法为第4个视频片段添加字幕“书中介绍了各种萌物的制作过程”，换行继续输入“画风简练、萌动可爱”，字幕时长应该与这个视频片段的时长一致。

（7）用同样的方法为第5个视频片段添加字幕“特别喜欢这个蛋蛋变形记”，换行继续输入“加入一点创意”，换行继续输“就可以把鸡蛋变得可爱”，字幕时长应该与这个视频片段的时长一致。

（8）用同样的方法为第6个视频片段添加字幕“想要吗？”，换行继续输入“两本一起，萌爱加倍”，换行继续输入“价格七折哦”，字幕时长应该与这个视频片段的时长一致。添加和设置字幕如图8-3所示。

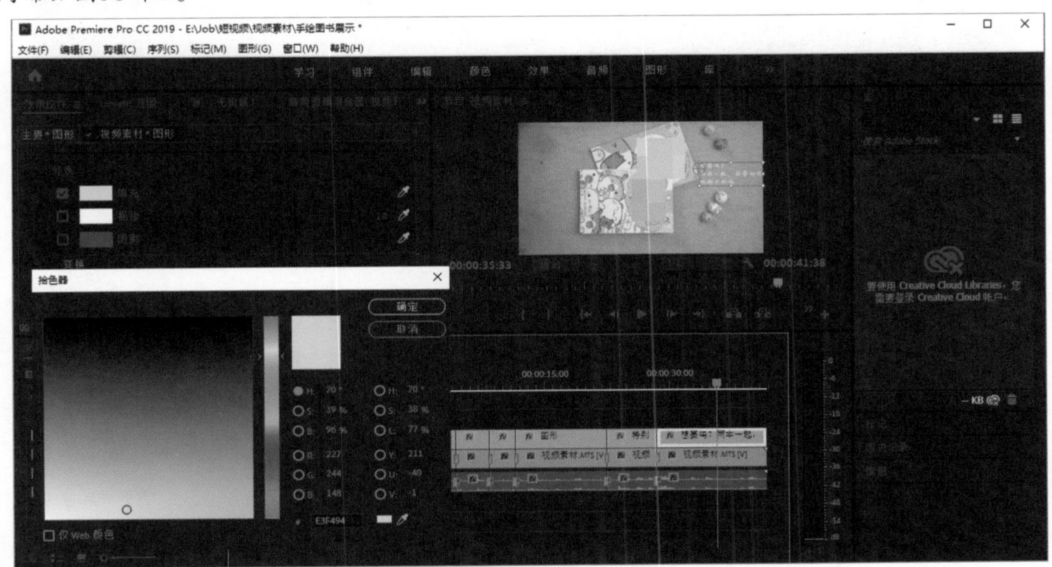

图8-3 添加和设置字幕

8.3.3 添加背景音乐

慕课视频

添加背景音乐

下面关闭视频素材的原音，并为其添加背景音乐，具体操作步骤如下。

（1）在“时间轴”面板中找到视频素材的原音轨道“A1”，单击“静音轨道”按钮，使其变成绿底黑字的样式，关闭视频素材的原音。

（2）双击“项目”面板的空白处，打开“导入”对话框，选择音频素材，这里选择“可爱.mp3”文件（配套资源:\素材文件\第8章\可爱.mp3），单击“打开”按钮，将该音频素材导入“项目”面板中。

（3）将该音频素材拖曳到“时间轴”面板中，由于该音频素材的音乐时长较短，需要对其进行调整。再次拖曳音频素材到“时间轴”面板中，将鼠标指针移动到音频素材的最右侧，当其变成红色括号形状时向左侧拖曳，使该音频素材的时长与短视频的时长相同。调整音频素材如图8-4所示。

图8-4 调整音频素材

8.3.4 添加封面图片

下面为短视频添加封面图片，具体操作步骤如下。

（1）双击“项目”面板的空白处，打开“导入”对话框，选择“封面.png”图片（配套资源：\素材文件\第8章\封面.png）。单击“打开”按钮，将该图片导入“项目”面板。

（2）将该图片拖动到“节目”面板中，“节目”面板将展示不同的插入选项。这里将图片拖曳到“此项前插入”或者“插入”选项中，即可将图片添加为封面，如图8-5所示。

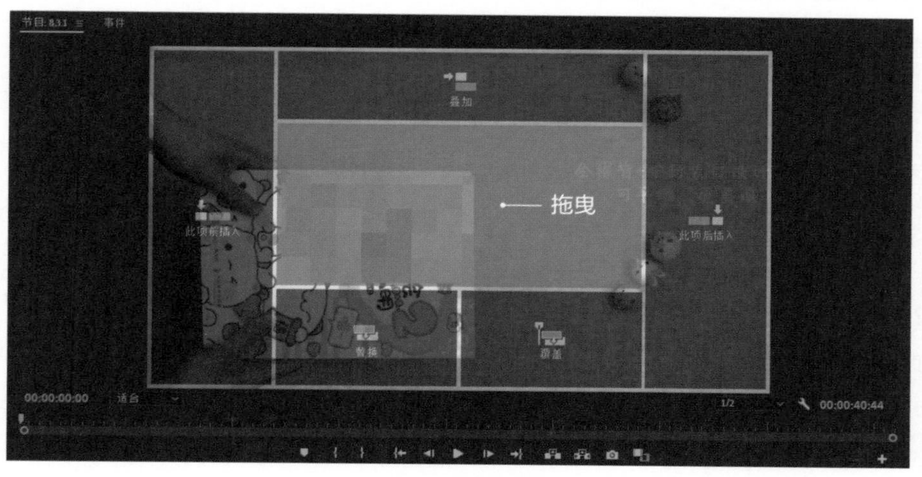

图8-5 插入封面图片

（3）在“源”面板中单击“效果控件”选项卡，在展开的“视频效果”工具栏中将“缩放”参数设置为“109.0”，放大图片。

（4）在“时间轴”面板中选择封面图片，拖曳时间轴减少其时长，最终大约为00:00:01:00，然后将所有的视频片段、字幕和音频编辑条都依次向左侧拖曳。

慕课视频

设置转场特效

8.3.5 设置转场特效

下面为短视频中各个片段添加转场特效，具体操作步骤如下。

（1）在“时间轴”面板中将鼠标指针定位到第1个视频片段的结尾位置，单击鼠标右键，在弹出的快捷菜单中选择“应用默认过渡”命令，设置默认的“交叉溶解”转场特效。

（2）用同样的方法为除最后一个视频片段外的所有视频片段添加默认过渡的转场特效，如图8-6所示。

图8-6　设置转场特效

慕课视频

导出短视频

8.3.6 导出短视频

导出短视频的具体操作步骤如下。

（1）在菜单栏中选择“文件”/“导出”/“媒体”命令。

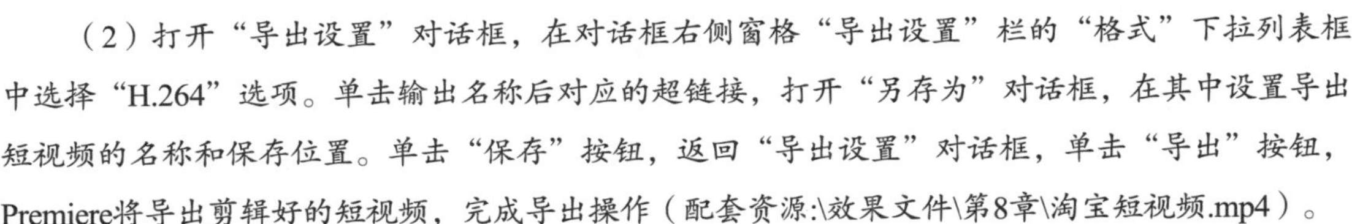

（2）打开“导出设置”对话框，在对话框右侧窗格“导出设置”栏的“格式”下拉列表框中选择“H.264”选项。单击输出名称后对应的超链接，打开“另存为”对话框，在其中设置导出短视频的名称和保存位置。单击“保存”按钮，返回“导出设置”对话框，单击“导出”按钮，Premiere将导出剪辑好的短视频，完成导出操作（配套资源:\效果文件\第8章\淘宝短视频.mp4）。

8.4 短视频的上传与发布

将剪辑好的短视频发布到淘宝中主要有两种方式：一种是通过PC端进行上传与发布，另一种是通过移动端进行上传与发布。下面分别进行介绍。

8.4.1 PC端淘宝店铺的短视频上传与发布

慕课视频

PC端淘宝店铺的短视频上传与发布

下面在PC端中进行淘宝店铺短视频的上传与发布，具体操作步骤如下。

（1）登录淘宝网，单击“千牛卖家中心”超链接，进入“千牛卖家工作台”页面，在左侧列表的“店铺管理”栏中单击“店铺装修”超链接。

（2）进入“淘宝旺铺”页面，单击上方的“素材中心”选项卡，进入素材中心。在左侧的列表中选择“视频”选项，进入视频管理页面，单击右侧的“上传”按钮。

（3）在打开的“上传视频”对话框中单击“上传”按钮。

（4）打开“打开”对话框，选择前面导出的“淘宝短视频.mp4”文件，单击“打开”按钮。

（5）稍等片刻，即可发现视频上传成功。在视频等大的封面图下方单击“重新上传”超链接，打开“打开”对话框。在其中选择“封面.jpg”图片，单击“打开”按钮，完成后单击“确认”按钮，如图8-7所示。

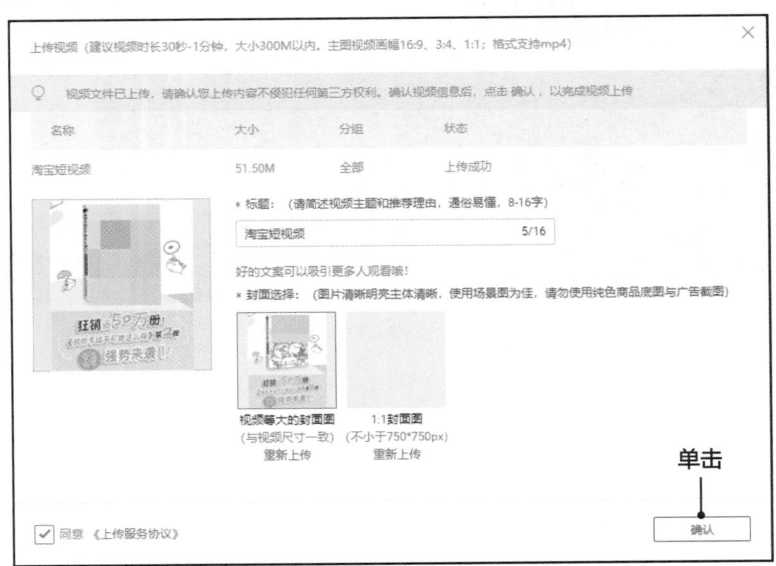

图8-7　完成视频上传

（6）上传视频后需等待审核，审核通过后便可在素材中心查看上传的视频。

（7）返回“千牛卖家工作台”首页，在左侧的“宝贝管理”栏中单击“发布宝贝”超链接。

（8）在打开的页面中选择商品类目，单击“下一步，发布商品”按钮。

（9）在发布页面“基础信息”栏中输入商品的信息，单击“图文描述”选项卡，在“主图视频”栏中单击“选择视频”按钮。

（10）打开“多媒体”页面，选择刚才上传的短视频，单击“确认”按钮，如图8-8所示。

（11）继续在该页面中根据视频内容为视频添加标签，完成后单击“完成”按钮。

（12）返回发布页面，可发现主图视频位置已经被新添加的视频替代。完成其他内容的输入和设置后，单击“提交宝贝信息”按钮即可完成商品和短视频的发布，如图8-9所示。

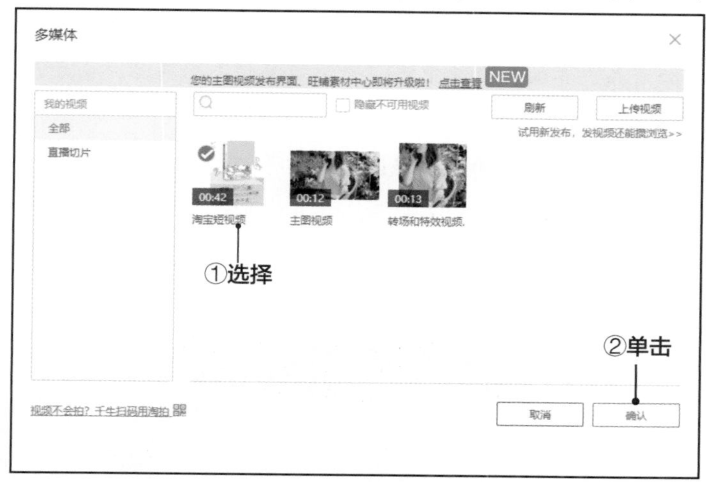

图8-8　选择上传的短视频

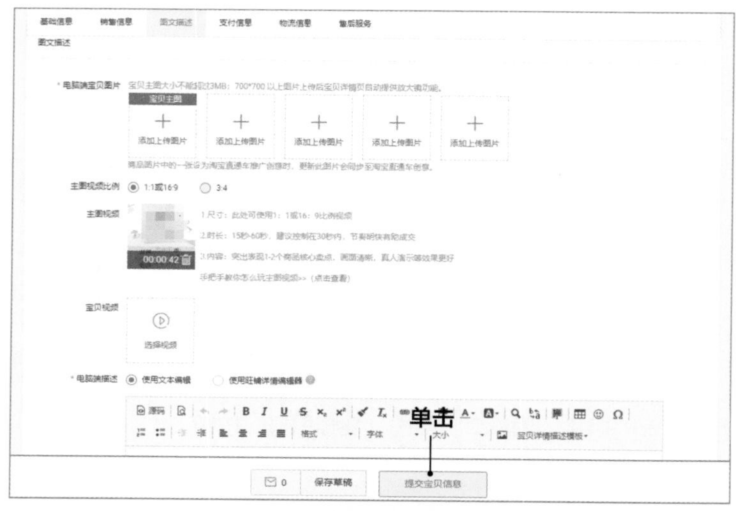

图8-9　完成短视频发布

8.4.2 移动端淘宝店铺的短视频上传与发布

移动端淘宝店铺的短视频上传与发布可以通过千牛App进行，下面就直接通过千牛App上传制作的淘宝短视频，具体操作步骤如下。

慕课视频

移动端淘宝店铺的短视频上传与发布

（1）在手机中找到千牛App，点击其图标，进入其主界面，在“用户运营”窗格中点击“短视频”按钮，如图8-10所示。

（2）进入短视频界面，点击“视频拍摄”按钮，如图8-11所示，打开手机的相机并进入视频拍摄界面，点击左下角的“上传”按钮。

（3）打开“新增视频”界面，在其中点击选择前面制作好的短视频“淘宝短视频.mp4”选项。

（4）打开视频预览界面，预览制作好的短视频，点击“确认”按钮。

（5）打开视频剪辑界面，由于该短视频已经剪辑完成，这里在右上角点击“确认”按钮。

（6）打开“添加商品”界面，在其中可以为该短视频添加商品，由于该短视频就是一个商品展示的视频，这里直接在右上角点击“完成”按钮。

（7）千牛会将该短视频上传到淘宝网中，然后打开“发布”界面，在其中可以修改短视频的封面图片，输入商品文案，设置商品的类型、商品和位置，并可以点击选中“推送到微淘”复选框，将短视频推广到微淘平台，最后点击“发布”按钮，即可将短视频发布到淘宝中，如图8-12所示。

图8-10　点击“短视频”按钮　　图8-11　点击“视频拍摄”按钮　　图8-12　发布短视频

思考与练习

1. 在淘宝网中注册一个卖家账号，然后将自己一些二手物品拍摄短视频进行售卖，要求使用Premiere进行短视频的剪辑，然后通过手机淘宝上传短视频。

2. 使用千牛App中的短视频拍摄和制作功能拍摄商品短视频，并上传和发布到淘宝网中。